Der Cane Corso Italiano

Für ChaMaHu

Exlibris

Margit Hartleb

Der Cane Corso Italiano

Casalta10

Margit Hartleb

Der Cane Corso Italiano

3. Ausgabe

Um sich nicht nur auf das relativ beschränkt vorhandene Fotomaterial von unkupierten Hunden zu beschränken, zeigen viele Bilder im Buch kupierte Hunde, auch wenn manche LeserInnen dies als tierschutzrelevant empfinden mögen. Obwohl in vielen Ländern ein Kupier-bzw. Amputierverbot von Ohren und Rute besteht, wird es dennoch weiterhin allzuhäufig umgangen.

Persönliche Ansichten und Anmerkungen der Autorin sind freie Meinungsäußerungen ohne Anspruch auf Wahrheit oder Vollständigkeit.

Die korrekte Pluralform von Cane Corso ist nicht klar definiert. Viele Autoren und Rassekenner benutzen beide Formen: Cani Corsi und Cani Corso. Da Herkunft und Bedeutung des Wortes „Corso“ unterschiedlich interpretiert werden, wird auch der Plural je nach Interpretation – Corso als Adjektiv oder unveränderlicher Begriff – verschieden verwendet. Im Buch wird entweder die Form „Cani Corso“ gebraucht, bzw. bei Zitaten die in der Quelle benutzte Form. Die verwendeten, unterschiedlichen Schreibweisen des Namens Cane Corso orientierten sich an der vorliegenden bzw. zitierten Literatur.

Das generische Maskulinum „Züchter“ steht in den Bildunterschriften als „Berufsbezeichnung“, meint also männliche und weibliche Personen gleichermaßen.

Gestaltung: Margit Hartleb
Lektorat: Barbara Gernet, München

Titel: Sokrates of Binajo Conceptions; Foto: Karlheinz Gschwind

ISBN 978-3-00-061607-5

Inhalt

Vorwort

Michele Bocci mit Compagno V, Züchter: Gaetano Viscillo, I Briganti Dauni, Besitzer: Michele Bocci;
Foto mit freundlicher Genehmigung: Gaetano Viscillo

Vorwort

Dieses Buch ist aus dem Wunsch entstanden, den Cane Corso besser kennenzulernen.
Seine Geschichte, seinen Hintergrund, Wesen und Verhalten, seinen optischen Typ.
Da es bis vor Kurzem keine ausführliche Rassebeschreibung über den Cane Corso auf Deutsch gab, erschien es als folgerichtiger Schritt, das erworbenen Wissen zu veröffentlichen. 2013 wurde die erste Auflage als Hardcover publiziert. Eine aktualisierte Neuauflage erschien 2017 als E-Book.
Die vorliegende Taschenbuchausgabe bündelt beide Versionen.

Die Publikation basiert auf der italienischen Literatur über den Cane Corso, auf Gesprächen mit Züchtern, detaillierten Recherchen, eigener Erfahrung und verfolgt den Anspruch, die Rasse in einem breiten Kontext vorzustellen und ein objektives Bild zu zeichnen. Dazu gehört jedoch gleichfalls ein kritischer Abriss umstrittener Themen und die Auseinandersetzung mit Negativentwicklungen; allerdings ohne Partei zu ergreifen und dem Anspruch verpflichtet, in sachlicher und neutraler Distanz divergierende Denkweisen und Standpunkte vorzustellen. Auch und gerade wenn die eigene Sympathie beim traditionellen Schlag des Cane Corso liegt und weniger bei den modernen Ausstellungsexemplaren: Dies betrifft die Optik ebenso wie den Charakter des Hundes.
Der Focus der Bildauswahl lag auf Diversität und Vielfalt und unterstand der Prämisse, ein umfangreiches Spektrum zu präsentieren, gleichwohl es nur ein bruchstückhafter Ausschnitt bleiben kann: Hunde aus namhaften Kenneln, „berühmte“ Hunde, aber auch Cani Corso aus kleineren Liebhaberzuchten. In diesem Sinne stellen die abgebildeten Hunde auch keine Referenz auf ein exemplarisches „Ideal“ dar. Sie beinhalten keine Werbung für eine Zuchtstätte und auch die Zuordnung zum Text erfolgte ohne inhaltlichen Bezug.

Eine Rasse inmitten von Trends, Kommerz und Ausstellungsring gesund, charakterstark und leistungsfähig zu erhalten, ist nicht einfach.
Schön wäre es, wenn dieses Buch dahingehend Beachtung finden würde, dass zukünftige Cane Corso-Besitzer ihre Welpen von Züchtern erwerben, die die Liebe zum Cane Corso motiviert, die Einmaligkeit dieser Rasse zu bewahren: ihr Temperament, ihre Vitalität, Eigenart und Aussehen.
Und dass sich nur Menschen für diese Rasse entscheiden, die fasziniert sind von ihrer traditionsreichen Geschichte und den damit verbundenen Fähigkeiten und Wesensmerkmalen.
Und sich folglich nur dann dieser Rasse zuwenden, wenn sie ihr die Möglichkeit geben können, canecorso-gerecht zu leben.

Denn: “Il CANE CORSO non è un cane per tutti!”

Historie

Awerol dei Corsi dell'Impero; Foto: Marco Leonardi

Historie

Die Molosser

Die Molosser waren ein Volksstamm (antikes Königsgeschlecht) und bildeten neben Chaoniern und Thesprotern die Bevölkerung von Epirus. Heute gehört das südliche Gebiet des antiken Epirus zu Griechenland, der Nordteil zu Albanien. Ihre Hirten-Wach- und Kriegshunde, die "Canis Molossis" waren große, wehrhafte Hunde, die bereits von Aristoteles gerühmt wurden: „In Molossis zeichnet sich auch eine Hunderasse, die als Beschützer der Herden dient, durch ihre Größe und unbändigen Mut gegen wilde Tiere und vor allem anderen Hunden aus."[1] Heute nimmt man an, dass es sich bei ihnen um kräftige Hirtenhunde handelte, die optisch der heutigen Erscheinungsform und nicht dem Typus des Bullenbeißers ähnelten. Alexander I. von Epirus, auch bekannt als Alexander Molossus, (* um 370 v. Chr. † 331 v. Chr.) war bis zu seinem Tod König von Epirus. Alexander war der Bruder Olympias, der Mutter Alexanders des Großen, die bereits zu jener Zeit große, wehrhafte Hunde gezüchtet hat, die von Epirus aus in alle Länder der antiken Welt verkauft oder als wertvolle Geschenke mitgebracht wurden. Alexander der Große (*356 v. Chr. †326 v. Chr.) wurde auf seinen Kriegszügen von diesen Hunden begleitet.

Die Molosserhunde selbst waren vermutlich Kreuzungen aus kräftigen, weißen Hirtenhunden und großen, aggressiven Hunden der Assyrer, Sumerer und Perser (Tibetdogge, Assyrische Dogge). Wie zu dieser Zeit üblich wurden Hunde ihrer Herkunft oder ihrem Volke nach benannt. Von Fremden und Eindringlingen war der Molosser seiner Kraft wegen ebenso sehr gefürchtet, wie er von seinen Herren für seine Sanftmut geliebt wurde. Unter Alexander verbreitete sich der Molosser über den gesamten hellenischen Raum, und von den Römern wurde das Tier auch nach Italien überführt. Von hier aus dürfte es sich über das übrige Europa vermehrt haben. Die Ursprungsbezeichnung „Molosser" erfuhr bei den Römern einen Bedeutungswandel und wurde zu einem Sammelbegriff für alle schweren und starken Hunde.

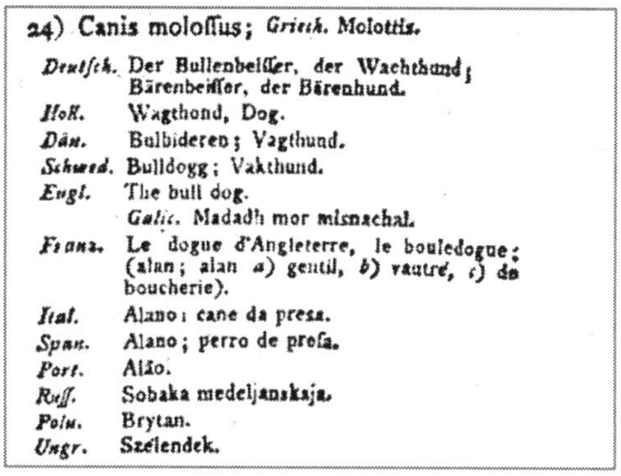
24) Canis molossus; *Griech.* Molottis.

Deutsch. Der Bullenbeisser, der Wachthund; Bärenbeisser, der Bärenhund.
Holl. Wagthond, Dog.
Dän. Bulbideren; Vagthund.
Schwed. Bulldogg; Vakthund.
Engl. The bull dog.
Galic. Madadh mor misnachal.
Franz. Le dogue d'Angleterre, le bouledogue; (alan; alan *a*) gentil, *b*) vautré, *c*) de boucherie).
Ital. Alano; cane da presa.
Span. Alano; perro de presa.
Port. Alão.
Russ. Sobaka medeljanskaja.
Poln. Brytan.
Ungr. Szelendek.

Bei der Eroberung Englands lernten die Römer 55 v. Chr. die Hunde Britanniens (Canis Britannicus) kennen. Bekannt ist, dass der "Canis Britannicus“ sich bereits im Altertum als sog. „Bärenbeißer“ oder "Urcanus“ auf Bärenjagden so fest in das Wild verbissen haben soll, dass man ihn eher in Stücke reißen als ihn abschütteln konnte. Die Römer sollen über viele Jahre eine große Anzahl solcher Hunde zu Tierkämpfen importiert haben. Furchtlose Tiere mit großen Köpfen und schweren Lefzen, die den Hunden aus Epirus, aufgrund ihrer Stärke und Angriffslust, im Kampf überlegen waren. Die Mischungen daraus wurden unter dem Namen "Canes Pugnaces“ bekannt: die römischen Molosser.

Der Molosser des antiken Roms

Zu dieser Zeit wurde großer Wert auf die kriegerischen Fähigkeiten der Hunde gelegt. In der Armee des Römischen Kaiserreichs standen Hunde deshalb in hohem Ansehen, respektive der "procurator cinegeti“, den man hinsichtlich seiner Qualitäten, die er in Arenen oder Schlachten zeigte, selektierte.

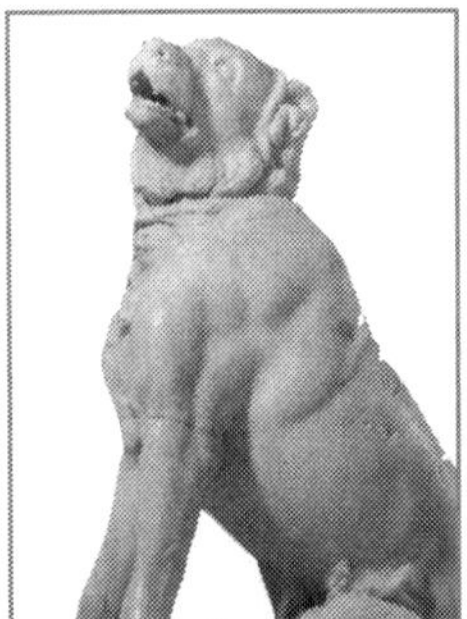

14. Il Cane da Pastore Maremmano-Abruzzese nel '700. Maiolica di Candeloro Cappelletti, di Castelli, in cui si vede di scorcio a destra un esemplare della razza che assale un orso in una caccia nelle selve abruzzesi. Le orecchie sono recise. Gli altri cani sono cani corsi (v. fig. 70).

Domenico Bruschi (1840-1910) "La disperata difesa degli Iliesi dagli assalti dei soldati romani che li inseguono su per i monti aizzando contro di essi dei mastini."

Historie

Die Molosser "canis pugnax" wurden ebenfalls als Kämpfer in der Schlacht und in den Arenen gegen Raubtiere und Gladiatoren verwendet. Als Wachhunde für öffentliche Gebäude und die Villen der Patrizier. Und als Gehilfen bei der Großwildjagd. Der Wachhund war tagsüber am Eingang der Gebäude und Häuser angekettet und wurde nachts freigelassen.
Aufgrund ihrer Aggressivität kam es des Öfteren zu Vorfällen, die es nötig machten, ein Gesetz zu erlassen: Vorschrift wurde, eine Tafel mit der Aufschrift "Cave Canem" anzubringen, um die Anwesenheit eines Hundes anzuzeigen.

Historie

Die Römer waren die ersten, die Hunde nach ihrer Verwendung bei der Jagd klassifizierten: "Seguges", Jagdhunde, die den Spuren folgten, "Celeres", Windhunde, die sie hetzten und "Pugnaces", Molosser, die angriffen.

Der römische Molosser war ein vollkommen funktionaler Hund, und in den von den römischen Legionen eroberten Ländern wurden seine Nachfolger, wie beispielsweise die Bordeauxdogge, für ähnliche Aufgaben eingesetzt.

Historie

Molosso Italiano / Cane da presa meridionale

Folgt man der gängigen Historie, scheint es relativ gesichert, dass der "Molosso Romano" der Antike der direkte Vorfahre des Cane Corso ist. Auch wenn zu dieser Zeit verschiedene Varianten dergleichen „Rasse", bzw. Cane da Presa-Schläge mit geringen morphologischen Unterschieden existierten: die etwas schwerere Form, der heutige Mastino Napoletano und eine leichtere Version, der Cane Corso.

Wobei der Corso aufgrund regionaler Isolation und strikter Selektion auf ausschließlich funktionalen Nutzen seine Originalstatur bis heute beibehalten hat. Im Gegensatz zum Mastino, dessen modernes Erscheinungsbild mit seinem damaligen Aussehen nicht gleichzusetzen ist.

Es gibt heute noch vielfach Züchter und Liebhaber, die die Auffassung vertreten, dass nur eine „Rasse" existierte: je nach Dialekt der Can'e Presa oder Can'Corz.

Die Unterscheidung in Mastino Napoletano und Cane Corso erfolgte erst im letzten halben Jahrhundert, gemäß der Erkenntnis: „...fehlt die Rasse, fehlt der Hund..."

Sicher ist aber auch, dass es sich bei den Abstammungserklärungen um Annahmen und Interpretationen handelt. Arbeitshunde vom Alaunttyp, Bullenbeißer, Hatzrüden und Fanghunde haben sich später über ganz Europa verbreitet. Von daher scheint auch die Vermutung berechtigt, dass mit den Spaniern, die im 16. Jahrhundert den Süden Italiens unter ihre Vorherrschaft brachten, auch ihre Hunde, die spanischen Alanos, Einfluss auf die Ausformung des Cane Corso hatten und natürlich auch umgekehrt.

Historie

Wenngleich es früher keine Zuordnung zu Rassen gab und nur die Grundsätze der Gebrauchsauslese herrschten, findet man in der Literatur Bezeichnungen für Jagdhunde auf der Basis ihres Aussehens bzw. Verwendungszweckes, die häufig genannt wurden:

- Alans gentils, mächtige, windhundartige Doggen
- Alans vautres, Saupacker vom Typ des Mastiffs
- Lèvriers, Hasenfänger
- Chiens courants, alle Arten von Bracken
- Chiens d'oiseaux, Vogelhunde.

Die großrahmigen Hunde fanden ihren Einsatz vor allem in der Jagd auf wehrhaftes Wild wie Wölfe, Bären oder Wildschweine.

Historie

Der Cane Corso Italiano

Der Cane Corso ist eng mit der süditalienischen Region Puglia (Apulien) verbunden. Er ist keine Wiederbelebung des Branchieiro Siciliano, auch "bucceriscu“ oder "vucceriscu“ genannt, sondern eine „Fortsetzung“ des alten Cane Corso.

„Heute existiert eine große Anzahl von Rassevertretern. Durch rücksichtslose Zucht und Kreuzungen mit Bullrassen ist es jedoch nicht leicht, einen reinen Repräsentanten des Cane Corso Italiano auszumachen. Bereits in den frühen Jahren des Wiederbelebungsprogramms wurde zur Erweiterung des Genpools, englische Bullmastiff und deutsche Boxer eingekreuzt, die eine nachhaltige optische und charakterliche Veränderung zur Folge hatten und Kontroversen unter Züchtern und Liebhabern über den richtigen (Zucht) Typ auslösten, die bis heute anhalten. Neben den führenden Kräften, die das Rettungsprogramm des Cane Corso maßgeblich bestimmten, gab es auch weniger bekannte Beteiligte mit nicht immer redlichen Zuchtpraktiken und fragwürdigen „Auskreuzungen“. Unabhängig von der romantischen Interpretation der Rassegeschichte ist es als sicher anzunehmen, dass der Ursprung des modernen Cane Corso einerseits bei den originalen und isolierten Stämmen der Mittel- und süditalienischen Bauernhöfe anzusiedeln ist, sich aber auch aus einem Fundus von Exemplaren, die weder alt noch rein waren, speist.

Eine große Anzahl von aktuellen italienischen Cani Corso zeigen aufgrund des weithin

akzeptierten, aber energisch bestrittenen, übermäßigen Gebrauch von Boxer-Blut uncharakteristische Kopfformen und kurze Schnauzen.
Corso-Züchter in Italien, die sich für eine bestimmte Art, die sie als rein und historisch korrekt ansehen, einsetzen, bezeichnen ihre Hunde als Cane Corso Ortognato. Für diesen Hund werben sie speziell mit Aussagen wie "NO Boxer Type".
Der sogenannte amerikanische Corso ("American Corso Dog") stammt aus den Vereinigten Staaten und ist eine moderne Designerrasse aus Neapolitan Mastiff (Mastino Napoletano), Rottweiler und verschiedenen Bandogs, der nichts mit dem Cane Corso gemein hat, auch wenn er oft als dieser ausgegeben wird. Die überwiegende Zahl der amerikanischen und kanadischen Züchter importieren reguläre Cani Corso aus Italien und fühlen sich der Erhaltung und Verbreitung des reinen und wahren Zuchttyps verpflichtet. Einige westliche Linien jedoch haben ihre Zucht mit dem Blut von Presa Canario, American Pit Bull Terrier, Mastino Napoletano, Bullmastiff, Rottweiler, Boxer und dem oben genannten amerikanischen Corso Dog „angereichert", was zu einer großen Vielfalt innerhalb der Rasse in den Vereinigten Staaten führte. Der kanadische Cane Corso wird gegenwärtig oft als Cane Pugliese bezeichnet, ist aber im Gegensatz zum American Corso Dog keine Designerrasse, sondern ein spezifischer apulischer Schlag, der dem italienischen Ortognatolager zuzuordnen ist. Die Namensgebung beruht auf der Unterscheidbarkeit zum offiziellen Show Cane Corso und American Corso Dog."[2]

In der relativ kurzen Zeit seit der offiziellen Anerkennung der Rasse muss man feststellen, dass auch in Europa und Deutschland keine einheitliche Morphologie besteht. Viele unterschiedliche Typen, Größen und Charaktere bestimmen das Bild. Da sich der Cane Corso gut vermarkten ließ, wurden zum Teil von norditalienischen Großzüchtern die Hunde ohne Konzept produziert und in der internationalen Kynologie verbreitet. Auch die Nachfragen aus dem Ausland beruhten oft ausschließlich auf den Kriterien einer schnellen Verfügbarkeit, der ansprechenden Farbgebung und dem günstigen Preis. Die Zerstrittenheit der maßgeblichen Organisationen im Ursprungsland, die fortwährenden Diskussionen und kontroversen Interpretationen des Standard, und das Fehlen einer, mit einer Stimme sprechenden, Rassegesellschaft schufen eine ausnehmend labile Situation, die es schwer machte und macht, einen Hund als typisch und korrekt einzuordnen.

Iron di Contarino HDA, ED0, Cal 2, Eccellente in Expo, Züchter: Emanuele Contarino; Foto mit freundlicher Genehmigung: Emanuele Contarino

Rassegeschichte

”...era forte, era fedele, era un Cane Corso *“...er war stark, er war treu, er war ein Cane Corso!*

Die Herleitung des Namens Cane Corso kann nicht sicher belegt werden. Bezüglich der Etymologie des Wortes Corso existieren verschiedene Deutungen. Bezug genommen wird auf das lateinische Cohors und damit auf Hunde, die römische Legionäre in die Schlacht begleiteten. Die militärische Struktur der römischen Legionäre bezeichnete Cohors als Kampfeinheit von sechs Kompanien und als zehnten Teil einer Legion. Die Praetorian Cohors waren die Leibwächter des Generalkorps; die Hilfstruppen wurden Cohortes genannt. Als ”Corsiere“ wurde das Kriegspferd im Mittelalter bezeichnet.
Cohors bedeutet aber auch Hüter und Wächter des Hofes. Als Corte, oder Cortile, wird im Italienischen der eingezäunte Hof bezeichnet und stammt vom lateinischen ”chortem“ / ”cohortem“ / ”cohors“ oder ”coors“ / ”chors“ bzw. dem griechischen ”chortos“ / ”kortos“ (Mauer, Innenhof) ab. Auch ein Bezug zum keltischen ”cors“ (stark, kraftvoll, grob und ungeschliffen) wird in Erwägung gezogen. Der Name kann auch auf verschiedene süditalienische Dialekte zurückgeführt werden, die alle einen robusten, starken, stolzen und mutigen Hund bezeichnen, z.B. das apulische ”cors“. Auch der kalabrisch-lukanische Terminus ”canhuzz“ bzw. ”cane guzzo“ bedeutet massig, kräftig. Wie auch die Vokabel cuòrsicu (Korsischer Hund oder Hund von Corsico) Kraft und Stärke beinhaltet. Das von Ernesto Gianmaria geschriebene Abruzzese und Molisano Wörterbuch (Rom 1968) enthält den Ausdruck ”Córzə“, der im Dialekt von Campobasso verwendet wird, um einen Wachhund anzuzeigen. Die heute als am wahrscheinlichsten geltende Hypothese leitet den Terminus ”Corso“ vom lateinischen ”Cohors“ oder ”Cors“ / ”Corte“ ab, in der kontextualen Bedeutung ”cane da cortile“ (Hofhund) und ”cane da guardia“ (Wachhund). Sicher ist, dass der Ausdruck ”corso“ in Süditalien geläufig und populär war.
Das Wort ”Cane“ stammt vom griechischen ”Kuòn“, bzw. dem lateinischen ”Canis“ ab.

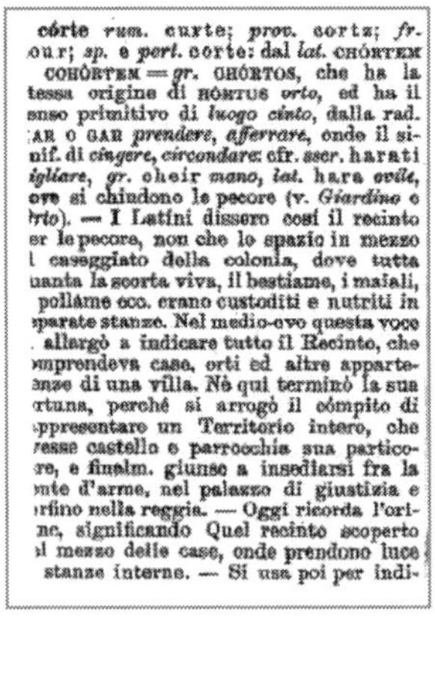
córte *rum.* curte; *prov.* cortz; *fr.* our; *sp.* e *port.* corte: dal *lat.* CHÓRTEM COHÓRTEM = *gr.* CHÓRTOS, che ha la tessa origine di HÓRTUS *orto*, ed ha il enso primitivo di *luogo cinto*, dalla rad. AR O GAR *prendere*, *afferrare*, onde il si-nif. di *cingere*, *circondare*: cfr. *sscr.* harati *igliare*, *gr.* cheir *mano*, *lat.* hara *ovile*, ove si chiudono le pecore (v. *Giardino* e *rio*). — I Latini dissero così il recinto er le pecore, non che lo spazio in mezzo l caseggiato della colonia, dove tutta uanta la scorta viva, il bestiame, i maiali, pollame ecc. erano custoditi e nutriti in parate stanze. Nel medio-evo questa voce allargò a indicare tutto il Recinto, che mprendeva case, orti ed altre apparte-enze di una villa. Nè qui terminò la sua rtuna, perchè si arrogò il cómpito di ppresentare un Territorio intero, che esse castello e parrocchia sua partico-re, e finalm. giunse a insediarsi fra la nte d'arme, nel palazzo di giustizia e rfino nella reggia. — Oggi ricorda l'ori-ne, significando Quel recinto scoperto l mezzo delle case, onde prendono luce stanze interne. — Si usa poi per indi-

Primo Leggenda del vesuvio von Francesco Barone; Foto mit freundlicher Genehmigung: Francesco Barone

Conrad Gesner; auch: Konrad Gessner (* 16. März 1516, † 13. Dezember 1565), war einer der berühmtesten und bedeutendsten Naturforscher und Gelehrten der Schweiz, der seine eigenen Naturbeobachtungen über die tradierten Erkenntnisse der Antike und des Mittelalters stellte.
Er schrieb in seiner "Historia Animalium" über den Cane Corso und Mastino Napoletano – frei übersetzt: „In Korsika gibt es wilde Hunde, tapfer in der Jagd, und sie fangen jede Art von Tier. Bevorzugen sollte man die mit einer beeindruckenden Schnauze, einem breiten Kopf, Oberlippen, die über die unteren hängen, rötlichen Augen, Nüstern, die rauchen, scharfen Zähnen, einem schweren Hals und einer breiten Brust. Sie gehen voran wie die Löwen mit ihren großen Füßen und riesigen Zehen: Ihre Fußnägel sind hart und gebogen, sodass sie einen besseren Halt im Boden haben und die Beute gewaltvoller niederstrecken können. Mit dieser Art von Hund ist es für die Jäger einfach, das Wild zu fangen und zu töten. In Italien und vor allem Rom heißt es, dass die Corsi (curshund) gegen Wildschweine und wilde Stiere eingesetzt werden. Der Molosser ist riesig und ein großer Beißer wie der Corso. Ich glaube, man erachtet ihn als großen Beißer, nicht weil er so waghalsig angreift, sondern weil er einen so energischen Griff hat und nicht mehr loslassen will. Außerdem weiß ich, dass, wenn ein Corso seine Zähne in einem Eber oder Stier hat, kann er nicht, ohne starke Einmischung der Jäger auf seine Kiefer, getrennt werden."[3]

Giovanni Verga schrieb 1881 in seinem Roman "I Malavoglia":
"...morde peggio di un cane corso." – „… beißt schlimmer als ein Cane Corso."
Maria Emma Alaimo (1906 - 1997) zitiert in ihrer sizilianischen Sprichwörtersammlung:
"A cani corsi nun diri'n gnirri", gleichbedeutend mit „zum Cane Corso sagt man nicht ‚Fass es' ".

Altes Halsband, Sammlung "Il Contado del Molise", Dr. Flavio Bruno; Foto: Karlheinz Gschwind

Sokrates OBC; Foto: Karlheinz Gschwind

Am meisten verbreitet war der Cane Corso im damaligen „Reich der Zwei Sizilien“, das sich über folgende Gebiete ausbreitete:[4]

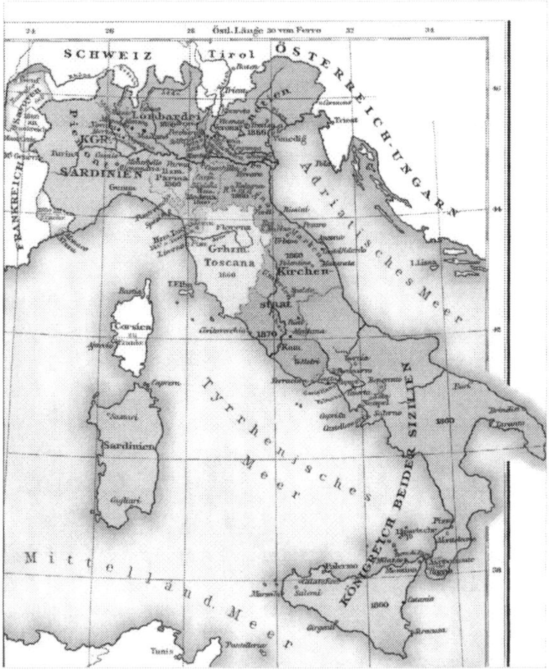

- •Abruzzi, Contado del Molise, Terra di Lavoro (Sora, Aquino, Fondi, Napoli, Nola);
- •Principato (Benevento, Nocera, Amalfi, Salerno, Policastro);
- •Capitanata (Foggia, Lucera, Manfredonia);
- •Principato di Bari;
- •Principato di Taranto;
- •Basilicata;
- •Ducato di Calabria;
- •Sicilia

Und je nach Region wurde der Cane Corso mit unterschiedlichen Bezeichnungen belegt:

- •Cors’ (Contado del Molise e Abruzzo);
- •Cane’e presa (Terra di Lavoro);
- •Cane della masseria (Puglia);
- •Mastino da catena, Cane Corsicano (Basilicata);
- •Cuòrsicu : Alta Lucania;
- •Can’Huzz : Cane Guzzo (Calabria);
- •Corsu, Cane Guzzo, Vucciuriscu (Sicilia).

Das Königreich beider Sizilien (ital. Regno delle Due Sicilie) bestand von 1816 bis 1860. Während das eine im Wesentlichen mit der Insel Sizilien identisch war (Hauptstadt: Palermo), umfasste das andere das unteritalienische Festland mit der Hauptstadt Neapel. Es war damit der größte der italienischen Teilstaaten, aber auch der wirtschaftlich ärmste.[5]

Der Cane Corso begleitete und unterstützte die mittel- und süditalienische Bevölkerung bis in die Nachkriegszeit als geschätzter Wächter und als fähiger Jagdhund vornehmlich auf Wildschwein, Dachs und Stachelschwein. Er bewachte die Höfe, half den Bauern ihre Viehherden (Pferde, Rinder, Schweine, Schafe und Ziegen) zu treiben und sie vor Raubtieren und Diebstahl zu bewahren.

Beschützte Fuhrleute und Händler vor Straßenräubern.
Im 19. Jahrhundert erlebte er seine größte Beachtung und Wertschätzung. Auch in der Kunst und Literatur.

Bartolomeo Pinelli (20. November 1781 bis 1. April 1835) war ein dem Neoklassizismus zuzurechnender italienischer Künstler, der als leidenschaftlicher "Corsista" den Cane Corso vielfach in seinen Werken abbildete.

Alle Bilder: Bartolomeo Pinelli

Melissa di Villa Andreina; Foto: Marco Leonardi

Regina dei Corsi di Savoia; Foto: Marco Leonardi

Rassegeschichte

Der geläufigen Auffassung nach überlebte der Cane Corso als quasi „reiner Typus“ auf den süditalienischen Gutshöfen, den Masserie.
Im Buch von Casolino / Gandolfi ”Il Cane Corso“ werden die Masserie als lebendiges Arbeits- und Handelszentrum beschrieben: Metzger, die lebendes Vieh kauften, Händler, die mit landwirtschaftlichen Produkten handelten und Fuhrleute, die den Transport von Waren, Korn und Getreide sicherstellten. An ihrer Seite die Cani Corso, oft an Karren und Kaleschen festgebunden.

Hunde aus den 20er bis 50er Jahren

Die Hunde auf den Höfen wurden tagsüber ebenfalls an der Kette gehalten, die ihren Bewegungsspielraum auf den Bereich, den es zu bewachen galt, reduzierte. Den aggressivsten und stärksten Hunden übertrug man die Bewachung des Stalleingangs. Welpen und alte Tiere durften sich zusammen mit den Volpini, genannt Pumacchi oder Pumetti/ Pometti, frei bewegen. Der Volpino war sozusagen die Alarmglocke, ein unbestechlicher Melder, der in Zusammenarbeit mit dem starken und wehrhaften Cane Corso effektive Sicherheit bot.

Des Nachts wurden die Hunde frei gelassen, um die Höfe vor Menschen und Tieren zu schützen. In der Hauptsache vor Füchsen, Mardern und Wieseln. Seltener vor Wölfen und Bären. Weitaus gefährlicher zu dieser Zeit aber waren Viehräuber und Diebesbanden.

Um die Überlegenheit ihrer Hunde unter Beweis zu stellen, wurden auch Kämpfe mit von Besuchern mitgeführten Hunden organisiert, die um die zehn Minuten dauerten und von den Besitzern beendet wurden, wenn einer der beiden am Hals gepackt wurde, zu Boden gerissen und zu keiner Gegenwehr mehr fähig war. Selten kam es vor, dass der Kampf mit dem Tod eines der beiden Tiere endete. Aber es gab auch Hundekämpfe, mit speziell auf den Kampf hin selektierten und ausgebildeten Hunden, die von skrupellosen Privatleuten und Kriminellen organisiert wurden. Bei diesen, im Verborgenen durchgeführten, Hundekämpfen floss viel Geld, die Hunde mussten ohne schützendes Halsband und „bis zum letzten Blutstropfen" gegeneinander antreten.

Cane Corso Pugliese di Michele Bocci; Foto mit freundlicher Genehmigung: Michele Bocci

Cane Corso und Pumetto der Familie Castrignano; Foto mit freundlicher Genehmigung: Massimo Castrignano

Selektion und Haltung der damaligen Zeit entsprachen sicher nicht den heutigen Vorstellungen und würden als barbarisch bezeichnet werden, schufen aber einen Hund mit beeindruckenden Charaktermerkmalen, im Gegensatz zur heutigen Zucht, die sich oft mit Cani Corso begnügt, die nur mehr beeindruckend aussehen.

Während des ersten Weltkrieges von 1914-1918 bestand aufgrund des Rückganges der Landwirtschaft auch kein Bedarf am Corso.

Die Jahre 1920-1940 bedeuteten eine Neubelebung von Feldwirtschaft und Viehzucht.

Mit im Gefolge war der Cane Corso, der in dieser Zeit eine gute Entwicklung nahm und in beträchtlicher Anzahl vorhanden war.

Die landwirtschaftliche Krise und die industrielle Ära nach dem Zweiten Weltkrieg waren

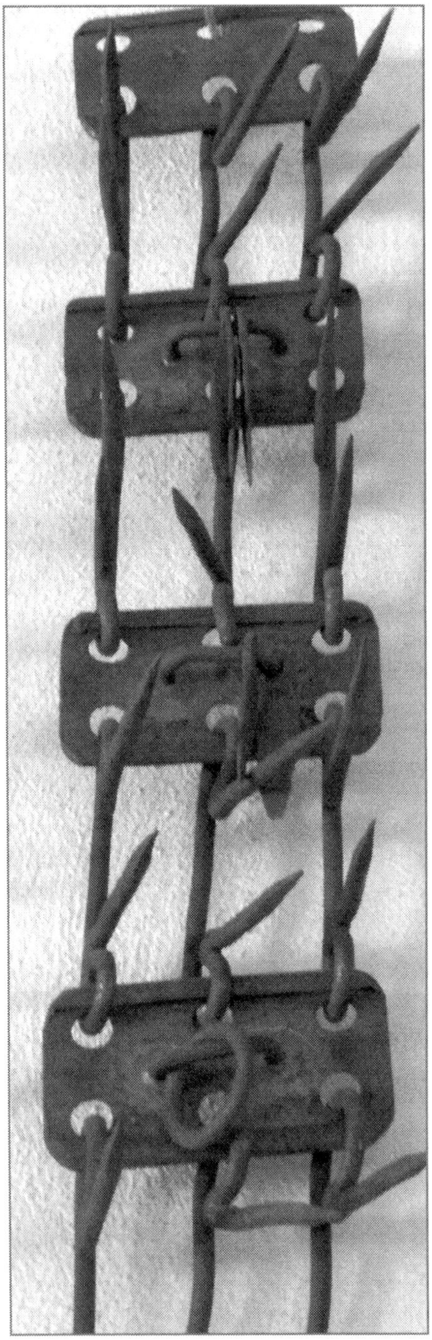

ausschlaggebend für den Zerfall vieler Masserie.
Die Landbevölkerung schrumpfte von 75% auf 57%, das moderne Aufzuchtsystem bedeutete das Ende der halbwilden Nutztiere, und der Cane Corso erlebte seinen Niedergang. Nur wenige typische Exemplare überlebten. Tradition und Passion waren hierfür ausschlaggebend. Wurde der Mastino Napoletano als Rasse 1946 wiederentdeckt, ist vom Cane Corso bis zu den 70er Jahren kaum etwas bekannt. Hätten sich Kynologen und Enthusiasten nicht dem Wiederaufbau der Rasse verschrieben, wäre er wohl ausgestorben.

Gemäß Casolino und Gandolfi war die „Wiederentdeckung" des Cane Corso kein zoologisches Experiment, sondern der Versuch, einen wesentlichen Bestandteil der eigenen nationalen Geschichte und Vergangenheit zurückzugewinnen.

Paolo Breber, einer der Wegbereiter des Cane Corso, beschreibt seinen ersten Kontakt mit ihm: „(…) als ich mich 1973 aus Arbeitsgründen in der Provinz Foggia aufhielt, schrieb mir Professor Giovanni Bonatti aus Pegognaga einen Brief (2. Dezember 1973), in dem er u.a. Folgendes berichtete – ‚(…) mir fiel ein molossoider Hund mit kurzem Fell auf, unterschiedlich zum Mastino Napoletano, aber ähnlich dem Bullmastiff und dem Cane da Presa von Mallorca (…)'. Professor Ballotta versicherte mir, ebenfalls einige Exemplare dieser antiken apulischen Rasse "razza pugliese" gesehen zu haben (...)".[6]

Breber begann seine Nachforschungen bezüglich Wesen und Veranlagung, Form und Funktion.

Bei vielen Hunden meinte er, Einflüsse von Dogge, Boxer und Mastino Napoletano auszumachen, da in den 60er Jahren zu wenig reine Exemplare vorhanden waren und die Cane-Corso-Besitzer deshalb auf andere Rassen zurückgegriffen hätten. Dies nicht aus kommerzieller Unlauterkeit, sondern um den Fortbestand an Arbeitshunden zu sichern.

Die bewußte Produktion von Fälschungen geschah erst viel später, als man Doggen, Mastino Napoletano, Boxer, Bullmastiff und Rottweiler (ein)kreuzte. Auch für den Hundekampf wurden Mischlinge „kreiert", um die Aggression zu steigern.
Hierzu gibt es allerdings ebenfalls abweichende Auffassungen.
Anhänger des rustikalen Cane Corso in Apulien bestreiten die Annahme, dass es nur noch wenige Rasseexemplare gab, und verweisen beispielsweise auf Salento (Apulien), wo auch in den 80er Jahren noch viele Hunde vertreten waren, obwohl der technische Fortschritt in der Landwirtschaft den Arbeitseinsatz stark minderte.
1952 erschien eine erste detaillierte Beschreibung von Piero Scanziani im Buch "300 razze di cane", Edition Pan, 1952. Er unterteilte diesen molossoiden Hundeschlag in drei regionale Typen: den Mastino Napoletano in Kampanien, den Cane da Presa in Mittelitalien und den Cane Corso in der Region Apulien.
1956 beschreibt Giulio Colombo in der Zeitschrift "I Nostri Cani", Nr. 3 eine alte Hunderasse namens Cane Corso. Im darauffolgenden Jahr wird von Giovanni Bonatti Nizzoli di Carentino eine Beschreibung des Cane Corso, sein Aussehen und sein traditioneller Einsatz, im Fachblatt "Il Cacciatore siciliano", Nr.9, 1957 veröffentlicht.
Für manche Rassekenner, Liebhaber und Züchter des Cane Corso war "Guaglione di Villanova", der Stammvater der Mastino Napoletano Zucht von Scanziani, ein etwas massiverer Cane Corso, sehr trocken und mit leichter Wamme. Auch unter dem Hinweis darauf, dass vor 1948 nur ein Name sowohl für die leichteren als auch die schwereren Hunde existierte: nämlich Cane Corso.
In der Vesuv Region gab es einen lokalen Schlag, den Canè e presa.

Vraccale aus der Sammlung "Il Contado del Molise", Dr. Flavio Bruno; Foto: Karlheinz Gschwind

Guaglione di Villanova, Stammhund der Mastino Napoletano Zucht von Piero Scanziani; Foto: Scanziani

Nach 1948 wollte Piero Scanziani den Hund ”Molosso Italiano“, „Italienischer Molosser“ nennen, die Entscheidung fiel jedoch dann auf Mastino Napoletano. 1948 wurde der Rassestandard von Piero Scanziani festgelegt und 1949 von der ENCI genehmigt.

„1951 schrieb Piero Scanziani: ‚(…) leider lebt unser Hund – fast nur noch mit anderen Rassen gekreuzt – in ganz wenigen Exemplaren in Süditalien (…).‘ “[7]

Kynologen beider Rassen, des Cane Corso und des Mastino Napoletano, beziehen sich auf die gleichen ikonografischen und literarischen Zeugnisse, die mesomorphe Fanghunde, wie sie in spätrömischer Zeit zur Jagd verwendet wurden, abbilden und beschreiben.

„Es soll sich dabei um jenen korsischen Hund gehandelt haben, dessen Kraft, Härte und eisernen Griff Crasmo Valvasone 1550 in einem Gedicht lobt und dessen offizielle Wiedergeburt als Cane Corso erst vor wenigen Jahren bestätigt wurde.

Für Paolo Breber (Il cane da pastore maremmano-abruzzese, 1977) ist der Cane Corso der klassische Molosser und leitet den Mastino Napoletano von ihm ab: zur Empörung der Mastinari. Aber auch neutrale Kynologen schließen nicht aus, dass der Mastino Napoletano lediglich eine Variante des Cane Corso darstellt, der aufgrund des Einflusses des Menschen eine andere Entwicklung nahm. (…) Ich bezweifle jedoch, dass es sich dabei um einen antiken Hundeschlag gehandelt hat. Abgesehen davon, dass schon die bodenständigen Schläge der Römer mit den pugnaces Britanniae gekreuzt wurden, haben bei der Entstehung von Mastino Napoletano und Cane Corso ganz bestimmt auch andere Rassen mitgeholfen.“[8]

Auch wenn Abstammungsdeutungen und historische Spekulationen in der Mehrzahl der Hypothese folgen, dass sich ausgehend vom legendären römischen Molosser zwei verschiedene Varianten mit nur geringfügig unterschiedlicher Morphologie entwickelten, die später in den Rassen Cane Corso und Mastino Napoletano aufgingen, gibt es innerhalb dieser Annahme wiederum unterschiedliche Auffassungen, die im Wesentlichen folgendermaßen zusammengefasst werden können.

"Cane' e Presa": Die süditalienischen Molosser wurden in Kampanien und in der Gegend um Neapel als Cane' e Presa bezeichnet und sind dem antiken römischen Molosser am nächsten.

"Cane' e Corzo": Der Cane' e Corzo (gesprochen Cane Corz') ist die leichtere Version des Cane' e Presa in der Region Apulien.

Wobei diese Hunde, je nach Standpunkt, aufgrund der isolierten Haltung auf den Masserien als reiner Typus erhalten blieben. Oder das Resultat von Einkreuzungen anderer Hunde sind, je nach ursprünglichem Einsatz und jeweiliger Arbeitsanforderung des Menschen.

Diese „Mischlinge" wären hauptsächlich Kreuzungen mit dem Mastino Abruzzese, Rottweiler, Pitbull, Mastino Napoletano und Boxer.

"Cane Corso": Der Cane Corso ist ein italienischer Molosser, ein Showhund norditalienischer Abstammung, der körperlich wie charakterlich weit entfernt vom ursprünglichen Molosser und das Ergebnis von Kreuzungen mit Boxer, Bullmastiff, Bordeauxdogge, Retriever etc. ist.

20. MOLOSSO (mastino napoletano, cane da presa, cane corso)
— Dopo il favoloso mastino del Tibet, va dato il posto alla razza ch
dei molossoidi porta il nome, ossia al molosso. **Origine e storia:** la sto
ria « contemporanea » della razza comincia con la prima mostra canin
ufficiale napoletana tenutasi al Maschio Angioino nel 1946. La razz
fu riconosciuta ufficialmente nel 1949, allorchè fu redatto e appro
vato dall'ENCI il primo standard e proclamato il primo Campione
Guaglione Primo. Nello stesso anno fu iscritta al Libro delle Origin
(LIR) la prima cucciolata dell'Allevamento « di Villanova ». L
Società Italiana del Mastino (SIM) è stata fondata a Napoli
27 aprile 1949. Da parecchi secoli il molosso viveva nella zona vesu
viana, allevato e addestrato con sistemi spartani da caprai, macellai
guardie notturne, sovente prediletto anche dai componenti della mala
vita. Dicesi derivi da un incrocio avvenuto nel XV secolo tra mastin
italiani e « perros de presa » portati a Napoli dal conquistatore spa
gnuolo Ferrante il Vecchio. Discende così da un lato dal mastino car
alle Corti medievali e a sua volta figlio del molosso romano, mentr
dall'altro lato ha il sangue dei famosi « cani da schiavi » con i qual
gli iberici invasero le Americhe. Attraverso il molosso romano la razz
risale al molosso macedone prediletto da Alessandro il Grande. Tal
molosso giunse in Macedonia dalla Babilonia, che ce ne ha lasciat
molti ricordi nei suoi monumenti. Il primo progenitore è il gigantesc

44 PIERO SCANZIANI

mastino del Tibet. Il nostro molosso attuale è da considerarsi il più
antico, il più nobile e il più possente di tutti i cani d'Europa e forse
del mondo. Nonostante il trascorrere dei millenni, il suo tipo è rimasto
quasi immutato. Il suo nome ufficiale è « mastino napoletano » ma v'è
da sperare che un giorno non lontano venga anche ufficialmente defi-
nito come « molosso ». Dal 1949 è allevato in purezza, senza nessuna
immissione di sangue estraneo.

Nazionalità: Italia. **Uso:** eccellente cane da guardia e da difesa
personale, particolarmente adatto come cane da guerra e polizia, spe-
cialista del traino, facilmente adattabile ad ogni uso pratico, imponente
e devoto cane da compagnia e da passeggio. **Taglia:** femmine 60-65
cm., maschi 65-75. **Peso:** kg. 45-70. **Manto:** raso, lucente, senza sot-
topelo. Colori: nero, blu, lilla, fulvo; questi colori possono essere uni-
formi o con tigrature; generalmente vi sono macchie bianche più o
meno grandi al petto e ai piedi. **Caratteri anatomici:** cane possente,
di forte mole, dall'aspetto serio e bonario per gli amici, impressionante
e pauroso per i malintenzionati. Testa molossoide, con tipiche rughe
abbondanti. La pelle del collo forma un'ampia giogaia. Dentatura
generalmente a tenaglia, talora con lieve prognatismo. Occhio rotondo
marrone nei neri, castano chiaro nei blu e nei fulvi, ambra nei lilla.
Orecchie amputate cortissime. Tronco piuttosto lungo, arti corrett
posteriore diritto, coda amputata d'un terzo, in maniera che il moloss
possa coprirsi i genitali. La coda non si eleva oltre l'orizzontale ed ha
la forma di scimitarra. **Caratteri morali:** coraggiosissimo, stoico a
dolore, affettuoso e docile verso il padrone, avversario terribile per
nemici, equilibrato, di grande intelligenza, è facilmente addestrabile
a tutte le specialità del cane da lavoro.

"300 razze di cane";
Piero Scanziani; Edizioni Pan, 1952

Rassegeschichte

In der süditalienischen Literatur und Kunstgeschichte ist das Idiom ”corzo“ das populärste, wohingegen Cane' e Presa nur in der Gegend um Neapel geläufig war und die leichteren Schläge als mezzo cane, cane da pagliaro, cane da cancello etc. bezeichnet wurden.

Im übrigen Süditalien und anderen Gegenden von Kampanien sprach man ebenfalls vom Cane' e Corzo. Oder wie es in einem italienischen Hundeforum knapp zusammengefasst wird: Zeigt man einem über 60jährigen Massaro ein Bild des Cane Corso, wird der Neapolitaner sagen ”chist è Cane' e Presa“; dies ist ein Can' e Presa. Wohingegen der gleiche Hund, von einem Bauern aus dem Süden Kampaniens ”chist è nù Corzo“, als Corso bezeichnet wird.

STANDARD DEL MASTINO NAPOLETANO APPROVATO DALL'ASSEMBLE "SOCIETA' AMATORI DEL MASTINO NAPOLETANO" IL 29-2-1965.

IL MASTINO NAPOLETANO
"cane da presa" "cane corso"

POSTO NELLA CLASSIFICAZIONE SCIENTIFICA

Cane appartenente al gruppo molossoide, secondo la ficazione di Pierre Mégnin.
Razza rettilinea a pelo raso, secondo la classifica di Dechambre.

POSTO NELLA CLASSIFICAZIONE UTILITARIA.
Cane da guardia e difesa.

Abschließend ein frei übersetzter Auszug aus einem Artikel von Valeria Rossi, die das Thema mit spitzer Feder skizziert. „(…) Das Resumee könnte mehr oder weniger so lauten: Es gab einmal den italienischen Molosser (einen italienischen Molosser, nicht sieben oder acht), der im Laufe der Jahrhunderte, für viele verschiedenen Aufgaben, einschließlich militärischer, verwendet wurde, bis er seinen Platz als Wachhund auf den Guts- und Bauernhöfen, den Masserien fand. Dort blieb er über sehr lange Zeit, bis er während des Krieges vom Aussterben bedroht war. Sofort nach dem Krieg entdeckte Piero Scanziani, ein Schweizer Schriftsteller und passionierter Hundeliebhaber, einige neapolitanische Exemplare und begann die Rasse züchterisch wiederzubeleben. Er wollte sie eigentlich „Italienischer Molosser“ nennen, aber die „Experten“ verfügten ”Mastino Napoletano“. Während der 70er Jahre fand der italienische Kynologe Paolo Breber auf den apulischen Höfen den identischen Hund, den Scanziani in Neapel gefunden hatte. Das heisst den gleichen Nachkommen des gleichen antiken romanischen Molossers, der in den Händen der Bauern zurückblieb, die sich weder um die Kynologie noch um Ausstellungen scherten, sondern nur hinsichtlich rein praktischer Erwägungen züchteten. Da niemand an diesem Hund herumpfuschte, erreichte er nicht die gigantischen Ausmaße des Mastino Napoletano, der als Showhund von einem mittelgroßen Hund zum überdimensionierten Hund mit einem Riesenkopf und all den Falten und der Wamme, wie wir ihn heute kennen, mutierte. Breber aber wollte eine Rasse rekonstruieren, die mehr der alten originalen ähnelte, und nannte sie zu Beginn ”Dogo di Puglia“ (Apulische Dogge). Zusammen mit einer Gruppe achtbarer und leidenschaftlicher Liebhaber steckte er ungeheuer viel Arbeit in die Suche, Erforschung und Wiederbelebung der halb verlorenen Rasse.

Hunde von Freunden der Familie la Torre;
Fotos mit freundlicher Genehmigung:
Matteo und Antonio la Torre

Die apulische Dogge wurde zum Cane Corso, der den Weg zur Anerkennung durch die ENCI antrat, welche 1988 das erste offene Buch anlegte... und hier begann das Spektakel und Schlamassel. Mit der neuen Rasse gelang ein sensationeller Publikumserfolg, und es zählte nur mehr der Kommerz, bezahlt hat der Cane Corso.
Erst gab es eine, dann zwei, dann zig Rassegesellschaften zum Schutz des Business, Pardon der Rasse, und alle begannen sich mit allen zu streiten und dies besonders hässlich. Der hauptsächliche Zwist entspann sich wegen des Gebisses, für das der Standard eine leichte Prognathie forderte, obgleich die Hunde quasi alle ein Zangen- oder Scherengebiss hatten. Also, was machen? Man kreuzt etwas Boxer ein. Da der Körperbau aber infolgedessen zu leicht wurde, nahm man ein wenig Bordeauxdogge dazu, die schön massig ist und voilà!, die Schnauze stimmt. In den Jahren ’80 bis ’90 schien es so, als dass die Leute weniger Hunde züchteten, als vielmehr Lego spielten. Ein Stück vom dem, ein Stück von jenem. Das Augenmerk wurde nicht auf die Gesundheit gelegt, sondern ausschließlich auf den schönen, quadratischen Schädel. Und so übernahm der Cane Corso, der über Jahrhunderte unverändert und gesund war, Formen, Farben und einen Charakter an, Eigenheiten, die er so nie besaß und dazu genetische Krankheiten, von denen er bislang frei war – wie die Epilepsie, die beim Boxer auftrat und die Hüftgelenksdysplasie und die Osteochondrose der Bordeauxdogge, dazu Augenkrankheiten und eine Reihe charakterlicher Probleme. Aber, die Hunde waren prognatisch! Auch wenn auf der Ausstellung von Mantova 1983 behauptet wurde, dass alle Hunde leichten Vorbiss aufwiesen, so ist das nicht richtig. Von zwölf vorgestellten Hunden war nur circa die Hälfte prognatisch, bzw. einwandfrei prognatisch waren korrekterweise noch weniger, da auch die Hunde mit umgekehrtem Scherengebiss als prognatisch eingestuft wurden. Die Gründe hierfür könnten zwei Wurzeln haben: Eine ist der Möglichkeit geschuldet, dass die Standards von den Züchtern verfasst werden, die sich bei der Beschreibung an die Hunde aus ihrem Haus halten oder an die, die ihre Freunde besitzen. Die andere, der Wunsch, eine entschiedene Separation vom Mastino Napoletano festzuschreiben. Ganz nüchtern heißt das, dass der Cane Corso aufgrund purer Geschäftsinteressen und durch die Einkreuzung von Fremdrassen, wegen eines Gebisses, das er ursprünglich nie hatte, zugrunde gerichtet wurde.
Die Geschichte dieser wunderbaren Rasse hat der italienischen Kynologie nicht zur Ehre gereicht. So kann man nur hoffen, dass die S.A.C.C., die sich heute in anderen Händen befindet, mit harter Arbeit, Geduld und Leidenschaft die begangenen Fehler korrigiert. Und da der Cane Corso gegenwärtig nicht mehr so im Trend liegt und das große Geschäft gelaufen ist, gibt es neben der Desillusionierung auch Hoffnung, die sich auf jene wenigen seriösen und ambitionierten Züchter stützt, die das Wohl der Rasse im Auge haben und unbeirrbar weiter gute Arbeit leisten. (…)“[9]

Mastino Napoletano; Foto: Karlheinz Gschwind

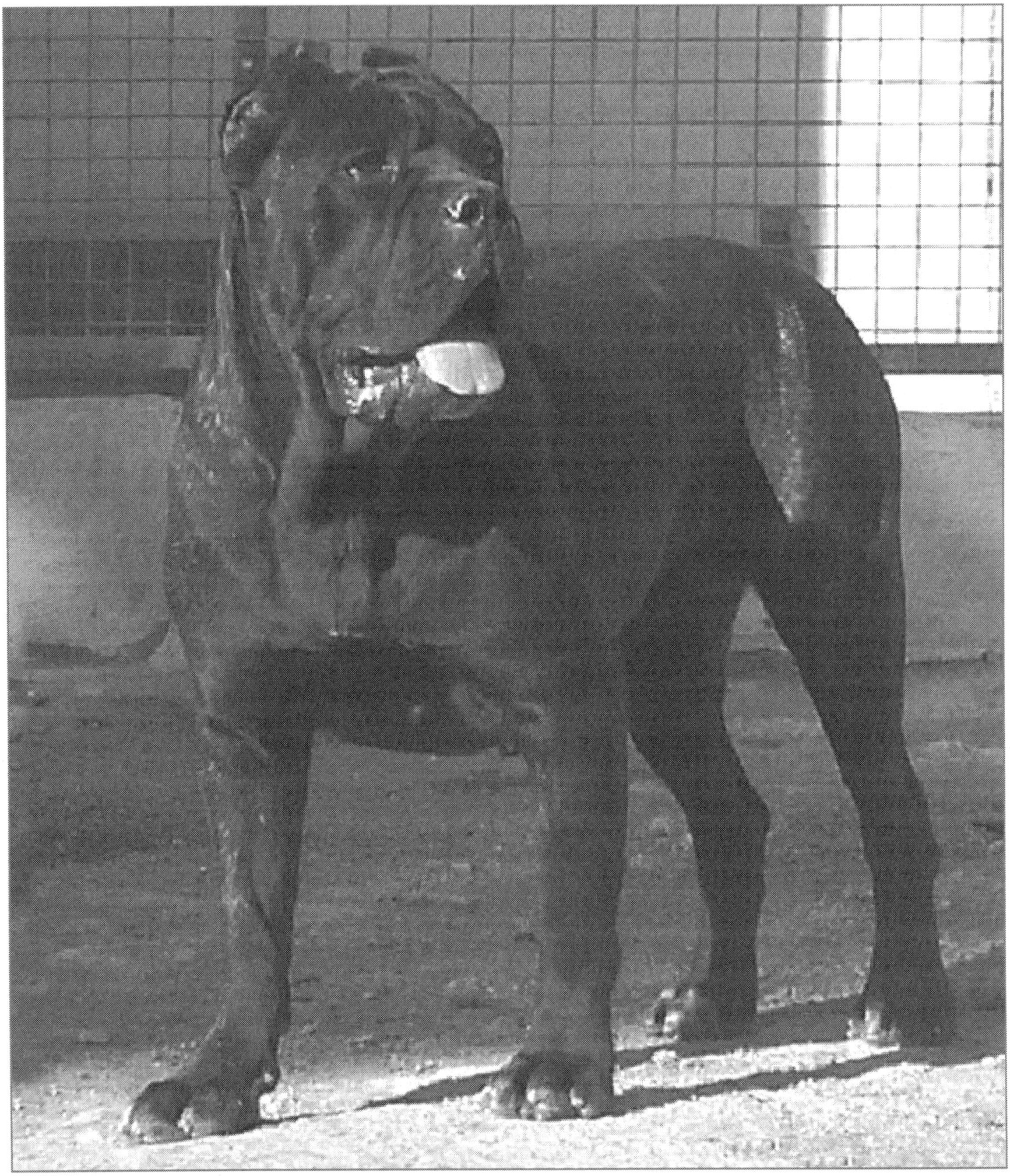

Nata di Re Manfredi; Foto mit freundlicher Genehmigung: Paolo Renzullo

Der Cane Corso in früherer Zeit

Die Inhalte der Seiten 39 bis 62 basieren auf Veröffentlichungen von Dr. Flavio Bruno und sind freie, sinngemäße Übersetzungen und eigene Zusammenfassungen;[10]

Il Cane della Masseria... der Hofhund

Besonders in Apulien und im Basso Molise sprechen ältere Menschen auch heute oft noch vom Cane Corso als "Il Cane della Masseria", vom Hund des Bauernhofes. Dieser Name muss allerdings als allgemeiner Überbegriff gesehen werden, da die Aufgaben und Tätigkeiten in den Gehöften und der Landwirtschaft so vielfältig und unterschiedlich waren und Fähigkeiten erforderten, die nicht von einer Rasse alleine abgedeckt werden konnten. Auf einem typischen Gutshof lebten Hunde verschiedener Rassen und/oder verschiedene Schläge einer Rasse. Basierend auf der Kenntnis über die vorherrschenden Fähigkeiten jeder Rasse, jeden Stammes oder jedes einzelnen Hundes. Aufgrund seiner individuellen Charakteristik wurde jedem Hund eine spezifische Aufgabe zugeordnet. Hunde verschiedener Rassen wurden gemeinsam für jene Aufgaben eingesetzt, bei welcher die Synergie aus den einzelnen Spezialgebieten grundlegend für das Erreichen des Ziels war. In der bäuerlichen Ökonomie war die Rolle der Masseria die einer fundamentalen und autonomen Produktionsstätte, die typischerweise unterteilt war in Viehzucht (Rinder, Schweine, Schafe und Pferde), Getreideanbau und Landwirtschaft. Daneben wurde aber auch all jenes kultiviert und gezüchtet, was die Eigenständigkeit des Gutsbetriebes, der Produktion und Versorgung garantierte. Diese Vielfalt begründete auch die Verwendung von spezialisierten Arbeitshunden. Das Leben auf den Gutshöfen folgte wie seit tausend Jahren dem Prinzip: Mensch Tier Arbeit. Arbeitstiere waren Pferde, Esel, Muli, Rinder und die Hunde. Die Arbeit des Menschen umfasste die Tätigkeiten des Kuh- und Pferdehirten, des Bauern, des Esel-

Masserie in Lecce / Frigole (Apulien 2017); Foto: Karlheinz Gschwind

und Maultiertreibers, sowie des Schäfers. Allerdings wurde jeder auch außerhalb seines Tätigkeitsbereiches eingesetzt. Die Verwendung der Hunde folgte dem gleichen Prinzip. Überwiegend waren Cani Corso, Mastini, Volpini und Levrieri meridionali im Einsatz. Die Corso halfen den Viehtreibern die Rinder unter Kontrolle zu halten: während der Arbeit, auf der Weide und am Abend auf dem Rückweg zum Stall. Für den „schnellen Transport“ wurden gewöhnlich Pferde gewählt. Auf schlechten Straßen und in unwegsamem Gelände benutzte man Muli. Schnappten oder traten sie gegen den Treiber, griff der Cane Corso ein. Die Maultiertreiber unterschieden die Hunde in ”Corso gentile“ (den freundlichen Corso) und in Corso. Die „Freundlichen“ hatten feine und empfindliche Lippen, die für Verletzungen anfällig waren.
Die Bewachung des Gutshofes übernahm ein Reiter, der von Cani Corso begleitet wurde.
Die vordringliche Aufgabe bestand darin, Dachse, Wiesel, Füchse und Wildhunde von den landwirtschaftlichen Flächen fernzuhalten. Jedes Tier, das in den kontrollierten Bezirk eindrang, wurde augenblicklich angegriffen, wobei sich das Territorium vielfach in ein Schlachtfeld verwandelte. Vermehrten sich die Füchse in den Weinbergen zu stark, wurden Treibjagden organisiert, bei denen neben den Corso auch Levrieri und Segugi verwendet wurden.
Die Hunde wurden losgelassen, während der Wächter die Szene von einem erhöhten Platz aus beobachtete. Die Hundemeute aus Segugi und Levrieri stöberten den Fuchs auf und verfolgten ihn, bis ihn die Corso abfingen und zerfleischten. In kleinen Weinbergen lehrte man den Hund, selbsttätig einen gewissen Teil abzulaufen, während der Wächter den anderen Bereich inspizierte, um sich danach am Ausgangspunkt zu treffen.
Mäuse und Ratten, die im Übermaß vorhanden waren, verursachten schwere Schäden am gelagerten Brennholz, im Getreideanbau und an den Apfelbäumen. Die sogenannten Eichelmäuse fraßen jede Frucht und jeden Samen. Diese Plage wurde mit Fallen und den Volpini bekämpft.

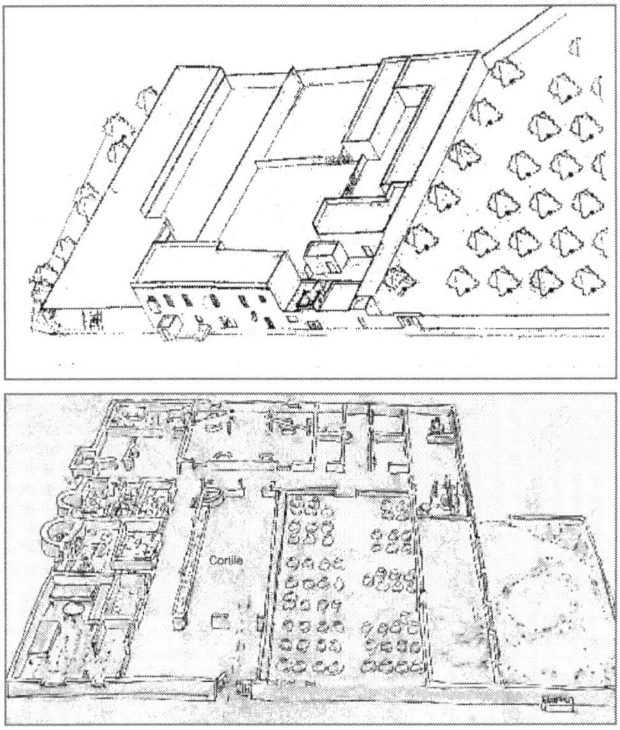

Grundriß-Skizzen Masserie

CAN — 49 — CAN

-Trangugiare-Ingojare avidamente.

Cancariata — Riprensione - Sgridata - Correzione - Rimprocciamento - Riprensiva - Rabbuffo - Canata - Scorpacciata - Corpacciata.

Cancaro — Canchero - Cancro = *Cancaro ncuorpo*, Fame canina - *Cancaro !* Cappita !

Canciello — Cancello = *Ferriata de lo canciello*, Cancellata, Inferriata.

Cancella — Inferriata = *Cancella a mostacciuolo*, Inferriata a mandorla - *Cancella a ppietto de palummo*, Inferriata inginocchiata - *Cancella deritta*, Inferriata diritta - *Cancella risaldata*, Inferriata a gabbia.

Cane — Cane, Cagna = *Fa o cane*, Smania per dolore - *Cane riccio*, Barbone - *Cane corso*, Alano - *Cane de pecoraro*, Mastino - *Cane de caccia*, Bracco - *Cane de pili*, Segugio - *Cane de punta*, Can da fermo - *Cane de massaria*, Can da pagliajo = *Lo cane allucca e mmosta e diente*, Il cane abbaja, latra, ringhia, squittisce, uggiola, gagnola, guajuola, guaisce, e digrigna i denti.

Canesca — Pesce cane - Pesce porco - Squalo - Centrina, Centrino - Uomo di perversa indole - Uomo restio a persuadersi.

Canesto, Canisto — Canestro - Canestra - Paniere - Cesta = *Canisto de strisce de ligno*, Corbello - *Canisto pe la criatura*, Cestino.

Canestraro — Panierajo - Canestrajo.

Canettiero — Canattiere.

Caniglia — V. **Vrenna**.

Canigliola — Forfora - Forforagine.

Canillo — Cagnuolo - Caguolo - Cagnoletto - Cagnetto - Cagnino - Cagniolino - Cagnucciolo - Cagnuccio - Catello.

Canisto, Canistiello, Canistro — V. **Canesto**.

Canoscere — Conoscere.

Canoscerse — Esser conosciuto.

Canna — Canna = *Canna de ll' organo*, Canna - *Canna de lo puzzo*, Gola del pozzo - *Canna de lo pormone*, Asperarteria,

Volpe—*Voc. Nap. It.* 4

Wörterbuch Napoletano/Italiano von 1869

Die toten Nagetiere wurden eingesammelt, am Hof gezählt und anschließend dem Fressen der Corsi und Mastini beigemischt. In den Getreidespeichern hatte man es hauptsächlich mit grauen und schwarzen Ratten zu tun, die ebenfalls vom Volpino und Corso getötet wurden, um danach allen Hofhunden als Mahlzeit zu dienen. Die Idee dahinter war die Annahme, dass mit dem Fressen der Nager die selbsttätige Jagd der Hunde auf sie verstärkt wurde.

Wache und Jagd waren weitere Aufgaben der Hunde. Dafür bediente man sich des Corso, Volpino, Mastino Abruzzese, Segugio und Levriero Meridionale. Auf diese Weise vereinte man wirkungsvoll Alarm und Schutz.

Gejagt wurden alle Wildtiere, vorrangig jene, die Kulturschäden verursachten oder die Zuchttiere gefährdeten. Die Hasen- und Kaninchenjagd wurde vor allem mit den schnellen und schlauen Segugi und Levrieri ausgeübt. Den Wildkaninchen wurde von den Bauern, die nur mit einem Stock bewaffnet waren, und den Volpini nachgestellt. Auf das Wildschwein wurden Treibjagden veranstaltet, wobei Strategie und Technik von Zone zu Zone variierten; Corsi, Segugi und Levrieri waren aber immer mit dabei. Neben der Schadensabwehr wurde diese Hatz auch als Vergnügen betrachtet, auch als Kulinarisches.

Der Cane Corso in früherer Zeit

Zur Kontrolle der Felder wurden ebenfalls Wachen eingesetzt, die auf ihrem Streifgang von Cani Corso begleitet wurden. Während ihrer Arbeit veranstalteten sie auch improvisierte Treibjagden auf den Dachs, dessen Fleisch gerne gegessen wurde. Aus seinem Fell oder seinen Haaren wurden dekorative Anhänger für die Zügel der Pferde gefertigt oder die Halsbänder der Cani Corso verziert. Die Gutshöfe waren häufig von großen Wäldern umgeben, die dank ihrer vielfältigen Fauna eine natürliche Vorratskammer darstellten, aus der man mit vollen Händen schöpfen konnte. Auch die Cani Corso gingen gerne selbstständig auf die Jagd, auf alles, was sie selbst erbeuten konnten. Ausgesprochen heftige und blutige Kämpfe lieferten sie sich mit den Stachelschweinen. Dabei passierte es des Öfteren, dass ein Hund zwar noch heimkehrte, aber dann an den Verletzungen durch die Stacheln starb. Eine beliebte Beute war auch der Igel, den sie sich griffen, bevor er sich zusammenrollen konnte. Stieß der Hund allerdings während der gemeinsamen Jagd mit den Menschen auf einen Igel, wurde er sofort zurückgerufen und der Igel in den Stall oder Heuschober gebracht, wo er Insekten und Mäuse vertilgen sollte.

In der Dämmerung erhielten die Hunde ihr Fressen in einem gemeinsamen Trog. In der Regel bestand es aus Kleie gemischt mit Molke und gekochten Fleischstücken von Wildtieren. Während der Wachstumsphase erhielten sie auch Plazenta. Daneben bekamen sie das Fleisch der Rinder, die durch einen Unfall ums Leben kamen und nicht rechtzeitig ausbluteten. Zu ihren Lebensbedingungen gehörte aber auch, dass sie ihre Nahrung mit erlegter Beute und Früchten aller Art eigenständig ergänzten.

Die Arbeit der Hunde ging auch während der Nacht weiter: Sie durchkämmten das gesamte Gutsgelände, die Wohngebäude, Tennen, Stallungen und Koppeln, um es vor tierischen und menschlichen Eindringlingen zu schützen, die es auf die am Hof gezüchteten Hühner, Kaninchen, Gänse, Perlhühner, Tauben, Pfaue, Enten und Truthähne abgesehen hatten. Bei den animalischen Räubern handelte es sich um Marder, Füchse, Wiesel, Stinktiere, Luchse, Wildkatzen und Schlangen, die auf der Suche nach Eiern waren. Das Wiesel, das sich auch gegen große Gegner kühn und mutig zur Wehr setzte, konnte gegen Mastino und Cane Corso allerdings nichts ausrichten. Füchse riefen bei den Cani Corso eine besondere Wut hervor, und sie wurden von ihnen buchstäblich zerfleischt. Die Gutsbewohner empfanden gegenüber ihren Hunden Wohlgefallen und Dankbarkeit: Die Masseria war in „guten Fängen“ und versprach einen sicheren Schlaf.

Nina dei Molossi dell'Angra; Foto: Marco Leonardi

Der Cane Corso in früherer Zeit

Il cane da Pagliaio... der Hund des Getreidebauern

Die Namensgebung beruht auf der Funktion des Cane Corso als Wachhund des Getreidelagers, wo Weizen, Korn, Heu und Futter deponiert wurden. Darüber hinaus diente der Stall während der schlechten Jahreszeit auch als schützende Unterkunft für alle Tiere auf dem Gehöft, inklusive Hunde und Katzen. Das Stroh diente den Hoftieren als Nahrung und Lagerstätte; den Maurern als Putzuntergrund und den Schneesammlern als Isolationsmaterial. Schneesammler waren abgehärtete Männer, die im Winter Schnee sammelten und ihn in tiefen, kalten Löchern, die mit Stroh isoliert waren, aufbewahrten. Der Schnee wurde zu Eis, das im Sommer zu Blöcken geschnitten und auf Strohbrettern, die das Abschmelzen verzögerten, transportiert wurde. Getreidebauern waren auf dem Land und in den Dörfern weit verbreitet, und da sie begehrte Güter besaßen, wurden sie oft von Dieben überfallen. Auch hieraus ergab sich die Notwendigkeit eines furchterregenden, tag- wie nacht- aktiven und aggressiven Wachhundes. Die bevorzugte Fellfarbe des Cane da Pagliaio war ein helles Fulvo, "paglerino“ genannt, da der Volksglaube einem rotblonden Haarkleid einen ebenso „feurigen“ Charakter unterstellte. Wenn sich die Hunde, aufgrund von Kämpfen, auch untereinander verletzten, wurden ihre Wunden mit einer Mischung aus Öl und versengtem Stroh desinfiziert.

Cane Corso der Familie la Torre; Foto mit freundlicher Genehmigung: Matteo und Antonio la Torre

Der Cane Corso in früherer Zeit

Il Cane da Capraio... der Hund des Ziegenhirten

Eine besondere Gruppe unter den Hirten waren die Ziegenhirten. Sie nutzten zu jeder Jahreszeit den natürlichen Wildwuchs als Weideland. Es handelte sich dabei um harte Böden, mit einer Vegetation aus Büschen und Sträuchern, die weder von Rindern, Pferden oder Schafen genutzt, noch kultiviert werden konnten. Im Allgemeinen besaß der Ziegenhirte nur wenige Tiere und wenig Land. Im Unterschied zum Schafhirten, der viele Mastini sein eigen nannte, hatte der Ziegenhirte nur ein Paar Cani Corso, die zur Wache und Verteidigung dienten. Aufgrund des engen Kontaktes zwischen Hirte und Corso verband beide ein intensives Einvernehmen, ein verständiges, ganz besonderes Zusammenspiel aus Gesten und Instinkt. Auch die aggressivsten Hunde gehorchten aufs Wort. Die Cani da Capraio wiesen einen harten Charakter auf und reagierten besonders aggressiv, wenn sie von ihrem Herrn aufgehetzt wurden. Im Fall, dass Wölfe, Luchse oder verwilderte Hunde die Ziegen angriffen, verteidigten die Hunde ihre Herde, indem sie als Paar eine wirksame und kaltblütige Taktik einsetzten: Einer griff am Hals an und blockierte die Beute, der andere biss in Flanke und Eingeweide und zerrte in die entgegengesetzte Richtung. Um ihren Verdienst aufzubessern, weideten die Ziegenhirten auch die Tiere anderer Dorfbewohner in den Steilhängen der Eichenwälder, den Sümpfen oder Jagdrevieren. Milch, Käse, Fleisch und Häute wurden mit den Besitzern geteilt. Verkauft wurde die Milch, indem die Ziegen vor der Haustüre und den Augen der Käufer gemolken wurden. Immer und überall einmütig begleitet von ihren Cani Corso. Die Hirten verfügten damals über den Ruf besonderer Grobheit und Gewalttätigkeit. Die Erziehung der Hunde spiegelte diese Charaktereigenschaften wider. Die Ziegenhirten wollten Hunde, die für jeden Einsatz geeignet und unter allen Umständen fähig sein sollten, sich gegen alles zu stellen und ausnahmslos zu verteidigen. Zu diesem Zweck erzogen sie sie, indem sie sie hungern ließen oder in dunklen Höhlen anbanden, um ihre Aggressivität zu steigern. Oft ließen sie auch ihre Cani bis zum bitteren Ende mit anderen Hunden kämpfen.

Achille Pinelli (1809-1841) / Frans Snyders (1579 -1657) / Ziegenhirte mit Cane Corso oder Vucciriscu Siciliano

Der Cane Corso in früherer Zeit

Il cane da Porcaio... der Hund des Schweinehirten

Die Arbeit des Schweinehirten war der des Ziegenhirten vergleichbar. Er brachte seine eigenen und fremde Schweine auf die Weide und wurde von den Besitzern in Naturalien ausbezahlt. Die Cani Corso des Schweinehirten waren charakterstarke Hunde, die als Wach- und Schutzhunde sowie für die Jagd eingesetzt wurden. Die Schweinehirten hetzten die Cani Corso auf die Eber, um die Hunde in ihrem Gefühl der Übermacht zu bestärken. Der Kampf endete, wenn es dem Cane Corso gelang den Eber zu unterwerfen, indem er ihn an Ohr und Schnauze packte und solange festhielt, bis sein Herr erschien. Untertags wurden die Schweine zum Fressen in Stein- und Zerreichenwälder gebracht und abends in die Ställe zurückgeführt. Bevor sie hineingetrieben wurden, erhielten sie den sogenannten „großen Trunk“, ein Getränk aus Wasser und Mehl, das auch von den Hunden geschätzt wurde. Nachts erfüllte der Corso seine Aufgabe als Wachhund, wozu er vor dem Schweinestall angekettet wurde. Den trächtigen Sauen erlaubte man, kurz bevor sie warfen, sich von der Herde zu entfernen, um ihre Ferkel an einem ruhigen und sicheren Ort auf die Welt zu bringen. Drei oder vier Tage später machte sich der Schweinehirte zusammen mit dem Corso und seinem Esel auf die Suche nach den Schweinen, um sie wieder zurückzubringen. Ohne Hund wäre dieses Unterfangen kaum möglich gewesen, da die Muttersau jeden angegriffen hätte, der in die Nähe ihrer Höhle gekommen wäre. Der Cane Corso nahm die Spur auf und packte das Muttertier, nachdem er es aufgestöbert hatte, an Ohren und Rüssel, bis der Hirte die Ferkel eingesammelt hatte, um sie dann in Weidenkörben nach Hause zu transportieren. Die Welpen wurden für diese Arbeit ausgebildet, indem man sie mit den erwachsenen Hunden zusammentat. Die Cane Corso-Hündin wurde auch dazu verwendet Ferkel und Zicklein zu säugen, die von den Müttern nicht angenommen wurden.

Filippo Palizzi

Skulptur: Thorvaldsen "Hirtenjunge“, 1817

N. Palizzi: "Scena campestre"

Der Cane Corso in früherer Zeit

Il cane da Macellaio... der Hund des Metzgers

Die zum Schlachten bestimmten Rinder wurden auf dem unbestellten Land, wo sie wild weideten, bzw. den Märkten und Messen, die in den Dörfern stattfanden, ausgewählt und zur Schlachtung abgeholt. Während des langen Fußmarsches auf dem Weg zum Schlachthaus lenkten die Cani Corso die Rinder, achteten darauf, dass keine verloren gingen und waren bei jedweder Gefahr zur Stelle, um einzugreifen. Die Stiere und Büffel, die in der Wildnis geboren und aufgewachsen waren, hatten die Gefährlichkeit von nicht domestizierten Tieren. Um die Herde unter Kontrolle zu halten, damit sie nicht angriff oder flüchtete, war es nötig, den Stier zu blockieren. Diese Aufgabe übernahm der Cane Corso, mit dem ihm eigenen Mut und auch der Wut, die ihn auszeichnete, wenn er sich wehren musste. Während der Tiermessen bewunderten denn auch viele Zuschauer den Cane Corso, der immer die Oberhand behielt.

Fayence von Francesco Antonio Saverio (18.Jh.)

Während man unter der Woche Lämmer, Schafe, Zicklein, Ziegen, Hühner oder Kapaune schlachtete, waren es an den Festtagen die Rinder und im Besonderen der Stier. In den völkischen Traditionen symbolisierte die Tötung eines Stieres gleichzeitig Leben und Tod. Kampf und Wettstreit waren Spektakel, die aus dem Sieg des Stärkeren Glück und Wohlergehen für die Gemeinschaft ableiteten.

So war auch das Schlachten ein Schauspiel, und jeder Metzger hatte, unterstützt vom Cane Corso, seine ganz eigene Vorgehensweise. Vielfach band er den Stier an eine Kette oder einen Eisenring, der vor der Metzgerei angebracht war, während der Cane Corso ihn herausforderte. Das Brüllen des Stiers lockte die Menschen an und diente dem Schlachter als Werbung. Mit einem Keulen- oder Hammerschlag zwischen die Hörner wurde der Stier niedergestreckt. Die Metzger, die diese Methode anwandten, waren stämmig und stark und in der Lage, das Tier mit einem einzigen, gekonnten Hieb niederzuwerfen.

Bartolomeo Pinelli

Dingo dei Molossi dell'Angra; Foto: Marco Leonardi

Der Cane Corso in früherer Zeit

Nahuel, Criadero Colle Dei Corsi-Nadaske; Foto mit freundlicher Genehmigung: Davide Romano / Natacha Donadio

Beendet wurde das Werk, indem man dem Tier ein langes, spitzes Messer zwischen Hinterhauptbein und Atlas stieß. Dies musste von geübter Hand und äußerst präzise geschehen, damit der Schlachter nicht Gefahr lief, das Tier nur zu verletzen. Während der ganzen Zeit war der Cane Corso an der Seite des Metzgers, um bei Gefahr oder auf Befehl sofort einzugreifen.

Gelegentlich provozierte auch der Schlachter den Hund: Er löste etwas das Seil, das den Stier hielt, damit er sich besser bewegen und angreifen konnte. Der Cane Corso musste sich dann den Stier greifen, indem er ihn am Maul oder an den Ohren packte und solange hielt, bis der Gnadenstoß den Stier tötete.

In der Winterzeit arbeitete der Metzger auch auf den Bauernhöfen, kastrierte Keiler, schlachtete Schweine, und auch hier half ihm der Cane Corso die Tiere unter Kontrolle zu halten. Schlachter und Getreidebauern paarten des Öfteren ihre Hunde untereinander, um die genetische Vielfalt zu sichern.

Diana, Valle del Mela; Foto mit freundlicher Genehmigung: Sebastian Rizzo

Preta, Züchter und Besitzer: Cane corso rustico cotte cerbu; Foto mit freundlicher Genehmigung: Sisi Marongiu

Der Cane Corso in früherer Zeit

Il Dogo... der Cane Corso als Jagdhund

In Italien erfolgte die Jagd immer auf Tiere mit Fell und Federn, auf „schädliche“ Tiere und auf jene „mit Fleisch“ wie Wildschwein, Hirsch, Dambock und Rehe. Anfänglich begrenzten sich die Fähigkeiten der Jagdhunde auf den Geruchssinn, auf Geschwindigkeit und Kraft. Ihre Aufgabe war die Verfolgung des Wildes. Aufgrund von Einkreuzungen erhielt man später Hunde für die Suche und letztendlich Packerhunde, die die Beute festhielten. Der Cane Corso wurde über Jahrhunderte als Jagdhund eingesetzt. Die Jäger nannten ihn auch ”Dogo“ und von klein auf unterzogen sie ihn einer sorgfältigen Ausbildung, die allerdings keine besondere Spezialisierung vorsah. Der Dogo musste schlechthin allumfassend einsetzbar sein, perfekt in allen Teilbereichen der Jagd. Der beste Hund war jener mit den meisten Fähigkeiten. Man verlangte schlicht - und die Selektion basierte darauf - eine beträchtliche Kieferkraft, Beweglichkeit, Geschicklichkeit, Mut und verbissene Aggressivität.
Das aufregendste Weidwerk war die Jagd auf den Braunbären, da sie großen Mut und Kampfgeist verlangte. Unverzichtbar waren dabei die Molosser, um die Witterung aufzunehmen, den Bären zu folgen und sie bis zur Ankunft der Jäger unter Kontrolle zu halten.
Die großen Grundbesitzer benutzten oft den Corso oder den Levriero oder eine Kreuzung aus beiden für die Wolfsjagd. In den weiten Ländereien fielen die Wölfe oft in die Koppeln ein, um Nutztiere zu reißen. Um Vorkommnisse dieser Art zu reduzieren, wurden Treibjagden abgehalten.

Die Wildschweinjagd

Für viele Jäger ist und war die Jagd auf das Wildschwein die einzig wahre. Früher vorrangig den Adeligen, reichen Grundbesitzern und den Berufsjägern vorbehalten. Grundsätzlich wurden zwei Techniken angewandt, die neben anderen auch heute noch im Gebrauch sind. Entweder wurde gewartet, bis sich die Beute nachts auf freier Flur zeigte, oder es wurden Treibjagden veranstaltet. Diese fanden von November bis Januar mit einer Hundemeute statt, die aus Segugi, die die Spur aufnahmen, Levrieri zum Hetzen, aus kleinwüchsigen besonders aggressiven Kreuzungen, um das Wildschwein aufzuscheuchen, und aus leichten Molossern bestand. Die Meute musste sich gut verstehen, und jeder Hund kannte instinktiv seine eigenen Aufgaben, seine Grenzen des Angriffs sowie der Verteidigung, und vermied so tödliche Verletzungen, denen oft junge Hunde zum Opfer fielen, die ihre Angriffswut nicht zügeln konnten. Wenn das Wildschwein gezwungen war, das schützende Gebüsch zu verlassen, traten die Molosser in Aktion. Ihre Aufgabe war es, das Schwein solange festzuhalten, bis der Jäger es mit dem Gewehr oder dem Speer zur Strecke gebracht hatte. Sie mussten dafür über beachtliche Beißkraft, Beweglichkeit, Geschick, Mut und Aggression verfügen; alles Charakteristika, die den Cane Corso auszeichneten. Wichtig war, dass sich der Corso augenblicklich an Ohren und Schenkeln verbiss, um die Flucht oder eine Attacke zu verhindern. Wildschweine, die sich in einer aussichtslosen Lage befinden oder verletzt sind, greifen mit rasender Wut an, und nicht wenige Jäger verlieren jedes Jahr Hunde, die von den Hauern der Schweine aufgerissen werden. Das natürliche und instinktive Potential der Corso für diese Arbeit wurde durch eine zweckdienliche Ausbildung forciert: Die erwachsenen Hunde wurden auf den Keiler gehetzt, während die angebundenen Welpen die Angriffstaktik beobachteten. Im Moment, in dem dem Keiler die Beweglichkeit genommen war, wurden die Welpen freigelassen und mit enthusiastischem Eifer und energischem Nachdruck auf die Beute gehetzt, um ihre Geschwindigkeit und Entschlossenheit zu steigern, und um ihnen den günstigsten Angriffsmoment und die notwendigen Ausweichmanöver beizubringen. Eine andere Ausbildungsstrategie bestand darin, sie ein totes Ferkel, das in der Macchia abgelegt wurde, aufspüren zu lassen, an dem sie sich regelrecht austoben konnten.

Die Paarung von Wildschweinen mit Schweinen schuf kleine Herden von Hybridschweinen, die mit einer anderen Jagdtechnik erlegt wurden. Die Jagdbeute bis zu sechs Monate wurde als "cinghialetto" bezeichnet; Tiere über sechs Monate als "porcastro" und die erwachsenen Mischlingsschweine als „Verwildertes Schwein" / "maiale inselvatichito". Da diese Hatz weniger gefährlich und auch die Spurensuche einfacher war, wurden sie mit nur zwei Corso bejagt. Während einer der beiden das Tier blockierte, packte es der andere an der Kehle und tötete es. Die Situation stellte sich aber weitaus gefährlicher dar, wenn der verwilderte Eber zugegen war, da er aufgrund seiner Masse und Kraft den Hunden gefährlich werden konnte.

Vor der Jagd gab es für die Hunde eine kleine Portion Milch oder Molke zusammen mit Kleiemehl oder Haferspreu, zermahlenen Mais oder Hirse- und Gerstenmehl, damit die Zuckerversorgung aufrechterhalten wurde. Die Kohlehydrate bewirkten zudem eine Leistungsoptimierung, da sie die Schnelligkeit forcierten und den Sauerstoffbedarf verringerten. Nach der Jagd erhielten die Hunde ihr Fressen, das sich aus Fleisch, Blut, Knochen und trockenem Brot zusammensetzte. Dazu ein Stück Speck, um die verbrauchte Energie wiederherzustellen.

Neben dem Cane Corso setzten die Jagdhundezüchter und Jäger auch auf Mischlinge, die noch leistungsfähiger und erfolgreicher waren. Es handelte sich um "Stravieri", Kreuzungen aus Levriero x Cane Corso, "Mezzosangue" (Cane Corso Rüde x Segugio Hündin) oder "Mezzocorso" (Cane Corso Rüde x Mastino Abruzzese Hündin). Alle vereinte die außergewöhnliche Synthese zwischen den Qualitäten des Cane Corso und den spezifischen Eigenarten der anderen Hunde. Der Straviero verband Geschwindigkeit mit Kraft, der Mezzosangue bestach durch zielstrebige Suche und Zähigkeit. Am fähigsten war der Mezzocorso: polyvalent, also auf vielen Gebieten einsetzbar,

Andrea Mantegna (1431-1506), Detail des Freskos "The Meeting", Palazzo Ducale, Mantua

Cane Corso und Mastino Abruzzese "bei der Arbeit" (70er Jahre); Foto: Paolo Breber

Cani Corso di Casa Marziali bei der Dachsjagd (alte Aufnahme); Foto mit freundlicher Genehmigung: Maurizio Marziali

und zudem steigerte er auch nochmals die vorhandenen Wach- und Schutzhund-, Hüte- und Schäferhund-Eigenschaften des Cane Corso. Der Mezzocorso hat meist ein schwarz geflecktes Fell, die Ohren waren häufig kupiert, während die schöne, dichte und ausdrucksstarke Rute belassen wurde. Es gibt auch Annahmen, dass der echte „Pastore Abruzzese“ vom Mezzocorso abstammt.

Die Dachsjagd

Die Jagd auf den Dachs ist alten Ursprungs und hat eine lange Vergangenheit. Heute ist sie verboten. In Süditalien praktizierte man sie nächtens, allein oder mit Hilfe des Cane Corso. Die Kopfrumpflänge des Dachses liegt zwischen 64 und 88 cm, und er kann rund 14 kg schwer werden. Sein Fleisch war schmackhaft, und das Hautfett wurde zur Zubereitung von Salben verwendet, der die Volksmedizin eine stark antirheumatische Kraft nachsagte. Die Felle wurden dazu benutzt, Zügel und Sättel der Tiere zu schmücken, oder um daraus das Halsband der Hunde zu machen. Da man den Dachsfellen eine magische Kraft zur Abwehr von Unglück zusprach, wurden sie auch als Glücksbringer an Karren und die Pforten der Häuser gehängt. Bei der Pirsch auf den Dachs zeigte sich der Cane Corso als selbstständiger Jäger von Format: Nachdem er die Beute aufgestöbert hatte, griff er sie von vorne an, indem er den Dachs mit seiner breiten und mächtigen Brust rammte und umwarf.

Dann verbiss er sich blitzartig und präzise am Hals und tötete den Dachs mit einem schnellen Biss. Eine siegreiche Taktik, um den gefährlichen Krallen des Dachses zu entkommen.

Die anspruchsvollsten Jäger bevorzugten eine gemischte Jagdhundemeute aus Segugi, Mezzosangue und Cane Corso. Die Segugi waren exzellente, lautlose nächtliche Jäger mit einem unfehlbaren Geruchssinn und in der Lage, ihre Beute über jedwedes Gelände zu verfolgen: von der Ebene auf den Berg, vom Feld in den Wald, vom Sumpf ins Dickicht. Mit äußerster Geschicklichkeit umringten sie den Dachs und verteilten sich außerhalb der Reichweite seiner langen und schneidenden Krallen, die er mit Zähigkeit und Kraft zu seiner Verteidigung einsetzte.

Der Cane da Pastore Abruzzese Maremmano ist ein mittelitalienischer Herdenschutzhund.
Der Pastore Abruzzese (Abruzzen) und der Pastore Maremmano (Toskana) wurden in einer Hunderasse zusammengefasst.

Sie verhinderten, dass er den Belagerungsring durchbrach, bis ihn der Cane Corso griff und tötete.

Bevorzugt wurden Corso mit der Fellfarbe Frumentino, bzw. Formentino, einem sehr sehr hellen Fulvo, das in seiner Tonalität an Weizen erinnerte. Ausschlaggebendes Motiv war die bessere Unterscheidbarkeit vom Dachs. In den Fällen, wo es dem Corso nicht gelang, das Tier sofort zu töten, griff der Mensch ein und erschlug den Dachs mit einem Stock. Man benützte kein Gewehr, um das Fell nicht zu ruinieren. Die verschiedenen Farben des Haarkleides sollten ausschließen, dass man versehentlich den Hund totprügelte.

Mezzocorso; Foto Mastino Abruzzese und Mezzocorso: Karlheinz Gschwind

Die Jagd auf das Stachelschwein

In Italien findet man das Stachelschwein vorzugsweise an der Tyrrhenischen Küste und im südlichen Mittelitalien. Bis vor wenigen Jahren wurde es als Schädling bejagt.
Seit die Stachelschweinjagd verboten wurde, hat es sich wieder vermehrt und ist nicht mehr vom Aussterben bedroht.
In der Maremma und in Sizilien gab es regelrechte Jagdspezialisten auf dieses Nagetier, das in der Mundart ”spinosa“ hieß. Mit einer Widerristhöhe von 20-25 cm und einem Gewicht von 15-20 kg ist es nach dem Biber das größte Nagetier Europas. Das Stachelschwein ist ein nachtaktives Tier, das den Tag ruhend in Höhlen verbringt.
Zur Jagd auf das Stachelschwein wurden Cani Corso eingesetzt: ”u cursicieddu“, wie man sie im sizilianischen Dialekt nannte. Die Hunde wurden aufgestachelt in den Bau der Stachelschweine einzudringen, die Stachelschweine zu packen und festzuhalten. Ungeachtet der spitzen Stacheln, die 40-50 cm messen. Der Jäger packte den Schwanz des Hundes und zog ihn zusammen mit dem Stachelschwein aus der Höhle. Die Rute des Cane Corso wurde hierzu am 8. Schwanzwirbel kupiert, um dem Jäger einen besseren Griff zu ermöglichen.
Nicht selten hinterließ der kämpferische Jagdeinsatz schwere Wunden und führte aufgrund der Verletzungen durch die Stacheln zur Blindheit des Hundes.

Daunia & Mestena, Züchter und Besitzer: Giancarlo Sciarrillo; Foto mit freundlicher Genehmigung: Giancarlo Sciarrillo

Gemma (Ninetta di Luigi Tonti x Igor di Luciano Mancusi), Züchter: Gianluca Rinaldi, Besitzer: Antonio Consiglio; Foto mit freundlicher Genehmigung: Gianluca Rinaldi & Antonio Consiglio

Pina, "Cane Corso Pugliese" di Michele Bocci; Foto mit freundlicher Genehmigung: Michele Bocci

Der Cane Corso in früherer Zeit

Saddam, "Cane Corso Pugliese" di Michele Bocci; Foto mit freundlicher Genehmigung: Michele Bocci

Black 1° und Pantera "I Lancieri"; Foto mit freundlicher Genehmigung: Massimo Castrignano

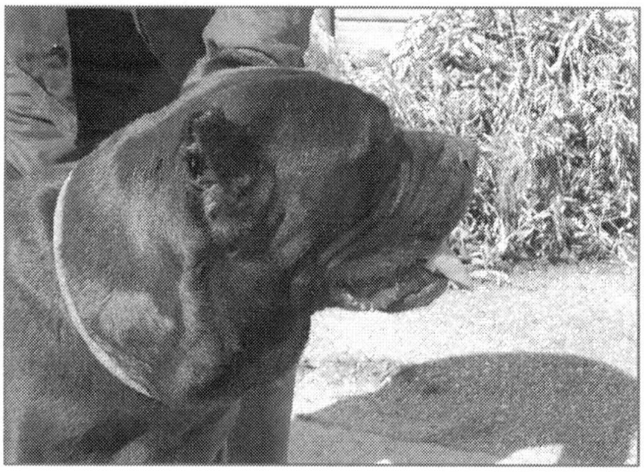

Namen und Spitznamen des Cane Corso oder Can'Corz'

Die Inhalte der Seiten 65 bis 84 basieren auf Veröffentlichungen des Autors Giuseppe Giorgio "Cane corso apulien" und sind freie, sinngemäße Übersetzungen und eigene Zusammenfassungen.[11]

Die traditionellen und folkloristischen Namen des Cane Corso bezogen sich einerseits auf seine Funktionen wie Pastorello, Pastrillo (Kleiner Hirte), Pastoricchio (Hirtenkind), seine Individualität, als auch auf optische Merkmale wie die Fellfarbe: Black, Nera (Schwarz), Ombra, Fulva, Tigre, Bianca (Weiss), Bionda (Blond, Blondine), Rossa (Rot) usw. Die Landwirte benannten ihre Hunde auch gerne nach ihren subjektiven Qualitäten wie ihrer Loyalität, Treue, ihrer Stärke, Eleganz und Leistungsfähigkeit oder als Ausdruck ihres Stolzes: Fedele (Treue), Leone (Löwe), Orso (Bär), Tigre (Tiger), Reginedd' (Kleine Königin), Duca (Herzog). Auch körperliche Merkmale standen für die Namensgebung. Recchie' pan' (Kaputte Ohren), Baccheton' (groß und mager), Pipistrella (Fledermaus), Calzetta (Socke / weiße Abzeichen auf den Pfoten), Bianchino (viele weiße Abzeichen im Fell), Mestazz' ou Baffon' (Schnurrhaar), Brutto (hässlich, blöd), Ciccio oder Ciccione (Dicker, Dickerchen), Mbastèt' (plump, grob), Faccia brutta (böse schauen, häßlicher Typ). Gebräuchlich waren auch historische oder aktuelle Namen von Persönlichkeiten: Duce, Masaniello, Adolphe, Cesare, Napoleone Nerone, Pelé, Zoff, Bush, Saddam, Osama usw.

Rothorm Jy Dream Million Dollar Baby, Züchter: Montse Fernandez, Besitzer: Molossi d'Eburon; Foto mit freundlicher Genehmigung: Katja Chtuka

Der Cane Corso in früherer Zeit

Die Namen Piciotto (niedrigster Rang innerhalb der Mafia), Guappo (Raufbold, neapolitanischer Bandenführer), Guapparidd' (Hieb, Anschlag), Camorrist' (Camorrist, Mitglied der Camorra), Trequart' (Mittelfeldspieler),Malavit' (Unterwelt / Name für die Mitglieder süd-italienischer krimineller Organisationen), Malacarn' (schlechtes Fleisch) etc. hatten eine kriminelle Konnotation und wurden im Milieu jener verwendet, die Hundekämpfe veranstalteten.

Gebräuchlich waren auch Namen wie Uaglion' (junger Mann), Uagniedd' (junge Frau), Fiamma (Flamme), Stella (Stern), Gemma (Juwel). Oder Namen die man gewöhnlicherweise in dieser Region den Hunden gab: Diana, Lola, Bobby, Billy, Roy, Dick, Asia. Hunde, die sich als gute Vererber einen Namen gemacht hatten, hießen häufig Ministro, Présidente, Sultano, Pacha. Auch die Namen aktueller Ministerpräsidenten wurden gerne herangezogen, und so konnte es vorkommen, dass man einen beständig bellenden Hund mit dem Befehl „Berlusconi, cieut' ... !" (Berlusconi, sei still!) zur Räson bringen wollte.

Auch Umberto Leone schreibt in seinem Artikel, der im "Atti del 1° Convegno Nazionale vom 16/17 Juni 1990" erschien, dass ihre Hunde immer Leone, Leonessa, Pantera und Saturno hießen, aber nie Picciotto, Guaglione, Magnaccia, Cornuto usw., da sie wegen der Hundekämpfe verrufen waren. Auch heute finden sich viele Hundenamen, die auf berühmte Persönlichkeiten verweisen, wie Roger Federer, Corleone, Yannick Noah, Lara Croft oder Million Dollar Baby.

Picciotto (Familie Calderola / San Paolo Civitate)

Uagliò (G. Iacobacci / Colle Sannita); Foto: Paolo Breber / Quelle: Atti del 1° Convegno Nazionale, Civitella Alfedena-16/17 Giugno 1990.

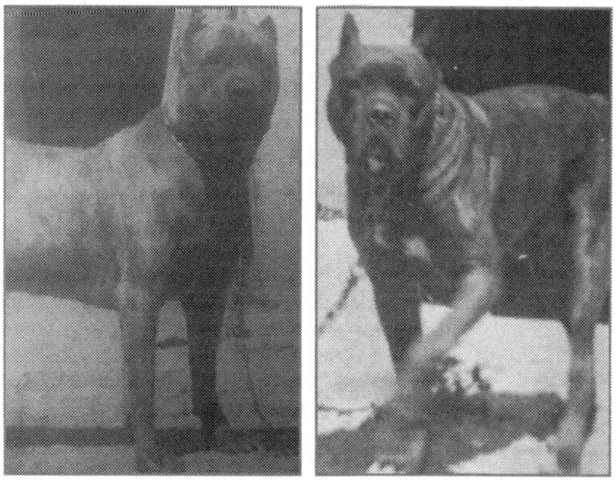

Vampiro, Sohn von Nerone (1945) und Nerone (1937), Züchter und Besitzer: Sig. Rocco Muzzopappa; Originalaufnahme aus dem Besitz von Professor Giuseppe Rudi.

Ch.Diuk, Besitzer: Re Manfredi; Foto mit freundlicher Genehmigung: Paolo Renzullo

Der Cane Corso in früherer Zeit

Verpflegung und Pflege

In den meisten Fällen erhielt der Hund eine Mahlzeit pro Tag; in der Regel morgens.
Die "Crusca Caniglia" eine Art grobes Kleiemehl aus Gerste, Roggen, Weizen, Hafer etc., war die Nahrungsergänzung für die Rinder und wurde auch den Hunden mit Wasser oder Molke ("siero", genannt) verdünnt vorgesetzt. Zudem aßen die Hunde auch das von den Bäumen gefallene reife Obst, Früchte, Trauben und verschiedene Beeren, die sie auf dem Hof fanden. Junge Welpen erhielten in Milch und Wasser eingeweichte Brotstücke. Dieses vegetarische Futter wurde mit „tierischem Abfall" wie Nachgeburten oder toten Föten ergänzt. Auch tot aufgefundenes Vieh, das für den menschlichen Verzehr nicht mehr geeignet war, wurde an die Hunde verfüttert. Der Schlachttag war so auch ein Festtag für sie; alle Überreste, die nicht genutzt wurden, bekamen die "cani": Lamm, Kaninchen oder Geflügel-Karkassen, Innereien und Eingeweide wie Blase, Gallenblase, Milz etc. Selbst erbeutete Ratten, Mäuse, Eidechsen und Insekten, aber auch der Kot von Schweinen und Kühen, rundeten den Speiseplan ab.
Die schwerwiegendsten Erkrankungen betrafen Tollwut und Staupe. Während der an Tollwut erkrankte Hund getötet wurde, versuchte man die Staupe durch einen künstlich hervorgerufenen Terpentin-Abszess zu behandeln. Abgesehen von diesen beiden schweren Erkrankungen wurden die Hunde mit der traditionellen Pharmakopöe, den Heilmitteln der apulischen Bauern, behandelt. Gegen Würmer wurden Salbei, wilder Anis, Rosmarin, Knoblauch oder auch Kürbiskerne gegeben. Das Verabreichen von Quecke (Gramigna) sollte das Ausscheiden der Parasiten bewirken. Externe Parasiten wie Zecken versuchte man mit einem abgekochten Sud aus Tabak oder Terpentin oder verdünntem Terpentin zu töten. Um sie zu entfernen, durchstach man die Zecke mit einer glühenden Nadel oder durchschnitt sie mit einer Schere. Bei Flohbefall wurde der Hund entweder geschoren, oder man legte Nussbaumblätter auf seine Schlafstelle oder rieb seinen Körper mit einem Sud aus Rosmarin, Majoran und Minze ab.

Der Cane Corso in früherer Zeit

Il combattimento

Auch wenn man den Cane Corso mehr als Dilettant denn als Profi im Hundekampf bezeichnet, so wurde er dennoch für Kämpfe eingesetzt. In der überwiegenden Mehrheit handelte es sich hierbei jedoch nur um, von den Besitzern inszenierte, kurzweilige Showdowns, die den Hund nicht verletzen sollten, um seine Arbeitskraft auf der Masseria zu erhalten. In der Regel trugen die Hunde nicht mehr als ein paar Kratzer und Bisse am Hals davon. Inszeniert wurden diese Spektakel, um eine Pause während der Feldarbeit munterer zu gestalten, während einer lebhaften Diskussion nachts auf dem Marktplatz oder am Sonntag nach der Kirche. Die Kämpfe fanden zwischen Cani Corsi oder Cani Corso und Mastino Abruzzese statt. Es ging hierbei nicht um Geldwetten, wie bei den kriminellen Organisationen, sondern, um die Qualität und den Ruf eines Hundes unter Beweis zu stellen. Auch hatte früher jeder Hof in den Dörfern um Foggia einen Corso an der Kette, und jede Straße hatte ihren König. Die Streitlust der benachbarten Hunde animierte ihre Besitzer sich gegenseitig herauszufordern, um festzustellen, welcher den härtesten Hund hatte. Es handelte sich dabei jedoch nur um sporadische Episoden.

Auch in Sizilien wurde die Tradition des Kampfes mit Leidenschaft kultiviert. Ebenfalls ohne die grausame Charakteristik der heutigen, im Geheimen abgehaltenen Kämpfe, die mit dem Tod der Tiere enden. Es wurden ausschließlich Corso und keine Mischlinge eingesetzt; als Schutz vor Verletzungen wurde den Kombattanten ein breites, robustes Lederhalsband angelegt; außen mit einem Metallblech, auf dem der Name des Hundes eingeritzt war. Der Kampf fand in einer improvisierten Arena statt, die durch die Zuschauer begrenzt wurde. Am Ende des Kampfes befestigte der Besitzer des siegreichen Corso einen reich geschmückten Beutel, gefüllt mit Zigarren, am Halsband des Hundes, die der Champion auf seiner Ehrenrunde anbot. Um die Fans nicht einzuschüchtern, wurde dem Hund auch manchmal "lu mussali“ angelegt, ein fein gearbeiteter Ledermaulkorb. Die Champions, die lange in Erinnerung blieben, waren Furiusu, Barone, Brigante etc.

Es wurde aber auch von Hundekämpfen berichtet, die von reaktionäreren Besitzern veranstaltet wurden, die den Zuschauern Stärke, Aggressivität und Kampfausbildung ihrer Hunde vorführen wollten. Der Gegner wurde in der Absicht herausgefordert, die eigene Überlegenheit zu demonstrieren und den anderen zu demütigen. Die Hunde wurden an einen neutralen Ort gebracht, um territoriale Vorteile auszuschließen. Dann wurde darum geknobelt, ob die Hunde mit oder ohne schützendes Halsband kämpfen sollten. Freigelassen begannen sie einen wilden Kampf und boten ein grausames Spektakel. Die Kampfdauer war auf zehn Minuten limitiert. Die Besitzer blieben so lange nahe bei ihren Hunden, bis einer der beiden den Gegner so am Hals packte, dass dieser sich weder verteidigen noch aufgeben konnte.

Argo La Torre del Cane Corso: Foto: Marco Leonardi

An diesem Punkt packte der Besitzer des Gewinners das Halsband mit einer Hand, um mit der anderen Hand die Hoden des Hundes mit einem schnellen Griff zusammenzupressen, um jenen Moment auszunützen, in dem der Hund den Biss lockerte, um ihn dann mit Gewalt wegzuziehen. Dies war die einzige Möglichkeit den Kampf zu beenden, bevor einer der beiden getötet wurde, und nur den Besitzern war dieses Eingreifen gestattet.

Guido Cagnacci, "Natura morta con fantesca che batte due cani“

Foggia, 80er Jahre

Die Erwähnung des Hundekampfes ist ausschließlich der historischen Wirklichkeit geschuldet, wird aber unabhängig, ob es sich in den Augen der Veranstalter um ein kurzweiliges, harmloses Vergnügen oder um gnadenlose Barbarei von Kriminellen handelte, auf das Schärfste verurteilt.

In den 80er und 90er Jahren war die Hochzeit des Hundekampfes in Neapel. Auch wenn die Zahlen kurze Zeit rückläufig waren, verzeichnet Italien heute wieder einen rasanten Anstieg. Gemäß dem Bericht der "Zoomafia 2016" der von der Lav (Lega anti Viviesezione) erstellt wurde, zeigt sich eine deutliche Zunahme aller Straftaten im Zusammenhang mit Tierquälerei. Insbesondere steigt die Zahl der Beschlagnahmungen von Kampfhunden um 64%, die Zahl der verletzten oder toten Hunde und die Zahl der festgenommenen Personen um 110%. Ein Geschäft in dem pro Jahr Millionen Euro umgesetzt und Tausende von Hunden, gefoltert und getötet werden.

Donna, Besitzer: Angelo del Guardiano; Foto mit freundlicher Genehmigung: ©Susen Von Warburg

Der Cane Corso in früherer Zeit

Das Kupieren von Ohren und Rute

Diese Tradition reicht bis weit vor die Antike zurück und wurde hauptsächlich vorgenommen, um in Hinblick auf geografische wie funktionelle Bedingungen die Hunde vor unnötigen Verletzungen zu schützen. Die mediterrane Landschaft ist geprägt von einer dichten und dornigen Macchia, und die Böden sind teilweise mit Felsen übersät, scharf wie Rasierklingen. Aber auch um Wunden zu vermeiden, die in der Auseinandersetzung mit verschiedenen Wildtieren wie Wölfen, Dachs, Fuchs, Marder, Wildkatzen und streunenden Hunden auftreten konnten. Die gleichen Gründe galten natürlich auch für die Hunde, die für die Jagd eingesetzt wurden.
Eine „sanfte" Methode die Rute zu kupieren bestand darin, sie mit einem Baumwollfaden am vierten Wirbel abzuschnüren. Nach ein paar Tagen fiel der abgebundene Teil von selbst ab.
Eine gängige Praxis war es auch, dem Welpen spätestens am dritten Lebenstag die Rute mit einem Messer oder einer Schere abzuschneiden. Der Schnittpunkt, der sich zwischen zwei Wirbeln befand, wurde fixiert, um dann den Schwanz mit einem schnellen und beherzten Schnitt abzutrennen. Die Heilung erfolgte normalerweise ohne Probleme. Um eine stärkere Blutung zu vermeiden, brachte der Landwirt unterhalb der Schnittstelle eine Ligatur an, die nach einigen Stunden wieder entfernt werden konnte. Diese Vorgehensweise war weitaus erfolgreicher als die sogenannte Drahtmethode.
Das Kupieren der Ohren wurde entweder gleichzeitig mit dem Kupieren der Rute vorgenommen oder bevor der Hund drei Monate alt war. Zu diesem Zeitpunkt war der Ohrknorpel nicht mehr so zart, und der Hund konnte das Trauma der Amputation besser verarbeiten. Das Kupieren von neugeborenen Welpen wurde bis in das letzte halbe Jahrhundert vor allem im ländlichen Raum praktiziert, um die Hunde so wenig wie möglich Schmerzen auszusetzen, da zu diesem Zeitpunkt die neuronalen und vaskulären Gewebe noch nicht vollständig ausgebildet waren. Diese Methode, bei der oft die ganze Ohrmuschel mitentfernt wurde, hatte keinerlei ästhetischen, sondern einen rein funktionalen Bezug.
Eine andere Vorgehensweise war, dem Neugeborenen die Ohren abzudrehen, in der Art wie Metzger ein Stück Fleisch einwickeln. Diese Handhabung hinterließ einen noch unschöneren Anblick, da es den Anschein erweckte, die Ohren wären von einem anderen Hund abgefressen worden. Allerdings hinterließ sie auch den gewünschten Eindruck von gesteigerter „Rustikalität und Aggressivität".
Das Kupieren der Ohren bei rund dreimonatigen Hunden war schwieriger und wurde meist von einem Bauern mit Erfahrung ausgeführt, versprach allerdings ein anspruchsvolleres Ergebnis als jenes, das man beim Kupieren von zwei bis drei Tage alten Welpen erwarten durfte.
Normalerweise bedurfte es zweier Personen: einer, die für das Kupieren verantwortlich war und

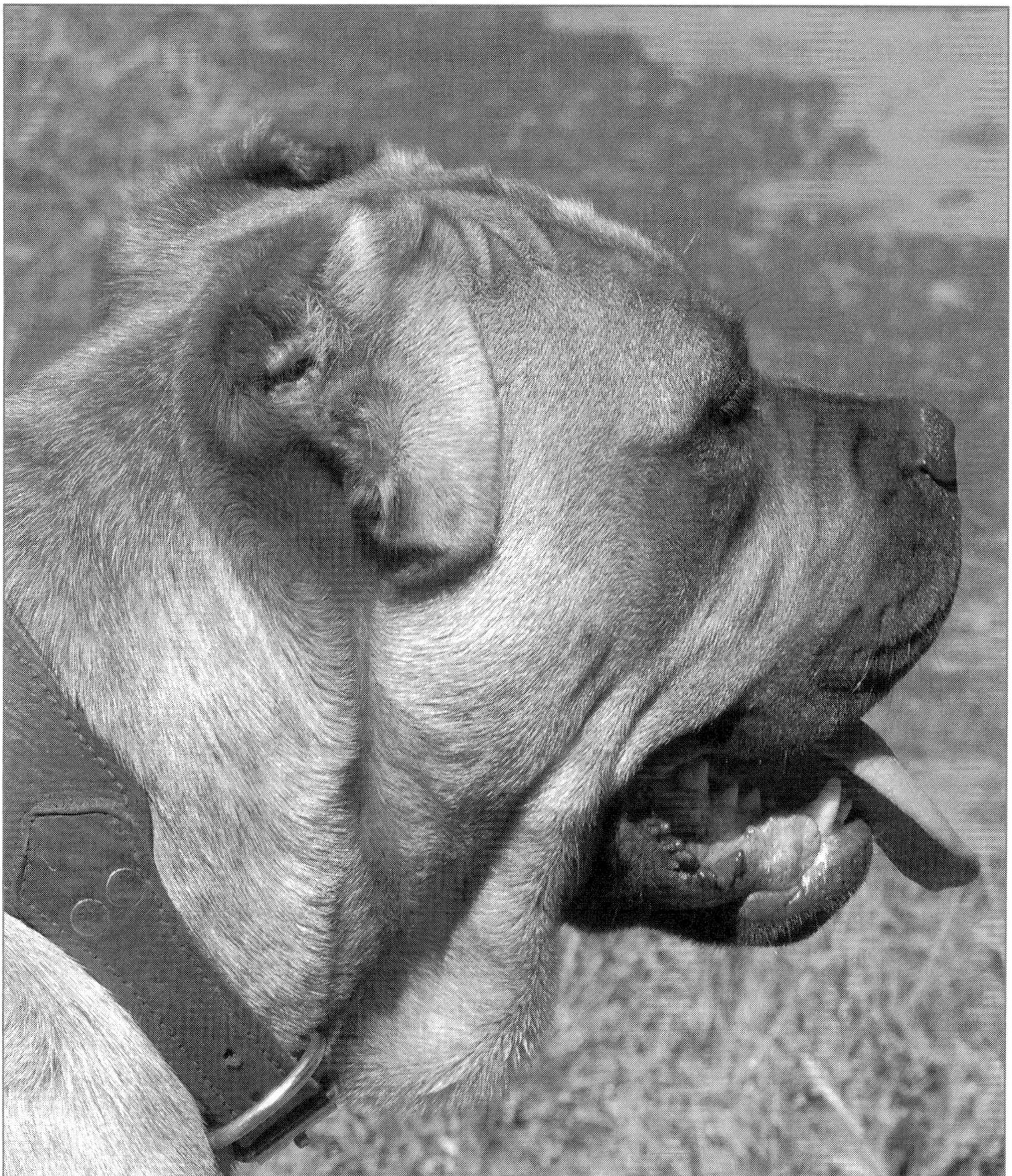

Afra, Criadero Colle Dei Corsi-Nadaske; Foto mit freundlicher Genehmigung: Davide Romano / Natacha Donadio

einer, die den Hund auf dem Tisch festhielt. Es gab die Vorgehensweise, die Amputation „roh“ durchzuführen, also ohne Betäubung: Hier war ein schneller Schnitt gefragt und nicht um jeden Preis die Schönheit.
Die Wunde wurde sofort mit einem glühenden Eisen oder brennenden Holz kauterisiert. Die Verbrennung des Gewebes diente der Blutstillung und der Sterilisierung der Wunde durch die Asche. Einige Stunden nach dem Kupieren wurden die Ohren mit Olivenöl behandelt, um die Wundheilung anzuregen. Einige Bauern benutzten zum Kupieren ein Schnittmuster, welches aus Leder gefertigt wurde.
Damit das Abschneiden der Ohren mit einer Schere nicht so schnell vonstattengehen musste und der Hund weniger Schmerzen zu erleiden hatte, gaben manche Landwirte den Tieren Alkohol oder eine Abkochung aus Schlafmohn, der sie betrunken machte oder unter Drogen setzte.
Welcher Hund zu welcher Masseria gehörte, konnte oft schon durch die Begutachtung der Ohren festgestellt werden, da jeder Bauer seine eigene „Handschrift“ hatte oder einen bestimmten Scherenschnitt bevorzugte. Die einen mochten die Ohren etwas länger, andere wiederum extrem kurz. Im Gegensatz zur Rute wurden die Ohren in jedem Fall kupiert.
Im Volksglauben der Schäfer hatte das Kupieren der Ohren keinen praktischen Nutzen, sondern war Teil eines grausamen Rituals. Speziell in den Abruzzen und in Molise wollte es die Tradition, dass man das abgeschnittene Fleisch briet und den Hunden zum Fressen gab. Diese Praktik sollte den Hund kämpferischer und unerbittlicher bei seiner Aufgabe als Wachhund machen. Ein anderer Ritus sah vor, dass man die Fleischfetzen der Ohren in der Nähe des Stalls vergrub oder an der Stelle, wo der Wachhund angebunden war, um ihm unvergesslich klarzumachen, dass man seinen Wachposten nie verlässt.
Auch wenn einem als zeitgenössischer, urbaner Mensch diese „folkloristischen oder mystischen Bräuche“ abwegig oder barbarisch erscheinen, sind sie Teil der Geschichte, die erwähnt werden will. Auch heute glauben noch einige ehemalige Hirten fest an diese traditionellen Sitten, führen als Beweis ihre eigenen Erfahrungen an und unterstreichen ihre Sätze mit ... „Die Alten sind nicht so dumm, und wenn sie diese Riten praktiziert haben, dann, weil sie funktionierten!“

In mehreren Ländern Europas ist heutzutage das Kupieren bei Hunden verboten: Ausnahmen sind Amputationen aus medizinischer Indikation. Das Kupierverbot wird gerne insofern umgangen, indem Hunde aus Ländern importiert werden, die es gestatten. Oder die Hunde werden zum Kupieren ins Ausland verbracht. Oder noch einfacher, man ignoriert das Gesetz und beauftragt den befreundeten Tierarzt die Amputation vorzunehmen. Seit 2002 gilt beim Verband für das Deutsche Hundewesen ein Ausstellungsverbot für Hunde aus dem In- und Ausland, deren Ohren nach dem 1. Januar 1987 kupiert wurden oder deren Rute nach dem 1. Juni 1998 amputiert wurde.

Nerone, genannt Black "I Lancieri"; Foto mit freundlicher Genehmigung: Massimo Castrignano

Der Cane Corso in früherer Zeit

Erwerb eines Cane Corso, Geburt und Auswahl der Welpen

Nachdem der Landwirt sein Zuchtpaar ausgesucht hatte, ließ er Hündin und Rüde zusammen. Die Paarungen fanden meist Ende November, Anfang Dezember statt, damit der Nachwuchs im Februar geboren wurde, die Mutterhündin ihre Welpen bis Ende März bei sich behalten konnte und sie im kommenden Winter bereits stark und robust waren. Nach der Verpaarung wurde die Hündin freigelassen. Vor dem Wurftag suchte sie sich oft im Viehstall einen geeigneten Platz oder grub sich an einem abgelegenen Ort auf dem Hof oder auch außerhalb, eine Höhle. Nach der Geburt holte sie ihren Herrn oder versuchte ihn zumindest auf ihren Nachwuchs aufmerksam zu machen.
Wollte der Bauer einen oder mehrere Welpen behalten, musste er sich schnell festlegen. Hierfür gab es verschiedene Entscheidungskriterien: Man suchte systematisch die stärksten, aber vor allem jene, die der Mutter am meisten ähnelten, kräftige Gliedmaßen und eine schwarze Schnauze hatten. Da viele Hunde auf den Gutshöfen frei und unabhängig waren und es genügend „Schürzenjäger" gab, existierte die Vaterschaft eben oft nur hypothetisch und so war es für den Bauern am einfachsten, die Welpen auszuwählen, die am eindeutigsten nach der Mutter kamen. Einige Bauern wählten Welpen mit Afterkrallen aus; in der Region um Bari selektierte man Welpen mit Afterkrallen, die zudem einen weißen Fleck auf der Brust hatten. Während man in der Region um Foggia diejenigen bevorzugte, die eine Spur Weiß oder eine Blesse auf dem Nasenrücken zeigten. Das wichtigste für die Landwirte war allerdings den einzigartigen und legendären Charakter ihrer Cani Corsi zu bewahren. Einige Bauern steckten die jungen Hunde in einen Jutesack, auf den sie für einige Sekunden klatschten und ihn rüttelten, um jene Welpen auszusuchen, die heftig und bissig auf die Stimuli reagierten, auch dann noch, wenn man sie wieder aus dem Sack holte. So bewahrten sie über Generationen den scharfen, kämpferischen und starken Charakter des Cane Corso.
Sollte nur ein einzelner Welpe bei der Mutter verbleiben, bestand eine andere Auswahlmethode darin, in der Nähe der Welpen eine bedrohliche Situation zu simulieren, indem man ein kleines Strohfeuer entzündete. Die bis dahin in einer Remise weggesperrte Hündin schickte man hinaus, um einen um den anderen ihrer Welpen vom Feuer wegzuholen. Der erste den sie nach dieser Methode rettete, war demnach der Beste; die anderen wurden eliminiert. Ein weiteres Selektionsverfahren sah vor, dass man die Hündin während des Säugens aufstehen ließ und die Welpen, die an den schmerzenden Mamillen festhielten, waren zweifelsohne die wahren Corz'.
Welpen, die nicht ausgewählt wurden, entfernte man so schnell wie möglich: Ein Familienmitglied, in der Regel der Kopf der Familie, ertränkte sie in einem Trog. Oder sie wurden sofort bei der Geburt lebendig begraben.

Charlie La Torre del Cane Corso mit Welpe; Foto mit freundlicher Genehmigung: Matteo und Antonio la Torre

Tuco "I Lancieri"; Foto mit freundlicher Genehmigung: Massimo Castrignano

"Cani Corso Pugliese" di Michele Bocci; Foto mit freundlicher Genehmigung: Michele Bocci

Wenn die Entscheidung getroffen wurde, keine Welpen der Hündin zu belassen, wurde es notwendig, den Milchfluss zu verhindern. Einige Bauern überließen der Mutter für drei Wochen zwei Welpen, damit diese nicht „durchdrehte". Um den Milchfluss zu unterbinden, wurden verschiedene Zubereitungen verabreicht: beispielsweise ein Petersilienabsud oder Milch mit Natriumbicarbonat vermischt. Das bekannteste Mittel war jedoch, dem Muttertier ein stark mit Petersilie gewürztes Omelett zu fressen zu geben.

Mit der Wahl des Welpen, der Elimination derer, die nicht für angemessen eingeschätzt wurden und den Praktiken den Milchfluss der Hündin zu stoppen, war der Zyklus der Reproduktion beendet. Der ausgewählte Welpe wurde bald für die Aufgabe, die ihm zugewiesen wurde, abgerichtet und seine Mutter nahm im Gutsbetrieb wieder ihre Arbeit auf.

Das Schlüsselwort dieser Art der Auswahl hieß Funktionalität. Der Cane Corso wurde geschaffen und geformt um seine Aufgaben präzise zu erfüllen. Schönheitsmerkmale und Kriterien, die heute bei der Vermarktung von Welpen wichtig scheinen, wie ein glänzendes Haarkleid, ein geselliger Charakter, moderne Fellfarben hatten dort keinen Platz, genauso wenig wie starkes Sabbern oder ein strenger Körpergeruch.

Die Vermehrung der im eigenen Besitz stehenden Hunde war für den apulischen Bauern nicht die einzige Möglichkeit einen Cane Corso zu erwerben. Normalerweise wurden die Hunde abgegeben oder verschenkt. Nur Hunde mit einem Marktwert, wie Hunde mit einem Stammbaum oder die für einen bestimmten Gebrauch spezialisierten Tiere, wurden käuflich erworben. Zu dieser Zeit galt dies vor allem für Jagdhunde und apulische Jäger investierten oft viel Geld, um einen guten Hund zu bekommen. Sollte in seltenen Fall dringend ein Hund benötigt werden, beispielsweise weil eine große Viehmesse anstand, wurde von einer Vertrauensperson ein abgerichteter Hund, der bereits in einem Betrieb gearbeitet hatte, erworben.

Bevor die Begeisterung für den Cane Corso ausbrach, hieß es, man tauscht Hunde oder gibt sie her, aber für einen Hund bezahlt man nicht. Und dies galt für alle „Hunde vom Land".

Die Gesamtheit der Bauern und auch die ersten „offiziellen" Züchter des Cane Corso konnten auf die Frage nach der Herkunft ihrer Hunde, wenn es sich nicht um die Nachkommen der eigenen Hündin handelte, nur die Nachbarn nennen, Freunde und Verwandte.

Normalerweise wurden auf einem Hof zwei Rüden gehalten, damit einer den anderen bei der Arbeit vollständig ersetzen konnte, falls es zu Verletzungen kam oder einer der Hunde durch einen Vipernbiß starb. Dazu eine Hündin, die für die Bewachung und die Zucht eingesetzt wurde.

Die Verpaarung fand statt, wenn die Hündin ihre volle sexuelle Reife erreicht hatte. Um die Fortpflanzung zu kontrollieren wurde die Hündin in der Hitze überwacht oder man legte ihr einen „Keuschheitsgürtel" an, der vielfach aus alten Unterhosen bestand.

Der Cane Corso in früherer Zeit

Viele Bauern behaupten auch heute noch, dass eine Hündin läufig wird, wenn sich der Mond dreht. Umgangssprachlich hieß es dann, sie hat Feuer in den Arschbacken.

Auch allzu große Schürzenjäger unter den Rüden wurden wie die Hündin überwacht. Neigten sie dazu zu streunen, wurden sie des Nachts angebunden oder eingesperrt. Nicht allein um zu verhindern, dass sie die Nachbarhündin aufsuchten, sondern vielmehr, weil man darauf bedacht war, dass die Hunde ihre Wachaufgaben nicht vernachlässigten. Man bestrafte die Ausreißer, indem man ihnen alte Konservendosen am Schwanz festband oder grausamer, indem man ihnen die kupierte Rutenspitze verbrannte.

Die letzte, aber wenig übliche Maßnahme, war die Kastration. Da man annahm ein kastrierter Hund würde faul werden, wurde sie nicht allzu häufig angewendet. Die Kastration übernahm der Bauer, nicht aber der Herr des Hundes, da man glaubte, der Hund würde ihm für den Rest seines Lebens grollen. Um die Kastration, bei der die Hoden entfernt wurden, durchzuführen, klemmte man den Kopf des Hundes zwischen eine Holzgabel und stülpte ihm einen Leinensack über den Kopf, damit er nicht zubeißen konnte. Gut gemacht stellte sie keine Gefahr für den Hund dar.

Areg, Züchter: Umberto Bisceglie, Besitzer: Valle del Mela; Foto mit freundlicher Genehmigung: Sebastian Rizzo

Der Cane Corso in früherer Zeit

Der Cane Corso in der Nacht

Der Cane Corso auf den apulischen Bauernhöfen hatte selten das Recht, in den Häusern der Menschen zu schlafen. Abends gesellten sich die Hunde zu den anderen Tieren oder nahmen Ihren Platz als Wächter vor dem Haus ein. Derjenige, der die Tiere zu schützen hatte schlief im Stall oder bei den Hühnern bzw. im Stroh und überall dort, wo es warm genug war. Der angekettete Wachhund hatte einen begrenzten Platz vor dem Ort, der zu bewachen war. Für ihn wurde eine Nische, ein ausrangiertes Fass oder ein Heuhaufen eingerichtet, um sich auszuruhen.

Die Vielfalt der von den Hunden besetzten Plätze zeugt von einer großen Flexibilität und Anpassungsfähigkeit; während alle anderen Tiere auf dem Hof einen bestimmten Platz hatten, hielt sich der Cane Corso immer an dem Ort auf, den er zu schützen hatte.

Der Platz des Hundes in der Masseria hing also von einer Reihe von Faktoren ab. Erstens musste das Verhalten des Tieres und insbesondere seine Aggressivität berücksichtigt werden: Ein Hund, der biss oder dazu neigte alles zu jagen, wurde angekettet, solange diese Aggressivität nicht dazu genutzt wurde, um Herumtreiber abzuschrecken. Der zweite zu berücksichtigende Faktor war die Verwendung des Hundes. Als Wächter wurde er in einer strategischen Position platziert, sodass er die Zugänge überwachen und seine Herren warnen konnte. Wurde der Cane Corso als Jagdhund gehalten, wurde er für einen Großteil des Jahres in ein Nebengebäude oder in einen Zwinger gesperrt.

Der letztendlich entscheidende Faktor für den Aufenthalt des Hundes war darüber hinaus die affektive Beziehung, die er zu seinem Besitzer unterhielt. Wenn der Hund der einzige Begleiter in der Einsamkeit eines isolierten Bauern war, konnte er auch das seltene Privileg genießen, sich im Haus aufzuhalten oder noch seltener und ausnahmsweise unter dem Bett des Besitzers zu schlafen.

Itaca, Besitzer: Riccardo Dagnello, Züchter: Turturro Frederico; Foto mit freundlicher Genehmigung: Riccardo Dagnello

Byron *1998, Gemma (Forter von Dr. Flavio Bruno x Diana aus der Linie Michele Bocci) x Max (Alte Blutlinie von Sig. Rocco Muzzopappa aus Mileto / Kalabrien, zurückgehend auf das Jahr 1880. Herkunft: Mondragone sul Volturno (Caserta); Foto mit freundlicher Genehmigung: Prof. Giuseppe Rudi. Tropea / Kalabrien

Barone Canecorso Parisibasilicata (Brando CCPB x Mya CCPB), Züchter: Marcello Rosito (CCPB); Foto mit freundlicher Genehmigung: Marcello Rosito

Marek, Züchter und Besitzer: Luigi Peduto; Foto mit freundlicher Genehmigung: Luigi Peduto

Der Cane Corso in früherer Zeit

Die alten Linien

Manfredonia kann als Wiege des Cane Corso bezeichnet werden und die Familie Leone als Besitzer der ältesten Blutlinien, die seit Generationen gepflegt und behütet werden. Um die genetische Variabilität zu sichern, wurden Hunde mit Familien getauscht, die ebenfalls wertvolle alte Linien besaßen, wie die Familien Prencipe und De Finis.
Nachfolger, die mit Hunden aus diesen Blutlinien züchteten, sind unter anderem:
Del Dyrium (Vito Indiveri), I Lancieri (Tommasino & Massimo Castrignano),
La Culla del Corso (Umberto Bisceglie) und La Torre del Cane Corso (Matteo und Antonio la Torre).
„Berühmte“ Hunde aus diesen Zuchten sind Umberto Leone’s Saturno, Roki, Leone, Leonessa, Pantera, Astor, Elga, Diablo, Milka etc.
Jmmy, Leone, Zico und Elsa der Familien Prencipe; Male aus dem Besitz der Familie de Finis.
Plud, Nachkomme von Saturno und Stammhund von Vito Indiveris Zucht Del Dyrium.
Mastinello, Lola und Black der Familie Castrignano.
Traditionelle alte Linien hält auch Michele Bocci mit Bimba, Compagno, Saddam usw.

Charly La Torre del Cane Corso;
Foto: Marco Leonardi

Compagno, "Cane Corso Pugliese“ di Michele Bocci

Sara, "Cane Corso Pugliese“ di Michele Bocci

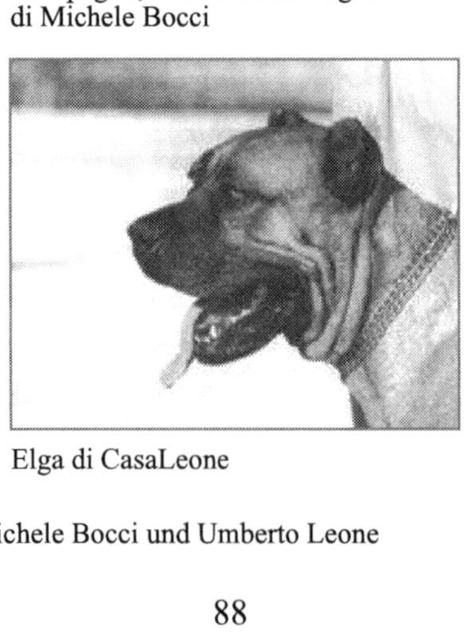

Elga di CasaLeone

Diablo di CasaLeone

Fotos mit freundlicher Genehmigung: Michele Bocci und Umberto Leone

Der Cane Corso in früherer Zeit

Familie Castrignano

Tuco, "I Lancieri“

Elsa und Black "I Lancieri“

Tommasino Castrignano mit Nerone

Nero mit den Kindern von Matteo la Torre

La Torre del Cane Corso

Oscar "I Lancieri“

Zaira La Torre del Cane Corso

Fotos mit freundlicher Genehmigung: Massimo Castrignano und Matteo und Antonio la Torre

Ambra dei peligni (Davor del Dyrium x Nadir dei peligni), Züchter und Besitzer: Marcello Saccoccia; Foto mit freundlicher Genehmigung: Marcello Saccoccia

Stimmen zum Cane Corso

Paolo Breber

Ohne Zweifel ist die Wiederentdeckung und Wiederbelebung des heutigen Cane Corso zu überwiegenden Teilen Paolo Breber zu verdanken. Er war es, der Informationen über Verwendung und Morphologie des Cane Corso sammelte, Fakten, Fotos und Hintergründe zusammentrug, die ersten Hunde aufspürte und die Zucht begründete. Das bedeutende Treffen von Civitella Alfedena 1990 wurde ebenfalls von ihm organisiert. Bereits in früheren Jahren hatte er sich für den Abruzzen Mastiff interessiert und über ihn Artikel und ein Buch verfasst. Zusammen mit den Brüdern Malavasi und Gandolfi gründete er die S.A.C.C., die er allerdings früh, aufgrund von divergierenden Meinungen bezüglich des Gebisses, wieder verließ. Seine Leidenschaft betraf die Erstellung eines Standards und nicht die Zucht und den Verkauf von Hunden. Die Differenzen bezüglich des Vorbisses beendeten seine Verbindung zur S.A.C.C.
Die herausragende Arbeit Brebers wird in der offiziellen Rassegeschichte wenig gewürdigt, da es die S.A.C.C. womöglich vorzog, den Ruhm nicht zu teilen. In diesem Zusammenhang wird sie auch von Kritikern mit dem Vorwurf konfrontiert, mit unvollständigen Informationen hinsichtlich wichtiger Phasen und Etappen während des Rückgewinnungsprogramms operiert zu haben.
Breber erlebte die Rasse stets als außerordentlich verbunden mit ihren Besitzern, denen sie, auf die leisesten Zeichen hin, gehorchten. Sie verstanden sich über kleine, geheime Signale wie das Heben der Augenbraue oder dem Wink mit dem Finger. Und dies ohne Ausbildung oder Training, wie es heute üblich geworden ist.
Als er sich 1973 auf die Suche nach einer apulischen Rasse, auf die ihn Giovanni Bonatti aufmerksam gemacht hatte, ergaben seine Nachforschungen, dass die älteren unter den Befragten den Hund in den 50er Jahren sehr gut kannten und ihn als cane da corso (can' corz) bezeichneten, bis er in den 60er Jahren fast völlig verschwand. Es gab keine niedergeschriebenen Informationen über den Cane Corso, also begann er eine Befragung der Einheimischen und bekam eine Vorstellung über den Hund, sein Aussehen und die wichtigsten Dinge, für die er verwendet wurde. Aufgrund der Erzählungen der „old-timers" bezüglich Charakter und Verhalten des Hundes war Breber klar, dass es sich um einen „cane da presa" handeln musste. Von daher hat auch der Vorbiss, seiner Meinung nach, nicht das Geringste mit der Rasse zu tun. Im Gegensatz zu anderen Autoren teilt er auch nicht die Auffassung, dass der Cane Corso und der Mastino Napoletano eng verwandt waren. „Die historische Existenz des Cane Corso ist gut dokumentiert, im Gegensatz zum Mastino Napoletano, der in den 50er Jahren aus dem Nichts auftauchte (...) während der, in den ländlichen Bezirken Italiens entdeckte Corso, glaubhaft und überzeugend der Nachkomme des Corso' der Geschichte und Tradition ist, gibt es keine Nachweis eines schwerfälligen, trägen Hundes."[12]

1974 begegnete er den ersten Exemplaren auf der Ausstellung von Foggia. Die ursprünglichen Hunde wurden in den 70er Jahren in Foggia, Bari (Apulien) und Kalabrien gefunden. Starke Hunde, aber nicht zu schwer, die ideale Symbiose von Kraft mit Geschicklichkeit. Schnell und wendig, aber dafür mit weniger Ausdauer. Brebers Vorstellung vom originalen Cane Corso beruht auf den Beschreibungen derjenigen, die mit ihm arbeiteten und ihn züchteten. Und formten so bei ihm das geistige Bild eines typischen Cane Corso. Repräsentative Exemplare jener Zeit waren für ihn beispielsweise Uagliò der sich im Besitz von G. Iacobacci aus Colle Sannita befand. Rocky von Umberto Leone. Hunde des Züchters P. Paoletti, einem Pionier bei der Wiederherstellung des authentischen Cane Corso. Dem Züchter L. Tonti aus Foggia. T. Ruggeri aus Bisceglie, der Caldarola Familie aus S. Paolo Civitate und Michele Bocci. Sowie der legendäre Bruno von Alfonso Comer aus S.Paolo di Civitate.

Breber kaufte die Hündin Mirak und den Rüden Aliot aus Ortanova und 1973/74 fiel der erste Wurf außerhalb des Ursprunggebietes mit dem schwarzen Rüden Dauno, der gestromten Hündin Brina und fünf weiteren bleigrauen Welpen. In S. Paolo einem historischen Zentrum der Rasse und traditionellen Züchtern wie der Familien Caldarola, Cilla und Petardi spürte er Picciutt‘ auf, den er mit Brina paarte. Am 5. Januar 1978 fiel der Wurf: fünf Rüden und fünf Hündinnen in unterschiedlichen Fellfarben von dunkelgestromt über Fawn und Grau. Mit der Hündin Tipsy und Dauno und ihren Nachkommen, Basir, Bulan, Bezerillo und Babak führte er seine Arbeit fort. Seine letzte Initiative war 1983 die Verpaarung von Alké mit einem Rüden, der im Besitz der Cilla Familie aus S. Paolo war und ebenfalls Picciutt‘ hieß.

Bezüglich Basir schreibt er: „Basir war in der Tat ein schöner Hund, aber nicht der Inbegriff von Perfektion: Sein Fell war zu fein und glatt und er hatte ein umgekehrtes Scherengebiss, was im offiziellen Standard der ENCI aufgenommen wurde. Diese Gebiss Form ist für einen „catch dog“ ein Defekt und sollte herausgezüchtet werden.“[13]

Die charakterliche Beschreibung von Paolo Breber liefert das Bild eines furchtlosen aber freundlichen Hundes, leicht auszubilden, der eine überaus enge Beziehung zu seinem Herrn aufbaut und leidet, wenn er nicht als Freund des Menschen leben kann. Sein Hauptkritikpunkt bezüglich der modernen Hunde zielt ebenfalls auf den Vorbiss ab, den er als Defekt wertet. Seiner Meinung nach war der Cane Corso nie ein prognatischer Hund, sondern hatte ein normales Scherengebiss. Historisch gesehen war der Cane Corso ein Hund, der zupackte, mit einem kräftigen Kiefer und großen, starken Zähnen, die perfekt zusammenpassten und nicht einem vollständig verformten Kiefer, der nicht funktioniert haben kann. Von allen Hunden aus dem ersten Wurf hatte nur Brina einen Vorbiss. Dauno und der Rest hatten ein Scherengebiss.

Und dennoch: „Es gibt immer noch schöne Hunde, die alte Art ist immer noch da, man muss nur wissen, wo.“[14]

Leonis (Luna der Familie Prencipe x Picciotto), Züchter: Piero Prencipe, Besitzer: Luigi Tonti; Foto mit freundlicher Genehmigung: Luigi Tonti

Stimmen zum Cane Corso

Michele Bocci

Michele Bocci begann Mitte der 80er Jahre Cane Corso zu züchten. Sein erster eigener Hund "Bimba" stammte von der Familie Prencipe aus Manfredonia. Er erhielt sie im Alter von wenigen Tagen, da die Mutterhündin Elsa 13 Welpen hatte und nicht alle ernähren konnte. Sein erster bedeutender Zuchthund war Saddam, ein Sohn von Bimba und Jimmy, der zu Beginn der 90er Jahre geboren wurde. Unter vielen anderen folgten "Bush Senior", "Compagno", "Bruss", "Compagno Junior", "Compagno III" und "Negus": alle für die Zucht bedeutsame Hunde. Aufgrund seines außergewöhnlichen Charakters und seiner Arbeitsfähigkeit auf dem Hof war Compagno allerdings gemäß Bocci einer der besten und herausragendsten Hunde. Unter den Hündinnen beeindruckten vor allem "Pina", "Bella", "Nerina" und "Lola". Prinzipielle Charakteristika, die einen Cane Corso ausmachen, sind laut Bocci der Körperbau, der Charakter und das Gebiss, in diesem Falle das Zangengebiss. Für einschneidende Rassefehler hält er den mangelhaften Bewegungsablauf, einen zu leichten Knochenbau, einen übermäßigen Vorbiss und ein scheues Wesen.

Das grundsätzliche Problem, auf das heute engagierte Cane Corso Züchter stoßen, ist, dass der Cane Corso bereits einen Großteil seiner Originalität verloren hat. Dies in den Händen skrupelloser Züchter, die nur das Geschäft im Blick hatten und Fremdrassen wie Boxer, Rottweiler, Doggen und Mastino Napoletano etc. einkreuzten. Heute gibt es kaum mehr einen unverfälschten Cane Corso, die reinen und typischen Hunde, die ursprünglichen Cani Corso, werden nicht mehr geschätzt, dafür sieht man in den Expo-Ringen nur mehr "Boxer". Auch wenn ihm ein Ausstellungsrichter auf der letzten Ausstellung, die er vor fünf Jahren besuchte, beschied, er habe Hunde, wie man sie in der Vergangenheit züchtete, bleibt er sich und seiner Philosophie treu: die originale Rasse zu züchten, den Cane Corso rustico.[15]

Compagno III, "Cane Corso Pugliese“ di Michele Bocci

Bruss, Nerina, Compagno Junior und Negus "Cane Corso Pugliese" von Michele Bocci; Alle Fotos mit freundlicher Genehmigung: Michele Bocci

Stimmen zum Cane Corso

Antico Cerberus, Zuchtstätte von Anna Battaglia und Giancarlo Malavasi

Der Zwinger Antico Cerberus entstand in den Anfängen des Wiedergewinnungsprogamms des Cane Corso. Die ersten drei Hunde, die im Zwinger aufgenommen wurden, waren der Rüde Dauno, seine Schwester Brina und ihr gemeinsamer Nachwuchs Tipsi. 1980 begann die Zucht mit den zwei Brüdern Basir und Bulan, Welpen aus der Verbindung von Dauno und Tipsi. Fortgeführt wurde sie mit Retico zu Beginn der 90er Jahre und mit Sara, die einen ersten Meilenstein markierte: Sie wurde 1996 italienischer Champion, 1998 europäischer Champion in Genua und Weltchampion in Milano 2000. Nach der Konsolidierung der Rasse wurde Donald, der 1999 geboren wurde, mit zum wichtigsten Hund der Zuchtlinie, der auch in der heutigen Generation noch augenfällig ist. Bedeutsam war auch Amleto, der väterlicherseits aus einer engen Inzucht über Otello kam. Otello, Arras und Paco zeigten vom Großvater bis zum Enkel eine konstante Zuchtarbeit, die bis zu den heutigen Stammbäumen reicht. Neben der engen Linienzucht, bzw. Inzucht, wurden auch Outcrossverpaarungen mit Hündinnen aus entfernten Blutlinien vorgenommen, wobei laut Antico Cerberus die wesentlichen Merkmale wie Kopf, Knochenbau, Kraft, Eleganz und Bewegung sicher weitervererbt wurden. Ein weiterer wichtiger Hund war Desmo, der 2006 geboren wurde und mit seinen Show-Erfolgen, laut Antico Cerberus, ihre optimistischsten Erwartungen übertraf: nationale Titel in vielen Staaten, Internationaler- und Weltchampion.
Qualitätsmerkmale des Cane Corso, die im Zwinger Antico Cerberus eine grundlegende Rolle spielen, sind: ein richtiges Verhältnis Schädel-Schnauze, dies betrifft ebenso die Länge wie den Durchmesser. Korrekt gewinkelte, gerade Gliedmaßen und ein ausgeglichener Charakter, frei von Nervosität, trotz Unterschiede in Temperament und Sozialverhalten der einzelnen Tiere.
Fehler, die er in seiner Zucht zu vermeiden sucht, sind die Dysplasie, ein nicht senkrecht ausgebildetes, vorderes Schnauzenende, das meist mit einer aufgeworfenen, zurückgesetzten Nase und einer Prognathie über 5 mm gepaart ist und von runden, kugeligen, frontal positionierten Augen begleitet wird. Sowie eine Hinterhand ohne Winkelung, falschen Proportionen, zu kurzen Läufen und zu langen Sprunggelenken. Sowie der Verlust der typischen Bewegung: den starken Trab, der für die Rasse so kennzeichnend ist.
Im Zusammenhang mit der Verbreitung des Cane Corso weltweit nahmen viele an, züchten heißt, es reicht, willkürlich zwei Hunde zu verpaaren, von denen man annimmt, sie seien schön. Diese Art der Welpenproduktion hat weltweit zu vielen Problemen geführt. Seriös züchten heißt für die Zuchtstätte, alle Arten von Exzessen zu vermeiden, die dem irrigen Glauben folgen, je mehr, desto besser. Dazu gehören Hunde, die größer sind als maximal im Standard definiert, mehr als 60 kg

Ch.Desmo dell'Antico Cerberus, World Champion 2008, Multichampion, Interchampion und mehrfach Best In Show, Besitzer: La Mirage de Torrellas Kennel; Foto mit freundlicher Genehmigung: Marta Garcia

wiegen, denn das steht einem Mastino Napoletano an, nicht aber einem Athleten wie dem Cane Corso. Höher, größer, stärker, muskulöser, kompakter: ein verunstaltender Vorbiss von mehr als 1cm. Eine zu kurze Schnauze. Es gibt viele Dinge, die einen Hund immer weniger Cane Corso sein lassen und zur Hypertypisierung führen. Gesundheitliche Probleme sind der Lymphatismus, häufigste Ursache für körperliche Schwere, vorzeitige Alterung und Verlust der Athletik der Rasse. Oft gepaart mit anderen schweren gesundheitlichen Problemen wie Hüft- und Ellbogendysplasie, Herzkrankheiten und Hormonstörungen sowie dünner Haut und weichem Haar, wie beim Boxer. Charakterliche Mängel sind laut Antico Cerberus Hunde mit fehlendem Sozialverhalten, schreckhafte, unsichere Hunde und Angstbeißer.

Den Cane Corso macht seine Ganzheit aus. Die Gesamtheit seiner Physiognomie und Charakters, wie im Standard beschrieben. In seiner Struktur gibt es keinen Teil, der wichtiger wäre als ein anderer. Es sind die vielen kleinen Dinge, die die wahre Qualität ausmachen. Sich auf ein phänotypisches Merkmal wie den Kopf oder Rumpf zu konzentrieren, sich auf Größe oder Gewicht zu fokussieren oder einen Einzelaspekt aus dem Blick zu verlieren, heißt, dass innerhalb von maximal drei Generationen der Cane Corso vollkommen seinen Typ verliert. Und das heißt, er wäre nicht mehr als die hässliche Kopie einer anderen Rasse, und das ist das Schlimmste, was wir unserem italienischen Molosser antun können.[16]

Stimmen zum Cane Corso

Vito Indiveri

Auch Vito Indiveri gehört zu jenen Stammvätern, die den Grundstock des modernen Cane Corso legten. Die Hunde aus seiner Dyrium-Linie werden auch heute noch von vielen italienischen Züchtern verehrt. Vito Indiveri ist der Züchter von Weltmeister Quasar, der Bruder von Quaron, der der Vater des 3-fachen Weltmeisters Cheno ist. Sein Hund Plud, der in den meisten Stammbäumen des modernen Cane Corso zu finden ist, war der Großvater von Quasar und Quaron. Vito Indiveri selbst hat nie auf einer Farm gelebt, sondern kommt aus einer Familie von Fuhrleuten. Eine lebhafte Kindheitserinnerung war ein riesiger Cane Corso, der mit einer schweren Kette im Hof zurückgehalten wurde und dessen Aufgabe es war, die Ware zu bewachen. Mit dem landwirtschaftlichen Niedergang verschwanden auch die Hunde. Erneut traf er auf sie im Jahre 1977 oder '78 auf dem Hof von Michele Pudala in Apricena. Wenn auch kaum von einer Homogenität der Hunde gesprochen werden konnte, zeichneten sie sich alle durch ihre Geschicklichkeit und starke Bemuskelung aus. Schnelle und wendige Hunde ohne Falten und Wamme. Mit leicht konvergierenden Schädel-Fang-Achsen, parallelen Schädel-Fang-Seitenlinien und einem dezenten Vorbiss. Von daher ist für ihn die Rasse keine Rekonstruktion, sondern eine Restaurierung bzw. Wiederbelebung. Die Hunde wurden normalerweise nicht anhand ihres Gebisses ausgewählt, sondern einzig und allein im Hinblick auf ihre Arbeitsleistung. Es gab jedoch auch einige wie Alfonso Comer, die auf starke Kiefer und eine kürzere Nase hin selektierten, weil er sich davon ein besseres Festhalten versprach. Und Vito Indiveri betont, dass er in all den Jahren auf dem Land, wo sie Cani Corso hielten, weder Boxer, Mastiff noch Bullmastiff an der Kette liegen sah. Einkreuzungen geschahen, wenn überhaupt, andernorts und erst, als Geld mit den Hunden zu verdienen war. Oder in Regionen, wo der Cane Corso für den Hundekampf benützt wurde.

Seinen Stammhund Plud erhielt Vito Indiveri von Umberto Leone, dessen Hunden und Linien er vertraute. Auch weil sie ihre Hunde nie verkauften und nur für den eigenen Gebrauch züchteten. Vor allem Saturno hatte es ihm angetan. Elsa, eine Hündin der Familie Leone (und eine Enkelin von Saturno), wurde von einem Rüden namens Bruno gedeckt. Dieser Wurf brachte vier Welpen einschließlich Plud. Doch es dauerte noch acht Monate und bedurfte vieler Überredungskünste und eines glücklichen Umstandes, bis Vito Indiveri seinen Stammhund erhielt.

Seine wichtigsten Hunde neben Plud waren Quaron ein Enkel von Plud, der zusammen mit Quasar eine ganz neue Linie von Cane Corso begründete. Daneben Rasputin und Claus, Akira, Anita, Saida und Maria.

1989 hatte er laut eigener Aussage mit "David del Dyrium" einen zu dieser Zeit überragenden Hund hinsichtlich seiner morphologischen Aspekte, wie auch seiner Vererberqualitäten. Seine Zucht machte mit ihm einen außerordentlichen Qualitätssprung.
In einem früheren Artikel betont Vito Indiveri, dadurch, dass sich die Lebensbedingungen für die Hunde geändert haben, sie besser betreut und gefüttert werden, sie nicht nur an der Kette hängen und ausschließlich nasse Kleie mit Brot zu fressen bekommen, zeigen sie sich weit besser als früher, und Unterschiede sind deutlich zu erkennen: Doch die Art ist die gleiche. Heute wird diese Aussage insofern relativiert, als er unter vielen anderen Problemen konstatiert, dass die Zucht in den letzten Jahren immer mehr zum hypertypisierten Hund tendiert: zu kleine Hunde mit zu kurzen Läufen, ein runder Kopf mit einer zu ausgeprägten Konvergenz, ein exzessiver Vorbiss und der Verlust des typischen Cane Corso Charakter. Wobei die charakterlichen Einbußen für ihn das schlimmste Defizit darstellen, denn dafür hat er diese Rasse geliebt.[17]
Aber: „Der Cane Corso ist ein Kämpfer per Definition und hat die Geschichte unversehrt überstanden. Und ich hoffe, dass er es wieder tun kann. Vieles hängt von den Leuten ab, denen er anvertraut wird. (…) ich werde an seiner Seite sein, in der Frontlinie, um diese letzte Schlacht zu kämpfen, die vielleicht die härteste ist."[18]
Bezüglich Basir äußert er sich folgendermaßen: Basir, der den Standard inspirierte, war nicht der ultimative Cane Corso. Vor und nach Basir gab es gleichwertige Hunde, aber Basir war zur richtigen Zeit am richtigen Ort. Und Basir war ein Cane Corso mit korrekten, tadellosen Proportionen und somit gut geeignet die Rasse zu repräsentieren. Wobei Morsiani die relevanten Maße für den Standard nicht nur von Basir nahm, sondern laut Indiveri der Standard die Synthese aus den Messungen der besten Cane Corso die zu dieser Zeit im Umlauf waren repräsentiert.

Quaros del Dyrium, Besitzer / Kennel: De Finibus Terrae; Foto mit freundlicher Genehmigung: Evangelista Leuzzi

Stimmen zum Cane Corso

Umberto Leone

Umberto Leone besaß seinen ersten eigenen Cane Corso, genannt Leonessa, in den 50er Jahren. Zuvor setzten bereits sein Vater und Großvater die Hunde als Helfer beim Vieh ein. Leonessa wurde von einem ähnlichen Hund gedeckt, und mit dem Welpen Lion hatte er 1963 seinen „wahren Cane Corso“. Aus der Verbindung von Lion mit einer Hündin von Prencipe, ebenfalls einem Cane Corso Enthusiasten, erhielt Umberto Leone den Rüden Saturno, mit dem er 1976 seine Zucht ernsthaft begründete.

Aus diesem gelungenen Wurf übernahmen auch Michele Bocci und andere Züchter Welpen, um mit ihrer Zucht fortzufahren oder sie neu zu beginnen.

Mit Saturno wurde dann auch das Stammbuch begründet.

Weitere wichtige Hunde waren Saturnos Nachkommen wie Roki und Astor in den 80er Jahren und in den Folgejahren Billy, Paco und Diablo.

Die wichtigsten Qualitäten, die einen Cane Corso auszeichnen sollten, sind gemäß Umberto Leone der Charakter und nicht die physischen Merkmale: Territorialität gepaart mit gutem Gehorsam; Dominante, dabei aber mental ausgeglichene Hunde, die nicht grundlos aggressiv sind.

Den Vorbiss bezeichnet er als grundlegenden, verunstaltenden Fehler, auch wenn dieser Auffassung gegensätzliche Meinungen und der offizielle Rassestandard entgegenstehen. Der Cane Corso wurde immer als Cane ”da presa“ geschätzt, der Prognatismus führt dies ad absurdum. Auch die heute oft zu sehenden, kleineren Exemplare mit rundlichen Köpfen werden keinesfalls in seiner Zucht eingesetzt. Dies tangiert auch das Problem, mit dem sich seriöse Züchter heute konfrontiert sehen: dass die Rasse mit zu vielen Mischlingen verunreinigt wurde und man somit Gefahr läuft, den echten Cane Corso zu verlieren.[19]

Stimmen zum Cane Corso

Famile Leone; Leone und Leonessa

Diablo di CasaLeone

Roki di CasaLeone

Milka di CasaLeone

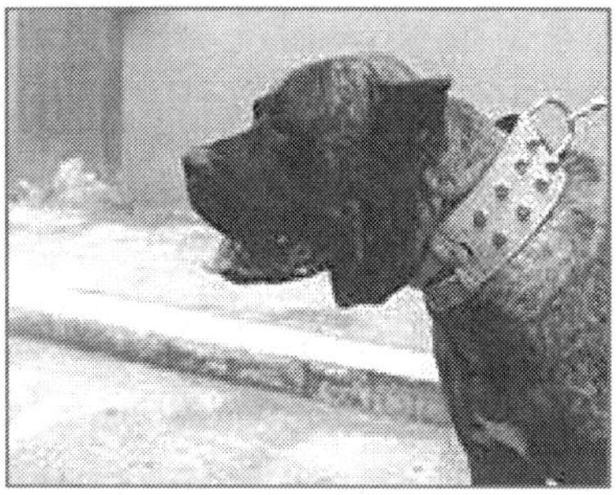

Saturno di CasaLeone

Max di CasaLeone

Nerone di CasaLeone

Umberto Leone mit Roki

Umberto Leone mit seinen Hunden

Nerone di CasaLeone

Raul di CasaLeone

Tex di CasaLeone

Alle Bilder mit freundlicher Genehmigung: Umberto Leone

Stimmen zum Cane Corso

Pasquale de Finis und Matteo Prencipe

Auch wenn sie seit ihrer Jugend mit dem Cane Corso, Mastino Abruzzese und dem Volpino engen Kontakt hatten, faszinierte sie stets der Corso am meisten. Sie schätzen sein Temperament, seine Stärke und seine mutige und kämpferische Natur. „Bis heute haben wir immer authentische Cani Corsi besessen. Kraftvoll, schön, gesund und robust und sie auch immer für die Arbeit eingesetzt.
Einige unserer Hunde waren für die Selektion des Cane Corso in Apulien und generell in Italien sehr bedeutsam: Gemma, Bruno, Gerry, Gimmi, Nerone, Immi, Zico, Bachera etc.

Für uns bedeutet Funktionalität, dass der Hund einen starken Charakter zeigt, gepaart mit einer guten physischen Struktur ohne unnötige Übertreibungen oder moderne Exzesse. Fügsam gegenüber seinem Herrn, aber autonom in seinen Entscheidungen, wenn er selbstständig agieren muss. Sein Körperbau ist die ideale Synthese aus Beweglichkeit, Kraft, Schnelligkeit und Widerstandsfähigkeit. Gut entwickelte Sinne, ein respekteinflößender Ausdruck und ein Gebiss, das einen harten Griff ermöglicht.

Sein Potential offenbart sich am eindrucksvollsten, wenn er gemäß seiner Natur und seiner Selektion arbeiten und leben kann.“[20]

Thiago, Züchter und Besitzer: Damiano Prencipe; Foto mit freundlicher Genehmigung: Damiano Prencipe

Stimmen zum Cane Corso

Verschiedene Statements von Rassekennern

- „Im Allgemeinen sagt man, Molosserhunde sind ausgezeichnete, unbestechliche Wächter. Distanziert zu Fremden, intelligent und tolerant mit Kindern: nichts als Worte. Wir sehen viel zu oft fette oder zu dünne Exemplare, faul, unsicher, ohne Wachinstinkt, dysplastisch, prognatisch und ohne Temperament und Charakter."

- „(...)Und dann kamen die Deutschen und fragten an, ob sie ihre Presa Canario Hündinnen von unseren Corsi decken lassen könnten, um sie körperlich und charakterlich zu verbessern. Danach verkauften sie die Welpen als reinrassige Presa Canario. Die von uns gekauften Corsi kreuzten sie mit Pitbullterriern, um dann die Nachkommen als Alano Espanol auf den Markt zu bringen.
Danach erschienen die Russen, die unsere Hunde in ‚Action' filmten und die funktionalen Corsi, die authentischen Wachhunde, kaufen wollten. Auch die italienischen ‚Züchter' kamen und wollten ihre, durch Inzucht geschädigten, prognatischen ‚Corsi imboxerati', mit unseren Hunden kreuzen um den neuen Welpen Festigkeit, Knochen und Struktur zu geben. Wir wollten aus diesen Verpaarungen keine Hunde, weil wir keine Kreuzungen akzeptieren.
Diese ‚Züchter' erzählten denn auch des Öfteren, dass sie aus diesen Verpaarungen die prognatischen auswählen, da diese Hunde die Ausstellungsrichter glücklich machen. Probleme mit dem Pedigree befürchteten sie keine, da sie die Welpen unter Zuchthunden registrierten, die einen Stammbaum hatten. So wurden auch die Käufer für dumm verkauft, da die als Eltern ausgegebenen Hunde mitnichten die Eltern waren."

- „Wir haben immer Hunde besessen, die sich für die Arbeit geeignet haben: kraftvoll, stark mit einem guten Knochenbau, einem harten Charakter und guten Wachinstinkten. Von diesen Eigenschaften sind wir über Jahre nicht abgewichen, und die Resultate geben uns recht. Es gibt viele erfahrene Halter in Italien und außerhalb (Deutschland, Russland, Kanada, Amerika, Japan und Australien), die den funktionalen Hund nachfragen, den Wachhund, der seine Fähigkeiten in der Arbeit bewiesen hat."

- „Der Cane Corso ist der direkte Nachfahre des Canis Pugnax, des römischen Kriegshundes, der aufgrund seiner Treue, seines Mutes und seiner Fähigkeiten wie ein Soldat geschätzt wurde. Er ist ein Gebrauchshund ohne morphologische Exzesse oder nutzlose Charakteristika. Ein Züchter oder ein Cane Corso Liebhaber sollte immer beides im Auge behalten, die biologischen wie die kulturellen Wurzeln des Hundes. Leider sehen viel zu viele Zucht und Show als Business und zerstören so die Rasse. Ihre einfache Zuchtselektion basiert gedankenloserweise auf dem Erscheinungsbild und auf Inzuchtsubjekten. Ohne Wissen über Physiologie, Anatomie, Krankheiten, Genetik, Zuchttechnik und Kynognostik."[21]

Gemma, Züchter und Besitzer: Damiano Prencipe; Foto mit freundlicher Genehmigung: Damiano Prencipe

Giuliano, Züchter und Besitzer: Onofrio Ventrice & Onofrio Cugliari;
Foto mit freundlicher Genehmigung: Onofrio Ventrice

Rau dei Molossi dell'Angra, aka Professore, Züchter: Vincenzo Gagliardi, Kennel: Molossi dell'Angra, Besitzer: Cesare Vetrugno, Kennel: dell' Antica Borgata; Foto mit freundlicher Genehmigung: Cesare Vetrugno

Leone, Züchter und Besitzer: Citro Emilio, Kennel: dei Volsci; Foto mit freundlicher Genehmigung: Citro Emilio

Itaca und Iulius Caesar di Castell'Anselmo und Assia "Il Corso della Vita", CAL 1;
Foto mit freundlicher Genehmigung: Francesco Mostacci

Romeo dei Dauni; Foto: Marco Leonardi

Moderne Entwicklungsgeschichte

Die Darstellung der modernen Rassegeschichte und des Rassestandards basiert im Wesentlichen auf den Büchern von Fernando Casolino/Stefano Gandolfi und Valeria Rossi, zeigt aber auch kontroverse Ansichten von Züchtern, Liebhabern und Rassekennern auf.
Die umstrittenen Themenbereiche beziehen sich vor allem auf den traditionellen Cane Corso, seine Herkunft und Morphologie. Die Interpretation des Standards, die Gebissstellung und die veröffentlichten Angaben zu den ersten Stammbäumen.
Betrachtet man die umfangreiche Ikonografie und die antiken Fotoaufnahmen, scheint die historische Identität des Cane Corso gesichert, und die Annahme, dass er sich vom Canis pugnax ableitet und über Jahrhunderte als Kriegshund, Jagdgehilfe und als Hof- und Schutzhund an der Seite der süditalienischen Bevölkerung verbrachte, glaubwürdig.
Wirft man einen Blick auf den heutigen modernen Cane Corso, ist sicherlich ebenfalls nicht zu leugnen, dass es sehr viele unterschiedliche Typen gibt und phänotypisch die Fremdrassen Boxer, Bullmastiff, Mastino Napoletano, Deutsche Dogge und Pitbullterrier (speziell in manchen amerikanischen und den sogenannten funktionellen Linien) durchscheinen.
Inwieweit der moderne Cane Corso eine Restaurierung und Fortführung des antiken Cane Corso ist oder eine Rekonstruktion mithilfe molossoider Fremdrassen, wird von daher wohl weiter für Diskussionen sorgen.
Auszug aus dem amerikanischen Forum ”Neapolitan Mastiff Community Il Colosseo“ :
„(…)Die Wurzeln des Cane Corso in den USA liegen beim Mastino Napoletano x Rottweiler x Pitbull. Kreuzungszüchtungen von Michael Sottile in den späten 80er Jahren. Die Hunde in Italien entstammen etwas anderen Mischungen: Mastino Napoletano x Rottweiler x Boxer. Und dies ist auch der Grund für die unterschiedliche Optik. Der Vorbiss und die schwarze Maske italienischer Hunde kommen vom Boxer.“[22]
Interessant auch die Antwort eines italienischen Forum-Users und Rassekenners auf eine Frage nach den originalen Cane Corso Blutlinien und dem Hinweis, dass die „älteren Menschen“ immer vom ”cors“ sprechen.
Erwiederung: „Bei uns hieß alles, was biss Corso unabhängig von Typ, Farbe oder Größe.“[23]

Was historische Wahrheit oder gut gestrickte Legendenbildung ist, kann und will dieses Buch nicht aufdecken.
Es stellt differierende Meinungen gegeneinander, beinhaltet aber keine Wertung bezüglich richtig oder falsch. Interessengesteuert oder ambitioniert.
Es gibt allerdings der Hoffnung Raum, dass die engagierten und seriösen Züchter traditioneller

John, Besitzer: Gianluca Stigliano; Foto mit freundlicher Genehmigung: ©Gianluca Stigliano

Linien den Cane Corso bewahren, der ihnen über lange Zeiten hinweg ein treuer Begleiter war.
Auch viele Jahre nach Anerkennung der Rasse scheinen weiterhin Misstrauen und Zwiespalt die Cane Corso Szene in Italien zu prägen. Statt objektiver Stellungnahmen dominiert Fraktionsdenken, und je nach „Lagerzugehörigkeit" wird nur eine Wahrheit zugelassen.
In diesem Sinne sind auch die im Buch beschriebenen Etappen bezüglich Wiederbelebung und Entwicklung der Rasse eine Nacherzählung der vorhandenen Literatur und eigener Internetrecherchen, und keine Verifizierung der Realität.

Devil dei Cohors; Foto: Marco Leonardi

Moderne Entwicklungsgeschichte

Oktober 1974

Während der Hunde-Ausstellung in Foggia hatte Breber seinen ersten Kontakt mit fünf Cani Corso, die außer Konkurrenz vorgestellt wurden. Ein schwarzes Hundepaar aus Montella, eine schwarze Hündin und ein gestromter Rüde aus Lucera sowie ein grauer Rüde aus Ortanova. Breber kaufte vom Besitzer des Pärchens aus Lucera eine Hündin namens Mirak.

1975

Auf Initiative von Professor Bonatti wurde die Rasse von der U.C.I. unter dem Namen "Dogo di Puglia“ anerkannt. 1976 auch auf internationaler Ebene.
Breber ließ Mirak (gestromt) von Aliot (grau) decken, dem Rüden aus Ortanova, und am 14. November 1975 kamen sieben Welpen zur Welt: ein schwarzer, ein gestromter und fünf graue Welpen. Darunter Brina und Dauno.
Die gestromte Hündin namens Brina wurde mit dem gestromten Rüden Picciut verpaart, der Armando Gentile, einem Schäfer aus Foggia, gehörte. Aus dieser Verbindung gingen am 15.Januar 1978 zehn Welpen hervor. Unter ihnen Tipsi.

1978 / 1979

Phänotypisch wurden die Hunde aus den Würfen ‘75 und ‘78 so beschrieben: Brinas Schnauze war geringfügig kürzer als ihr Kopf; das Gebiss zeigte einen Scherenverschluss. Ihre weiblichen Welpen, Alma und Cocab hatten ein Zangengebiss. Tipsi, die Schwester von Alma und Cocab, hatte eine lange Schnauze, die etwas mehr als ein Drittel der Gesamtlänge des Kopfes ausmachte. Der Kopf war edel und wohlproportioniert: eine harmonische, aufmerksame, lebhafte und selbstbewusste Hündin. Tappo, ein hervorragender Rüde, hatte einen leichten Vorbiss, zeigte sich eindrucksvoll proportioniert und bemuskelt. Picciuts Kopf war noch typischer, mit einer Schnauzenlänge von einem Drittel des gesamten Schädels. Je nach Dialekt war dieser Rüde auch unter dem Namen Picciotto, Picciott, Picciutt bekannt. Alle Hunde zeigten leicht konvergente Längsachsen von Schädel und Fang. Von diesen ersten 17 Nachkommen waren 1980 nur noch fünf unter direkter Kontrolle. Die anderen waren an Schäfer verschenkt worden und nicht mehr auffindbar.
Dr. Breber veröffentlicht im Monatsblatt der ENCI (Ente Nazionale della Cinofilia Italiana / Nationaler Verband für das Italienische Hundewesen), dass er mit einem Zuchtzwinger von neunzehn Exemplaren die Wiedererlangung der Rasse beginnt.

Moderne Entwicklungsgeschichte

Im Mai 1979 nimmt Dr. Stefano Gandolfi Kontakt zu Dr. Breber auf; sie vereinbaren eine eventuelle Zusammenarbeit, um Zucht und Entwicklung gemeinsam zu verfolgen. In das Projekt waren auch Giancarlo und Luciano Malavasi involviert, die Enthusiasmus und Leidenschaft teilten.

Zusammenfassung der ersten Verpaarungen

Geburtsdatum	Rüde x Hündin	Wurf m / w	Zur Reproduktion verwendet
22.04.1980	Dauno x Tipsi	4 / 5	Aliot, Alke
18.10.1980	Dauno x Brina	6 / 4	
24.10.1980	Dauno x Tipsi	6 / 3	Basir, Bezerillo, Bulan
31.01.1983	Picciotto x Alke	1 / 5	Bibli
28.06.1983	Aliot x Babak	2 / 4	Bebryx, Baal
13.01.1984	Aliot x Babak	/ 3	Coca
02.08.1984	Bezerillo x Bibli	6 / 4	Tarzan
12.08.1984	Aliot x Babak	3 / 1	
23.02.1985	Dauno x Bibli	/ 7	Tigre, Vespa, Jadi
27.03.1986	Tarzan x Coca	2 / 3	Abab, Amsa
20.07.1986	Bebryx x Vespa	4 / 1	Perla
12.11.1986	Boris x Jadi	3 / 1	Victor
09.05.1987	Nerone x Kira III	2 / 7	Minerva, Mara
24.06.1987	Boris x Jadi	5 / 3	Flavia, Forfex
20.07.1987	Leone x Lola	3 / 2	Spartaco
30.07.1987	Rambo x Sentinella	5 / 4	Pugnans
06.01.1988	Basir x Abab	5 / 2	Olivia, Ofelia
14.03.1988	Otello x Kira	2 / 9	Tea
23.03.1988	Otello x Amsa	2 / 5	Lizzi, Lomar
17.07.1988	Otello x Vanessa	3 / 6	
07.08.1988	Basir x Abab	1 / 4	Callas
23.08.1988	Otello x Flavia	4 / 4	
27.10.1988	Victor x Amsa	5 / 3	
12.11.1988	Bebryx x Tigre	2 / 1	
08.01.1989	Otello x Forfex	3 / 8	
21.01.1989	Lomar x Ofelia	6 / 1	
23.02.1989	Pugnans x Minerva	2	

Quelle: http://www.anticocerberus.net/DOC--The-Birth-of-The-Breed.html;30.06.2012

Donald di Raffaele Esposito; Foto: Marco Leonardi

Moderne Entwicklungsgeschichte

Im September 1979 reisten Paolo Breber, Stefano Gandolfi und Luciano Malavasi nach Apulien, um die ersten Exemplare aufzuspüren und auszuwählen, mit denen sie die Rückgewinnung und Wiederbelebung der Rasse beginnen wollten.

1980

Um das Rückgewinnungsprogramm auf seriöse Füße zu stellen, bedurfte es eines geeigneten Platzes, einer umsichtigen Hilfe, um die Entwicklung in die Zukunft sicherzustellen und nicht zuletzt einer pragmatisch ausgerichteten Zuchtauswahl. Dank der Hilfsbereitschaft der Brüder Malavasi war letztendlich der Anfang gemacht, so wie sie ihn sich, wie auch Gandolfi und Casolino, vorstellten. Beharrlich und standfest gelang es ihnen, den Grundstock des heutigen Cane Corso Italiano zu legen.
Zwischen Ende 1979 und Januar 1980 wurden Tipsi, Brina und Dauno (der schwarze Rüde aus dem ersten Wurf von Breber aus Mirak x Aliot) in den Kennel der Brüder Malavasi nach Mantova verlegt. In diesem Jahr hatten Tipsi und Dauno zwei Würfe mit 18 Welpen. Unter anderem Alkè, Aliot, Basir, Bulan, Babak und Berzerillo.
Diese Nachkommen bildeten unter der Führung von Dr. Giovanni Bonatti und Dr. Giovanni Ventura (Tierarzt, ENCI-Richter und Züchter) die Basis des modernen Cane Corso. Zeitgleich begann die Geschichts- und Ikonografie-Forschung über den Cane Corso. Zu nennen sind hier Gianantonio Sereni, ein leidenschaftlicher Kynologe und Prof. Fernando Casolino, Züchter und fundierter Kenner der Rasse und der traditionellen Gebräuche und Traditionen im Ursprungsgebiet.
Die Verpaarung Brina x Dauno brachte keine in der Zucht verbleibenden Nachkommen. Die Welpen waren zum Teil schwächlich, vielleicht auch aufgrund der engen Verwandtschaftsbeziehung, andere starben an Parvovirose oder zeigten physische Mängel.

1981

Um den Rassebestand zahlenmäßig zu erhöhen, wurde entschieden, einige Welpen aus den programmierten Paarungen engagierten Haltern anzuvertrauen. Basir ging an Professor Fernando Casolino und wurde zum zootechnischen Bezugspunkt des Cane Corso. Bulan, Besitzer Gianantonio Sereni, zeigte sich ebenfalls als hervorragender Rassevertreter innerhalb des Rückgewinnungsprogrammes. Aliot (grauer Rüde) und Babak (gestromte Hündin) wurden Michele Angiolillo anvertraut. Auch die Suche nach neuen Blutlinien im Süden wurde intensiviert. Diese Arbeit wurde jedoch dadurch erschwert, bzw. führte zu keinem Erfolg, da in der damaligen Zeit, speziell auf dem Lande, ein modernes Rassekonzept gänzlich unbekannt war.

Demon dell'Antiqua Apulia; Foto: Marco Leonardi

Ch. One dell'Impero Maya (Multi Ch. Hulk Hogan dell'Impero Maya x Idea dell'Impero Maya) HD-B ED-0;
Foto mit freundlicher Genehmigung: Dell'Impero Maya Kennel di Morena Mazzotti e Andrea Corbara

Das alleinige Augenmerk war auf Funktionalität und auf Verbesserung der Arbeits- und Jagdleistung gerichtet. Von daher wurden auch Verpaarungen mit dem Mastino Abruzzese, dem Segugio Italiano, zum Teil auch mit dem Levriero Foggiano durchgeführt. Diese Arbeitsrassen führten die Namen Mezzocorso und Mezzosangue. Auch wenn diese Mischlinge nicht für das Wiederbelebungsprogramm des Cane Corso verwendet wurden, sind auch noch heute ihre Spuren in manchen Corsi auszumachen.

Diese entmutigende Situation Anfang 1981 führte dazu, dass die Zucht mit Blutsverwandten weitergeführt wurde. Professor Michele Angiolillo züchtete mit den ihm überlassenen Hunden. Babak wurde von Aliot und Bulan gedeckt und warf 13 homogene Welpen, die fast alle im Zuchtprogramm ihren Platz fanden.

1983

Am 16. bzw. 18. Oktober 1983 traf sich in Mantova zum ersten Mal der harte Kern der Enthusiasten mit ihren Hunden. Die aktuelle Situation sollte überprüft und bewertet werden. 12 erwachsene Hunde wurden von Dr. Giovanni Ventura exakt untersucht und vermessen, mit folgendem Ergebnis: Fast alle Exemplare wiesen einen leichten Vorbiss auf, Schädel- und Fanglinien leicht konvergent. Das mittlere Gewicht lag bei 47 Kilo der Rüden und 38 Kilo der Hündinnen. Die durchschnittliche Widerristhöhe wurde mit 68 cm bei den männlichen Tieren und 4-5 cm geringer bei den weiblichen Hunden notiert. Die Fellfarbe war überwiegend schwarz, gestromt, fulvo (rotblond) und grau. Alle zeigten einen athletischen und trockenen Körperbau mit einem rechteckigen wuchtigen Kopf.

Anmerkung: Die Festlegung eines Vorbisses als Charakteristikum war und ist Gegenstand heftiger Diskussionen und erbitterter Kontroversen. Für einen Teil der italienischen Enthusiasten und Züchter war der ursprüngliche Cane Corso ein Hund vom Packertyp, ein "Cane da Presa“, der für seine Arbeit am schwierigen Tier (bei der Jagd und auf den Höfen) selektiert wurde und einen harten Griff, sprich ein natürliches, funktionales Scherengebiss benötigte mit gleich langem Ober- und Unterkiefer. Auch wenn einige Corso Hunde, wie Basir, der als Modell für den Standard diente, einen Vorbiss zeigten, war er ihrer Meinung nach nicht repräsentativ für die Rasse. Die Progenie ist eine Gebissanomalie und damit ein gravierender Fehler, keinesfalls aber eine Frage der Typologie. Die, in den Augen der Verfechter des Scherengebisses, unglaubliche Entscheidung, im Standard den Vorbiss von 0,5 cm als optimal zu deklarieren, beruhte ihrer Sichtweise nach allein auf politischer Motivation, um ein evidentes Unterscheidungs- und Abgrenzungsmerkmal zum Mastino Napoletano herzustellen.

Ludwig dei Fontanili; Foto: Marco Leonardi

Um den Vorbiss in der Rasse zu festigen, wurden kompatible Hunde wie Boxer und Bullmastiff eingekreuzt, und damit physische Charakteristika und Wesensmerkmale, die der Cane Corso in der Vergangenheit nicht hatte, wie die runde Kopfform und eine zu kurze Schnauze.
Die Progenie vererbt sich und hat die Tendenz auszuarten; zu sehen bei der englischen Bulldogge, dem Mops und Boxer etc. Gleichzeitig wird der Genpool stark eingeengt, wenn nur standardgerechte, sprich, nur progeniebehaftete, Cani Corso zur Zucht verwendet werden.
Am gleichen Tag wurde von den anwesenden Personen die S.A.C.C. (Società Amatori Cane Corso), sinngemäß die Gesellschaft der Cane Corso Liebhaber, gegründet. Das strenge und präzise Reglement sah vor, dass alle Paarungen vom Vorstand, mit Unterstützung des technischen Komitees, entschieden wurden. Die Welpen wurden an andere Liebhaber kostenlos abgegeben, mit der Verpflichtung, sie zu versorgen, das Wachstum zu verfolgen, die Rüden zum Decken zur Verfügung zu stellen. Auf die Läufigkeit der Hündinnen hinzuweisen, in der Trächtigkeit zu betreuen und die Welpen zu pflegen, die im Nachhinein wieder abgegeben wurden. Rasseliebhaber konnten als eingeschriebenes Mitglied und gegen einen Beitrag von 100.000 Lire einen dreimonatigen, geimpften und kupierten Cane Corso in Pflegschaft übernehmen.
Die Gründungsmitglieder waren Michele Angiolillo, Nardino Anselmi, Donatella Baldassarri, Giovanni Bonatti, Corrado Bondavalli, Bruno Bonfanti, Paolo Breber, Primo Buzzi, Fernando Casolino, Giancarlo Gallini, Stefano Gandolfi, Giancarlo Malavasi, Luciano Malavasi, Giovanni Mauro, Giancarlo Monfardini, Sergio Nardi, Gianantonio Sereni, Vittorio Suffritti, Alberto Tellini, Giovanni Ventura; Präsident: Stefano Gandolfi, Vizepräsident: Paolo Breber, Luciano Malavasi, Direktor: Gianantonio Sereni, Schriftführer: Fernando Casolino, Schatzmeister: Giancarlo Malavasi.

1984

Um den Cane Corso in kynologischen Kreisen und bei einem größeren Publikum bekannt zu machen, und so seine Verbreitung zu verstärken, wurde er als Gast auf Ausstellungen und Klubschauen vorgestellt. Die nächsten Schritte sahen den Kontakt und Dialog mit den Experten der ENCI vor, um die Anerkennung der Rasse voranzutreiben.
Am 16. Juni 1984 fand in Castenaso ein erstes formales Treffen von offizieller Stelle statt.
10 Cane Corso wurden auf dem Ausbildungsplatz der SAS von den Richtern Dr. Franco Bonetti, Antonio Morsiani und Mario Perricone morphologisch und von Claudio Bussadori charakterlich begutachtet.

Moderne Entwicklungsgeschichte

1985

Obgleich nur eine beschränkte Anzahl von Hunden vorhanden war, zeigte die ENCI großes Interesse an der Initiative der S.A.C.C. Am 3. November 1985 wurde in Mantova der offizielle Kontakt zwischen ihnen beschlossen. Die Richter Barbati, Mentasti, Morsiani, Quadri, Perricone, Vandoni und Ventura beurteilten auf der Ausstellung von Mantova rund 20 Cane Corso, die eine ausreichende Homogenität aufwiesen, um die anwesenden Richter zu überzeugen, dass es an der Zeit war, die mögliche, offizielle Rasseanerkennung zu erwägen.
Dr. Morsiani und Dr. Perricone waren dabei als international erfahrene Richter, Experten der ENCI und bekannte Molosserzüchter eine wertvolle Hilfe. Gleichermaßen bei der Rückgewinnung wie der Anerkennung der Rasse.

1986 / 1987

Dr. Breber verließ 1986 die S.A.C.C. Der Mann, der als einer der Ersten und maßgeblich am Wiederbelebungsprogramm beteiligt war und mit Tipsi und Dauno den ersten Wurf hatte, aus dem auch Basir – der Prototyp für den Standard – hervorging. Dieser Schritt bestimmte auch die zukünftige Ausrichtung der Gesellschaft und der Rasse. Zentrum der Aktivitäten war nun der Zwinger von Malavasi in Mantova. Die herausragenden Personen dabei: Ferdinando Casolini, Gianantonio Sereni und Stefano Gandolfi, deren zentralistisches und autoritäres Management Anlass zu negativer Kritik gab. Auch konnten die nachfolgenden Würfe die Qualität der Basir Nachkommen nicht mehr erreichen.
Casolini, Sereni, Gandolfi und Malavasi suchten zwischen Po und Puglia nach neuen und wertvollen Rassevertretern.
Gemäß den Unterlagen der S.A.C.C. erwarben sie zwischen Anfang 1986 bis Mitte 1987 rund dreißig Exemplare, die elf unterschiedlichen Blutlinien zugeordnet wurden und im Wiederbelebungsprogramm erfolgreich eingesetzt werden konnten. Während der ersten Reise kauften sie von Liebhabern aus Manfredonia zwei Welpen. Otello mit drei Monaten: aktiv, wild, und rebellisch. Und Kira, genannt Pipistrella (Fledermaus), aufgrund ihrer verstümmelt kupierten Ohren, die die Fahrt von Manfredonia nach Mantova wie versteinert verbrachte.
Mit Vito Indiveri und Giovanni Tumminelli unterstützten zwei weitere ambitionierte Rasseliebhaber die Initiative der S.A.C.C. und gründeten die ersten regionalen Abordnungen in Apulien und Sizilien.

Arthur di Paolo Roi; Foto: Marco Leonardi

Moderne Entwicklungsgeschichte

In einem Interview erzählt Vito Indiveri, dass die meisten der aufgekauften Hunde aus der Gegend um Foggia stammten und sich in den Händen der Bauern befanden.
Von einer einheitlichen Morphologie konnte nicht gesprochen werden, da die Hunde einzig nach ihrem Einsatzgebiet selektiert wurden. Zwischen den einzelnen Regionen bzw. „Familien" wurde eifersüchtig darüber gewacht, welcher die besten Hunde sein Eigen nennen konnte, und die Corso wurden nur innerhalb der eigenen Region in enger Verwandtschaft verpaart, ohne Einflüsse von anderen Landesteilen.
Um einer zu starken Inzucht vorzubeugen, wurden allerdings Hunde und Welpen oft auf Märkten ausgetauscht oder gegen einen Sack Getreide eingetauscht. Aus einem Wurf wurden zudem nur die fähigsten und gesündesten aufgezogen, die anderen wurden eliminiert. Im Alter von einer Woche wurden die schwächeren Welpen „aussortiert". Eine ausreichende Zahl blieb bei der Mutterhündin, um einer Mastitis vorzubeugen. Das zweite Auswahlverfahren betraf die einmonatigen Junghunde. Nur die zwei stärksten wurden selektiert, die übrigen eliminiert. In den meisten Fällen wurden die Hündinnen getötet, außer man benötigte eine neue Zuchthündin. Weibliche Hunde wurden nie weggegeben, da man die Blutlinie nicht mit jemand anderem teilen wollte. So gab es in Süditalien einige „einzigartige" Blutlinien, die einzelnen Familien zuzuordnen waren: "Leone Familie", "Prencipe Familie", "De Finis Familie", "Padula Familie", "Vito Rubini Familie" sowie die Familien Cillà, Calderola, Gentile, Marescià aus San Paolo di Civitate. Alle diese Familien benützten die Hunde für verschiedene Aufgaben. Für die Jagd, das Vieh oder die Schweine. Alle Hunde waren kupiert. Das gängige Verfahren war, ihnen die Ohren mit einer Schere abzuschneiden und die Wunden mit Asche und Olivenöl zu desinfizieren.
Im Auftrag der S.A.C.C. verfasste Dr. Antonio Morsiani einen Entwurf zum Rassestandard und begutachtete und vermaß hierzu rund 100 Exemplare zwischen Nord- und Süditalien. 1987 wurde der Standard vom Vorstand der ENCI und dem Richtergremium abgesegnet.

1988

Der Vorstand der ENCI entschied, rund 50 Cani Corso auf drei Ausstellungen in Mailand, Florenz und Bari einer versuchsweisen Beurteilung zu unterziehen. Die Richter waren Vandoni, Perricone und Morsiani. Die S.A.C.C. übergab der ENCI eine fotografische Bestandsaufnahme von 97 Cani Corso. Mit der Erlaubnis, eine weitere Versammlung abzuhalten, wurde im Oktober 1988 auf der Hundeausstellung in Foggia ein Treffen organisiert, um einen Vergleich zwischen den von der S.A.C.C. für das Projekt selektierten Hunden und den "Corsi Rustici", den ländlichen, im Privatbesitz stehenden Cani Corso aus Süditalien, durchzuführen.

Fauno di Stefano Centamore; Foto: Marco Leonardi

Desire'e del Taras Tarentum, 4 Monate (Carlotta del Taras Tarentum x Espero dell'Impero Maya), Züchter und Besitzer: Antonio Di Franco, Kennel: del Taras Tarentum; Foto mit freundlicher Genehmigung: Antonio Di Franco

Beurteilt wurden ihre Homogenität, Körperbau, Charakter und die Adhärenz zu den im Standard definierten Eigenschaften.

Weiterhin wurde Professor Vittorio Dagradi bevollmächtigt, ein „offenes Buch" – Libro Aperto – einzurichten, in welches die Hunde, die dem Standard entsprachen, eingetragen wurden. Das Verfahren sah vor, dass Cani Corso eingeschrieben werden konnten, denen bei einer Hundeschau, von zwei geeigneten Richtern der ENCI, ein Zeugnis über den korrekten Typ ausgestellt wurde. Welpen, die aus einer Verpaarung von zwei zertifizierten Hunden stammten, wurden ebenfalls amtlich notiert.

Die Kenndaten aus dem offenen Buch wurden im Moment der offiziellen Rasseanerkennung am 20. Januar 1994 in die offiziellen Bücher übertragen.

25 Blutlinien, die am Beginn standen

Retico Olivia / Arras Chira / Cleo Bedi / Eros Diria / Cleo Cleo / Retico Bedi / Plud Tosa / Retico Regina / Gandalf Ira / Argos Ambra / Argos Tosa / Rocki Pantera / Claus Mira / Jmmi Diana / Atos Marta / Claus Ara / Omar Raia / Matteo Elga / Barone Bella / Rambo Dice / Zico Assia

15 Blutlinien, die anerkannt wurden

Retico Olivia / Claus Liz / Arras Chira / Cleo Bedi / Plud Maria / Eros Diria / Gandalf Ira / Argos Ambra / Rocki Pantera / Jmmi Diana / Atos Marta / Omar Raia / Matteo Elga / Barone Bella / Rambo Bice /

Hunde, die ins Libro Aperto eingetragen wurden

Publio (m, 30.07.87) / Arras (m, 08.01.89) / Cleo (m, 10.01.91) / Retico (m, 25.06.89) / Gypsi (m, 10.09.91) /
Rambo di Spicciano (m, 05.07.91) /
Cleo (w, 05.10.90) / Raia (w, 25.06.89) /
Olivia (w, 06.01.88) / Kira (w, 02.06.86) /
Calypso (w, 07.08.88) / Lizzi (w, 23.03.88) / Iara (w, 17.07.88) /
Drina di Spicciano (w, 25.11.90 /
Ania (w, 08.01.89) / Tamara (w, 14.03.88) /
Callas (w, 07.08.88) / Cindy (w, 30.05.89) /
Mary (w, 16.11.89) / Liz (w, 10.01.89) /
Lola (w,10.01.92) / Vega (w, 25.02.86) /
Abab (w, 27.03.86) / Bedi (w, 10.10.89) /
Gioia (w, 30.08.91) / Cleo (w, 01.04.88) /
Nikla (w, 03.05.90) / Connie (w, 15.03.91) /
Mira (w, 01.08.90)

Quelle: http://www.anticocerberus.net/DOCUMENTI-sulla-Rinascita.html; 31.07.2012

Nina dei Molossi dell'Angra: Foto: Marco Leonardi

Moderne Entwicklungsgeschichte

1989

Bei einer Zusammenkunft zum ”Libro Aperto“ in Mantova und Foggia wurden unter dem Gremium von Barbati, Dagradi, Quadri und den Richtern Morsiani und Perricone circa 70 Hunde eingeschrieben.

1990

Weitere 70 Hunde wurden während der Ausstellung in Mantova und Ostuni (Brindisi) ins offene Buch aufgenommen.
Am 16./17. Juni 1990 fand in Civitella Alfadena die erste nationale Tagung statt. (1° Convegno Nazionale a Civitella Alfadena). Im Vorwort zum Symposium wurden Sinn und Zweck der Zusammenkunft folgendermaßen beschrieben: „Diese Tagung repräsentiert den Übergang zwischen Altem und Neuem. Teile des Berichts sind von Personen, die die Geschichte widerspiegeln. Landwirte, Viehzüchter, Jäger, Menschen vom Land, welche vom Arbeitseinsatz und dem traditionellen Umfeld des Cane Corso berichten; von der Vergangenheit bis in die Gegenwart. Andere Berichte sind von Symposiummitgliedern, die aus der Kynologie kommen und Qualitäten differenzieren und bewerten. Diese Diskussionsbeiträge stellen den Versuch dar, die Rasse gemäß eines technischen Kanons zu definieren und eine Zukunftsprojektion für den Hund zu entwerfen, welche auch unterschiedlich zum geschichtlichen Einsatz definiert werden kann.“[24]
Teilgenommen haben Paolo Breber mit dem Thema „Wie ich den Cane Corso entdeckte: Die Recherchemethode, wie sie von mir verfolgt wurde.“ Flavio Bruno: „Geschichtliche Hinweise und Einsatz der Rasse innerhalb der sozio-ökonomischen Bedingungen Süditaliens.“ Vito Indiveri: „Ein Leben, das der Erforschung des Cane Corso gewidmet ist: Erinnerungen an familiäre Traditionen.“ Paolo Paoletti: „Forschungen zum Cane Corso und seinem Image.“ Stefano Gandolfi: „Konstitution der S.A.C.C..“ Antonio Morsiani: „Der Standard des Cane Corso: Kriterien der Definition.“ Simon Goldmann: „Morphofunktionale Bewertung der Cani Corso.“ Alfonso Comer: „Der Einsatz von Cani Corso bei den Schweinen.“ Umberto Leone: „Der Cane Corso als Wachhund im Stall.“ Giuseppe di Girolamo und Germano Castellano: „Die Wildschweinjagd mit dem Cane da presa.“
Bei diesem ersten nationalen Konvent, tauchten in den Symposiumberichten Widersprüche bezüglich der korrekten Morphologie auf. Vor allem zur Größe und zur Gebissstellung. Für viele der Anwesenden war der Vorbiss nicht die originale Okklusion, sondern Folge der Mischlingszucht mit dem Boxer.

Moderne Entwicklungsgeschichte

Dr. Simon Goldmann stellte nach der Überprüfung von 24 Hunden, die im "Libro Aperto" vertreten waren, etliche Unterschiede hinsichtlich der Erfassung und Vermessung von Morsiani und dem vorgeschlagenen, provisorischen Standard fest. Vornehmliche Abweichungen: Die Gesichtsschädelachsen (Achsenverhältnis: Schädel-Schnauze) sind bei vielen Hunden parallel und nur bei einigen wie im Standard angegeben, konvergent. Größere Widerristhöhe bei Rüden und Hündinnen, als die maximal im Standard definierte. Bei der Hälfte der Exemplare findet man ein Zangengebiss, die übrigen, als prognatisch eingestuft, weisen einen umgekehrten Scherenverschluss auf. (Anmerkung: Ein umgekehrter Scherenverschluss ist nicht mit einem Vorbiss gleichzusetzen, da Ober- und Unterkiefer gleich lang sind.) Die Rute wird tief getragen.
In der Niederschrift dieser Tagung sind folgende widerstreitende Stellungnahmen zu lesen.[25]
Vito Indiveri, Züchter, S. 30
„(...) Ich bin in der Lage zu bestätigen, dass das gemeinsame Merkmal dieser Rasse eine leichte Konvergenz und ein milder Vorbiss ist. (...)"
Umberto Leone, Züchter, S. 79
„(...) Seit drei Jahren besuche ich Cane Corso Rasseschauen, aber es gibt wenig gute Exemplare. Der größte Teil zeigt runde Köpfe, die durch den Einfluss von Boxer und Mastino Napoletano herrühren. Meine Hunde hatten noch nie diese runden Köpfe. Die Richter sind keine Experten, deshalb bevorzugen sie zu große Schädel. Der Corso hat einen großen Kopf und starken Hals, aber die Schnauze darf nicht zu platt und nicht zu prognatisch sein, ansonsten ist er nicht typgerecht. Das Fell ist kurz und rauh; er hat nicht das feine Haar und die dünne Haut des Boxers. (...)"
Tommaso Ruggieri, Züchter, S. 103
„(...) Der Standard akzeptiert den Vorbiss, der meiner Meinung nach nie beim Cane Corso existierte. (...) Die Ausprägung in den letzten Jahren ist wahrscheinlich das Ergebnis von Kreuzungen. Neue Züchter haben Corso mit Boxern und anderen Hunden verpaart, um die Rasse zu verbessern. Dieses Vorgehen ermöglicht schnelle und gleiche Ergebnisse, aber mitnichten Cani Corso. Der Vorbiss müsste meiner Meinung nach immer ein Fehler sein." Zudem erwähnt er auch, dass die Cani Corso schon immer die im Standard nicht gewünschte, helle bzw. gelbe Augenfarbe hatten.
Fernando Casolino, Leiter S.A.C.C., S. 111
„(...) Ich erinnere mich und deshalb bezeuge ich: die Cani Corsi, die ich kannte, hatten immer leichten Vorbiss und konvergente Schädel-Schnauze-Achsen."
Alfonso Comer, Landwirt, S.77
„(...) Heute sind viele Hunde, die als Còrsi ausgegeben werden, Mischlinge. Der Còrso hat trockene Lippen, welche nicht über die Schnauzenwinkel hängen dürfen. (...)"

Cheno della Porta Dipinta; Foto: Marco Leonardi

Im Rahmen der europäischen Ausstellung von Verona wird neben der Präsentation der Rasse ein Schriftstück mit dem Titel: „Cane Corso. Eine Zusammenfassung der charakteristischen Morphologie“ ausgegeben. In diesem Handbuch wird eine Modifikation des offiziellen Standards durchgeführt: „Das Gebiss leicht prognatisch (Zange und Schere werden toleriert).“[26] Diese Information wurde auch in der Fachpresse veröffentlicht. »Cani di razza«, Editoriale Olimpia, Dezember 1994 und »Work Dogs«, Edizioni Cinque, März 1995
Der Standard von 1987 lautete frei übersetzt folgendermaßen: „Kiefer: sehr breit, robust und stark, mit sehr geringfügiger Verkürzung des oberen Kiefers und folglich leichter Prognathie.“

1991 / 1992

Im Rahmen der Versammlungen zum „Offenen Buch“ in Morciano di Romagna und Empoli wurde ein Gesuch an die ENCI bezüglich der offiziellen Rasseanerkennung gestellt. Weitere 563 Exemplare, begutachtet von den Richtern Ammannati, Dagradi, Morsiani, Perricone und Vandoni, wurden als Stammväter eingetragen. Ergänzend wurden noch jene Hunde hinzugefügt, die direkt ins Stammbuch der Züchter eingetragen worden waren. Dies ergab eine Gesamtzahl von 820 Hunden. Der Vorstand der S.A.C.C. nahm in Ravenna am Internationalen Kynologen Kongress über Genetik, Ernährung und Psychologie teil.

1993

Der Verlag De Vecchi veröffentlicht das Buch „Il Cane Corso“ der Autoren Giuseppe Chiecchi (Vizepräsident der S.A.C.C.) und Giorgio Gualtieri (Mitglied und seinerseits späterer Vizepräsident). In dieser Publikation ist hinsichtlich des Standards und im Speziellen des Kiefers Folgendes zu lesen: „(…) Die unteren Schneidezähne überragen die entsprechenden oberen nur um 0,5 cm. Währenddessen einige Seiten vorher unter »Die Zähne und das Alter des Hundes« geschrieben steht: „Beim Cane Corso ist der Vorbiss ein toleriertes Merkmal.“ Diese Behauptung schuf reichlich Verwirrung, da dieses Buch zu einer auflagenstarken Reihe gehörte und vier Jahre lang das einzige existierende Rassebuch darstellte.[27]

1994

Am 20. Januar 1994 wird der Cane Corso vom Vorstand der ENCI als 14. Italienische Rasse anerkannt.

Conan dei Dauni; Foto: Marco Leonardi

Massimo di Villa Andreina; Foto: Marco Leonardi

Die Einschreibungsnachweise des offenen Buches werden in Urkunden des LIR (Libro Italiano Riconosciuti) umgewandelt. Das Führungsgremium der S.A.C.C. organisiert die erste Vereins-Meisterschaft, ohne offiziellen Wert, um die Teilnahme von Cani Corso zu fördern, sie derÖffentlichkeit näherzubringen, und um den Ringrichtern einen Eindruck zu verschaffen. Mit der Anerkennung durch die ENCI waren eine Vielzahl von Richtern – ohne Eignungsprüfung und als Allrounder der FCI-Gruppe 2 – berechtigt, Cani Corso zu richten. Aus Unkenntnis hinsichtlich Rasse und Standard weigerte sich ein Richter, „diese Bastarde“ zu beurteilen, während ein anderer den Vorbiss von 4 mm als gravierenden Fehler einstufte und dies vier Jahre nach der Anerkennung: 1997 während der internationalen Ausstellung in Genua und der nationalen Ausstellung in Pisa.

1995

Infolge der Anerkennung der Rasse beschließt der Vorstand der ENCI, dass ab 1.7.1995 auf italienischen Ausstellungen das CAC an die Rasse (CAC = Certificat d'Aptitude au Championnat; Anwartschaft auf einen nationalen Titel) vergeben werden kann, welches den Weg für das Campionato Italiano di Bellezza, das italienische Schönheits-Championat freimacht.
Die S.A.C.C. unterschreibt ein Abkommen mit der AIVPA (Associazione Italiana Veterinari Piccoli Animali) mit dem Zweck, die Forschung der Hüftgelenksdysplasie anzuregen und entschieden zur genetischen und zootechnischen Verbesserung der Rasse beizutragen. Hierzu wurden zwei Treffen in Mantova und Bari organisiert, um erkenntnisorientierte Untersuchungen über erbliche Augenkrankheiten des Cane Corso vorzunehmen, die von Dr. Claudio Peruccio vom tierpathologischen Fachbereich der Universität Turin durchgeführt wurden.

1996

Die S.A.C.C. veranlasst eine morphologische Studie über den Cane Corso und erstellt technische Zeichnungen. Für die Anerkennung der Rasse durch die FCI wird eine detaillierte Dokumentation auf italienisch und englisch erarbeitet, die eine geschichtliche Präsentation der Rasse enthält, den modifizierten Standard auf der Grundlage der neuen Direktiven sowie eine Studie der existierenden Blutlinien. Darüber hinaus wurde in Arese für die FCI eine Präsentation der Rasse organisiert, an welcher der FCI-Präsident Dr. Hans Müller teilnahm.
Am 2.5.1996 wird die S.A.C.C. als spezialisierte Rassegesellschaft von der ENCI anerkannt.

Kelly di Isabella Albonico; Foto: Marco Leonardi

In den Pressemitteilungen hinsichtlich der Ergebnisse des S.A.C.C.-Championats wurden die klassifizierten Hunde anderen Züchtern als den tatsächlichen zugeschrieben; wegen dieser und anderer Vorkommnisse wurde die S.A.C.C. der amtsführenden Unregelmäßigkeiten und technischen Regelwidrigkeiten beschuldigt.
In Arese erfolgt im Mai die Vorstellung der Rasse auf höchster Ebene der FCI.
Im November wird die Rasse offiziell und international vonseiten der FCI anerkannt.
Für den Cane Corso wird das CAL (CERTIFICATO DI ATTITUDINE AL LAVORO) eine Charakter- bzw. Eignungsüberprüfung eingeführt. Der Champion Titel kann von Hunden erlangt werden, die im Besitz des CAL 1 sind und bei der Untersuchung bezüglich der Hüftgelenksdysplasie mit A, B oder C bewertet wurden.
Im Verlagshaus Mursia erscheint das Buch "Il Cane Corso. Origini e prospettive del molosso italico“ (Der Cane Corso. Ursprünge und Perspektiven des italienischen Molosser). Die Autoren sind Stefano Gandolfi und Fernando Casolino, für die technische Mitarbeit zeichnen Antonio Morsiani und Gianantonio Sereni verantwortlich. Bezug nehmend auf den Vorbiss ist hier auf Seite 98 zu lesen, dass der Vorbiss von 5 mm einen optimalen Durchschnittswert darstellt und das Zangengebiss bzw. ein Vorbiss von 10 mm nur zu tolerieren ist. Dieses Buch wurde von der S.A.C.C. an alle Richter der Gruppe 2 verschickt.

1997

Als anerkannte Cane Corso Rassegesellschaft organisiert die S.A.C.C. das erste Klub-Championat von offizieller Bedeutung. Die "Boxer-Corsi“ erzielen die besten Ergebnisse und damit wird ein gravierender Wandel in Zuchtrichtung und Rasseselektion eingeleitet, der sich allerdings schon früher ankündigte.
Im Februar veranstaltet die S.A.C.C. ein technisch-wissenschaftliches Seminar, das die Themen Standard, Selektion und Genetik behandelt. Die Referenten sind die Richter Vandoni, Bonetti, Giorgio und Imbimbo, mit dabei auch drei Mitglieder aus dem Zuchtbereich, die bei dieser Tagung den meisten Einfluss haben.
An Problembereichen werden die übermäßige Hypertrophie der Kaumuskeln angesprochen wie auch die Gebissstellung. Dr. Bonetti erläutert, dass die Prognathie von ca. 5 mm ein Typmerkmal ist, das aber diese Grenze nicht überschreiten darf. Während Dr. Vandoni erklärt, dass er, angesichts einer guten quadratischen Schnauze und eines korrekten Verlaufs der Achsen, einen nicht perfekten Verschluss vernünftigerweise nicht bestrafen kann.

1998

Gründung der AICC (Associazione Italiana Cane Corso).
Im Juni richtet die AICC in Rom ihrer erste Ausstellung mit 103 eingeschriebenen Corso aus.
Im selben Jahr veröffentlicht sie eine Studie, die den militärischen Einsatz von Cani Corso anno 1137 in Montopoli di Sabina (in der Nähe von Rom) zum Thema hatte und die enge Verbindung zwischen dem Cane Corso und der römischen Geschichte beleuchtete.
Die S.A.C.C. ist Gegenstand von Kontrollen; die ENCI nominiert einen Kommissar für Einzelmaßnahmen.
Die AICC schickt im Rahmen der Zusammenarbeit mit dem CCCN (Cane Corso Club Nederland) zwei Vizepräsidenten zur jährlichen Ausstellung nach Utrecht.

1999

Der S.A.C.C. wird die Anerkennung als spezialisierter Rasseverein entzogen.
Die AICC organisiert einen runden Tisch zum Thema Hüftgelenksdysplasie, eine Fotoausstellung und ein Rassetreffen mit 76 eingeschriebenen Hunden. Und sie nimmt Kontakt zur ICCF (International Cane Corso Federation), der bedeutendsten Rassegesellschaft der Vereinigten Staaten von Amerika, auf. Thema ist hier unter anderem auch die Unterschiedlichkeit der beiden Standards.
Der amerikanische ICCF-Standard sah bis 2/2000 eine Schnauzen - Kopfrelation von 40%-60% vor, im Gegensatz zum FCI-Standard, der 34%-66% betrug. Parallele statt leicht konvergente Schädel-Fang-Achsen, und beim Gebiss wurde standardmäßig Schere (Zange und leichter Vorbiss wurden toleriert) verlangt, anstelle der leichten Prognathie von 0,5 cm. Bei der Widerristhöhe und beim Gewicht wurden nur Minimalangaben gemacht. Das Limit nach oben wurde nicht präzise definiert, wobei die größeren Exemplare bevorzugt wurden.
Die ICCF sieht im Dialog mit der AICC eine erste positive Zusammenarbeit mit einem italienischen Klub, seit 1996 die formalen Beziehungen zur S.A.C.C. in die Brüche gingen.
Im August lädt der CCCN Renzo Carosio, den Vizepräsidenten der AICC ein, die jährliche Ausstellung zu richten.

2000

Im Februar erklärt die ENCI auch die Kollektivmitgliedschaft der S.A.C.C. für beendet. Fünf Monate später gibt der Vorstand der ENCI bekannt, dass die AICC als Kollektivmitglied anerkannt wird.

Acciaio degli Elmi; Foto: Marco Leonardi

Der ICCF-Standard wird nach Kontakten mit der AICC überarbeitet, modifiziert und an den FCI-Standard angenähert. Beim Gebiss wird jetzt die Zange präferiert, Schere und leichter Vorbiss werden toleriert. Die Relationen Schnauze - Kopf werden vom FCI-Standard übernommen, bei leicht konvergenten Schädelachsen. Beim Gewicht und der Größe bleibt es bei Minimalangaben ohne Limit nach oben. Auch die bislang erlaubte Farbe ‚focato‘ bzw. black and tan (braun mit rötlichen Flecken) wird nunmehr ausgeschlossen.

2003/2004 erfolgt eine erneute Abänderung des Standards: ICCF und AICC Standard sind jetzt gleichlautend.

Im Juni besucht eine Delegation der AICC auf Einladung der ICCF eine Veranstaltung der "America Rare Breed Association“ (ARBA). Renzo Carosio, dem Präsidenten der AICC, wird ein Anerkennungsdokument für sein Wirken zugunsten der Rasse überreicht.

Im gleichen Monat kommt es auf der Weltausstellung in Mailand zum Eklat, als Vertreter der S.A.C.C. gegen alle geltenden Regeln eine Prämierung der Corso im Ring vornehmen.

Im Juli gibt der Vorstand der ENCI bekannt, dass die AICC als Kollektivmitglied anerkannt wird.

Zum dritten Mal in Folge wird der Präsident der AICC eingeladen, um auf der jährlichen, vom niederländischen Cane Corso Club (CCCN) organisierten, Ausstellung in Holland zu richten.

Im September initiiert die AICC während eines offiziellen Besuchs der ICCF-Delegation in Italien ein Treffen zwischen dem Präsidenten der ICCF, Herrn Ertaskiran und dem Direktor der ENCI, Herrn Giani. Thema ist die Situation des Cane Corso in Amerika und die jeweiligen Probleme hinsichtlich der Zertifizierung der hier geborenen Corsi.

Die Zeitschrift "Our Dogs“ veröffentlicht die Forschung der AICC über die Corsi im Mittelalter in Sabina.

Oktober: Während einer Ausstellung der AICC in Pisa werden rund zehn nicht speziell ausgesuchte Cani Corso einer T.A.N. – Überprüfung (Test Attitudine Naturale / Test bezüglich der naturbelassenen Eignung) unterworfen, um die Veranlagung der Hunde bei der Arbeit mit dem Vieh festzustellen. Die Ergebnisse sind, wider Erwarten, ermutigend.

Renzo Carosio richtet auf der A.R.B.A.-Ausstellung in New Jersey, und referiert während eines Seminars, an welchem die amerikanischen Top Züchter, ein Dutzend Richter der A.R.B.A. und der Direktor des American Kennel Club (A.K.C.) teilnehmen, über die Rasse.

Im November organisiert die ENCI ein Cane Corso Rassetreffen. Bei dieser Gelegenheit präsentiert die S.A.C.C. ihr Zuchtprogramm.

Die AICC gibt die von ihrem Präsidenten durchgeführte Fertigstellung der Rassestudie bekannt, welche auch Vorschläge zur Überarbeitung des Standards enthält sowie ein Zucht- und Selektionsprogramm.

Hinnoit, Vignola dei Conti; Foto: Marco Leonardi

Furfante di Eldemar, IPO 3; Foto: Marco Leonardi

Moderne Entwicklungsgeschichte

2002

Am 24. Januar wird eine von AICC und S.A.C.C. gemeinsam verfasste Mitteilung ausgegeben, in der beide Gesellschaften aufgrund ihrer Verantwortung, Liebe und zum Schutz der Rasse entschlossen sind, die Probleme zu lösen. Auch die ENCI ist verpflichtet, in kurzer Zeit ein Übereinkommen zu erzielen, um eine einige und effiziente Rassegesellschaft zu etablieren, die "Associazione Specializzata Cane Corso Italiano“ (A.S.C.C.I.) heißen könnte. Bereits einen Monat später sind diese löblichen Vorsätze wieder Makulatur, da die von Widerstreit und Gegnerschaft geprägte Geschichte auch weiterhin die Gesellschaften spaltet. Die S.A.C.C. wird erneut als Kollektivmitglied bei der ENCI aufgenommen, obgleich die ENCI noch eine Woche vorher die AICC dahin gehend informiert hatte, dass es aufgrund der neuen Statuten nicht möglich sei, weitere Kollektivmitglieder aufzunehmen.
Am 12. April 2002 wird der „dritte Pol geboren“: die ATICCI (Associazione Tecnica Internazionale Cane Corso Italiano), eine neue in Apulien gegründete Cane Corso Rassegesellschaft. Die ATICCI verfolgt den Anspruch, das fachliche und kulturelle Wissen über den Cane Corso zu vertiefen. Die Zusammenarbeit der spezialisierten Gesellschaften in Italien und im Ausland zu verbessern und das Miteinander zwischen Züchtern, Experten, Richtern, Tierärzten und den Verantwortlichen bei ENCI und FCI zu vertiefen. Parallel dazu wird eine aktive Zusammenarbeit mit der S.A.C.C. angestrebt.

2004

Organisation der ersten „Jahresausstellung“ der S.A.C.C.
Gründung des C.I.C.O, Club Italiano Corso Ortognato. (Italienischer Klub für den Cane Corso Ortognato.) C.I.C.O ist für eine Revision des Rassestandards und hält den Vorbiss des Cane Corso prognato, wie im aktuellen Standard beschrieben, für einen schweren Fehler.
Harmonische Köpfe, proportioniert, funktional, schön und typisch für einen monokonvergenten, brachezephalen Molosser, wie der Cane Corso einer sein sollte, sind bei den aktuellen Champions nicht mehr zu finden. Dafür Inhomogenität, Plumpheit, Hyper- oder Hypotypisierung, ein mastinoider Lymphomatismus (generalisierte, konstitutionelle Schwäche) und eine Variabilität in der Größe, wobei manche Hündin größer ist als ein Rüde. Ein Cane Corso ortognato und ein perfekter Kopf sind keine Gegensätze; auch der Hund mit Scherengebiss, kann einen fehlerlosen Schädel präsentieren. Gründungsmitglieder des C.I.C.O sind Rosetti, Micocci, Breber, Verrengia, Maschio ("Il Corso della Vita“) und Di Orazio.[28]

Multi Ch. Ennio Dei Volsci, Campione Sociale (Raduno dell'Anno 2018), Junior Italian Champion, Italian Champion, RSM Champion, player selected, CAL 2, Genetic identification, Besitzer: Antonio Lanni & Miryam Buccilli; Foto mit freundlicher Genehmigung: Antonio Lanni, ©Francesco Molitierno

2006

Die S.A.C.C. entscheidet, das CAL 1 durch das CAL 2 zu ersetzen.
Das CAL 2 (Certificato di Attitudine al Lavoro N°2) überprüft Unterordnung, Temperament, Sozialverhalten, Beutetrieb und nervliche Konstitution. Es soll die natürlichen Eigenschaften des Hundes, seine genetische Qualität und charakterlichen Attribute beurteilen, ohne eine vorherige Ausbildung, wie sie bei IPO, SchH etc. üblich ist. Ziel ist es, dass nicht nur schöne und gesunde Hunde, sondern auch charakterlich wertvolle in der Zucht eingesetzt werden. Das CAL 2 ist auch Voraussetzung für die Erteilung des italienischen Schönheitschampionat und des Vereinschampionat.

2007

Auf der Generalversammlung der FCI vom 21. und 22. Mai 2007 in Acapulco, Mexiko, wurde der Cane Corso, regelkonform nach 10 Jahren der provisorischen Aufnahme, definitiv anerkannt.

2011

Maria Felicia Ceccarelli ruft 2011 einen neuen Cane Corso Verein ins Leben, die A.N.C.C.I. (ASSOCIAZIONE NAZIONALE CANE CORSO ITALIANO), mit dem Ziel, das bestehende fragmentierte System zu einen, eine Schnittstelle mit den anderen Gruppierungen und Gesellschaften zu finden; einen gemeinsamen Geist, um eine offene Auseinandersetzung auf einer soliden Basis führen zu können. Abseits des Personen- und Beziehungsgeflechtes und abseits privater und ökonomischer Interessen. Partner zu sein für jene, die kein Vertrauen in das aktuelle Ausstellungssystem und in das derzeitige Verfahren der Titelvergabe haben und im prämierten Expo-Champion nicht den Cane Corso wiederfinden.
Ihrer Meinung nach wurden in der Vergangenheit, aber auch aktuell, viele Fehler gemacht, für die jetzt einzig die Rasse bezahlt. Es gibt zu wenig Homogenität und zu viele verschiedene Typen, die auf Ausstellungen Auszeichnungen erringen, um dann zum Bezugspunkt für zukünftige Verpaarungen zu werden. Obwohl der Standard klar ist, sieht man runde Köpfe "Corsi boxeroidi / Boxercorsi" und zurückgesetzte Nasen, welche nicht so streng wie das Gebiss überprüft bzw. geahndet werden. Die ANCCI möchte das Ausstellungswesen dahin gehend verändern, dass nicht ein einzelner Richter, sondern eine Expertenjury die Hunde objektiver und nicht auf Privatinteressen hin bewertet und gleichzeitig einen liberaleren Standard bezüglich des Zahnverschlusses durchsetzen. Zudem soll das komplette, gegenwärtig existierende Erbgut der

Rasse auch außerhalb der offiziellen Kanäle begutachtet und neu bewertet werden, um das genetische Erbe umfassend und in seiner Gesamtheit im In- und Ausland zu schützen. Transparenz, Vertrauen und Kooperation statt Geschäftemacherei, Politik und Vormachtstreben.[29]

2017

In diesem Jahr wurden 3881 Cani Corso bei der ENCI eingeschrieben.

2018

Gegenwärtig ist die S.A.C.C. die alleinige, von ENCI und FCI anerkannte, Rassegesellschaft.

Als Schlussbemerkung ein Auszug aus einem Vorwort, der der Interpretation des Lesers anheimgestellt wird.
„(…) Den Liebhabern des rustikalen Cane Corso, den Hunden mit der längeren Schnauze und den fast parellelen Achsen, möchte ich sagen, hätte man die Prototypen der weit gefächerten, ursprünglichen Hunde ausgewählt, hätte der Corso nicht den weltweiten Erfolg erzielt, den er heute hat.(…)“[30]
Guido Vandoni, Ausstellungsrichter im Mai 2010.

Athena di Sebastiano Marino; Foto: Marco Leonardi

Der Cane Corso außerhalb Italiens

Rassehunde-Zuchtvereine

Der größte kynologische Dachverband ist die FCI (Fédération Cynologique Internationale). Daneben gibt es drei weitere Dachverbände, die Kooperationsabkommen verbindet: der britische Kennel Club (KC), der American Kennel Club (AKC) sowie der Canadian Kennel Club (CKC). Der United Kennel Club (UKC) ist der größte Dachverband, der nicht der FCI angeschlossen ist.
Die FCI genehmigt internationale Rassestandards auf der Basis des jeweiligen Rassestandards des Ursprungslandes oder des Patronatslandes. Die Rassebeschreibungen werden in den Arbeitssprachen Englisch, Französisch, Deutsch und Spanisch veröffentlicht.
Die FCI nimmt pro Staat nur einen Mitgliedsverband auf. Dieser muss alle von der FCI anerkannten Rassen vertreten.
FCI-Mitglied in Deutschland ist der Verband für das Deutsche Hundewesen (VDH), dem wiederum die jeweiligen Rassehunde-Zuchtvereine angegliedert sind.
In Österreich der Österreichischer Kynologenverband (ÖKV) und in der Schweiz die Schweizerische Kynologische Gesellschaft (SKG). Weitere Mitglieder: Frankreich (Société Centrale Canine), Irland: (Irish Kennel Club), Italien (Ente nazionale cinofilia italiana), Niederlande (Raad van Beheer)
Vornehmlichste Aufgabe von Rasseclubs oder Hundezuchtvereinen sollte die Erhaltung oder positive Weiterentwicklung der Rasse sein oder wie es in den Statuten der FCI wohl formuliert ist: (...) das Wohlergehen der Hunde weltweit zu fördern.
Das heißt, Rassezuchtvereine und angegliederte Züchter erfüllen grundsätzlich nur dann ihre Aufgabe, wenn sie sich einem Ethikkodex unterwerfen der Zuchtbedingungen, Zuchtwahl, und Handel mit hohen Anforderungen an Genetik, Gesundheit, Wesen und Exterieur verbindet und das Wohl der Rasse über alle anderen Interessen stellt. Und in einem konsequenten Reglement die Mindestanforderungen der Dachverbände bezüglich Gesundheit, Wesen und Typ fortschreiben und forcieren. Eine reflektierte Zuchtphilosophie und einheitliche Zuchtprinzipien formulieren, die einen klaren Handlungsrahmen für die Züchter darstellen und eine ambitionierte Arbeit im Sinne der Rasse unterstützen. Das Argument, dass FCI-anerkannte Vereine für besondere Qualität und strenge Kontrollen und Zuchtvorschriften eintreten, kann nur gehalten werden, wenn Erbkrankheiten nicht unter den Tisch gekehrt, Zuchtzulassungen nicht zur Farce werden und die Besinnung auf das Wesentliche: Gesundheit, Wesen und Langlebigkeit, wieder an Gewicht gewinnen.
Rasseclubs und Züchter könnten, wenn sie denn wollten, umfangreiche Untersuchungen und Gentests veranlassen, eine gewissenhafte Nachzuchtkontrolle mit standardisierter Erfassung aller gesundheitlichen Daten der Hunde durchführen, Analysen und transparente Dokumentationen über

Proudness as in Mila, Guardiano degli Angeli CaLudo: Dutch Champion, International Champion, Belgian Winner 2011, Dutch Veteran Champion, Veteran Winner 2014 und Inri: Dutch Youth Champion, JW'10, W'10, Züchter: Guardiano degli Angeli, Besitzer: Italian Guardian; Foto mit freundlicher Genehmigung: Anita Giskes, ©Eye Dea Fotografie

Krankheitsdispositionen in der Rasse erstellen um dann auf der Basis von Zuchtwertschätzungen mit gesunden, unbelasteten Hunden verantwortungsvolle Paarungen zu praktizieren.
Kurz: Konsequent und kompromisslos für die Gesunderhaltung der Rasse arbeiten.
Fakt ist aber, dass viel zu oft über Inzucht, Linienzucht und Champions Zucht und ohne Rücksicht auf genetische Belastungen, dafür mit dem Fokus auf Prestige und Ökonomie des Kennels, vermehrt wird. Und dies auch noch gerne in abgeschotteten kleinen Genpools einzelner Rassevereine. Solange der ganze Stolz von Clubs und Züchtern nur auf Ausstellungserfolgen beruht, über Untersuchungsergebnisse oder gar gesundheitliche Probleme der Nachzucht kein Wort verloren wird. Und solange Geltungs- oder Konkurrenzdenken, Rassepolitik, Machterhalt und Einflussnahme oder persönliche Differenzen das Bild der Rasseclubs bestimmen, solange wird nicht zum Wohl, sondern eher zum Wehe der Rasse gehandelt.

Dacu-Liber Amis (Rothorm Jy Dream W-Fire in My Body x Vanda Della Valle Degli Orsi Ali), Züchter und Besitzer: Ioan Nemes, Foto mit freundlicher Genehmigung: Ioan Nemes

Der Cane Corso außerhalb Italiens

Europa

Nach der Wiederbelebung der Rasse hat der Cane Corso schnell die restliche Welt erobert. Heute ist er in fast allen europäischen Ländern präsent, auch wenn die Situation von Land zu Land verschieden ist.
Rassegesellschaften, die sich ausschließlich mit dem Cane Corso befassen, gibt es vergleichsweise wenige; zum Teil wird er von den Molosserklubs mitbetreut.
Das erste europäische Land mit einer spezialisierten Rassebetreuung war Holland. Der CCCN (Cane Corso Club Nederland) besteht seit Oktober 1997 und ist seit 2000 offizieller Rassevertreter im Raad van Beheer (Raad van Beheer op Kynologisch Gebied in Nederland). Gegründet wurde der Club von Eleanor Freddie und Eric S. De Vries ("Chiaro e Tondo Kennel"). "Dir", der erste Cane Corso in den Niederlanden, wurde am 25. Februar 1992 von Eleonora Freddie aus Italien importiert. Der zweite Hund "Sliz", eine Tochter von "Claus dell'Antico Cerberus" genannt "Joy", am 27. Februar 1993. Der niederländische Club ist sehr aktiv und organisiert: mit Klubschauen, Familientagen und einem Klub-Magazin.
In Italien gibt es neben dem offiziellen Rasseclub der S.A.C.C. welche mit der ENCI assoziiert ist, noch den Club del Cane Corso / Unione Italiana del Cane Corso, der im Verbund mit dem ICBD (Club Italiano Cani di Razza) arbeitet.
Spezifizierte europäische Rassegesellschaften gibt es außerdem unter anderem in Belgien (Belgian Cane Corso Club, Vorsitzende: Katja Chtuka), in Frankreich mit der AFCC (Association Française du Cane Corso), Schweden mit dem RACC (Ras och Avelsföreningen för Cane Corso), in England mit der B.C.C.S. (British Cane Corso Society), in Bulgarien CCCB (Cane Corso Club Bulgarien), in Spanien (Club Espanol Cane Corso Italiano), in der Slowakei C.C.K.S. (Cane Corso Club Slovensko) und in Tschechien mit dem Cane Corso Klub ČMKCC (Ceskomoravsky klub Cane Corso).
Die erste Cane Corso Generation in der Tschechischen Republik wurde im Zwinger "of Bajer" am 2. Januar 1999 geboren. Im gleichen Jahr etablierte Sarka Bajer den Cane Corso Club, dem Sie bis 2006 als Präsidentin vorstand.
In der Schweiz wird der Cane Corso seit 2002 vom Molosser-Club der Schweiz unter dem Patronat der SKG betreut.
Am 30. August 1999 fiel der erste Wurf aus der Verpaarung Fidel x Cherry mit vier Rüden und drei Hündinnen, die ins schweizerische Hundestammbuch eingetragen wurden. Als erster Cane Corso errang der Rüde Gladio 2001 den Titel Nationaler Champion.

Litter Chiaro e Tondo (Chiaro e Tondo Carol x Chiaro e Tondo Fox on the Rox)

Orsetta en Onassis Castrignano, Züchter: Massimo Castrignano, Besitzer: Chiaro e Tondo; Alle Fotos mit freundlicher Genehmigung: José de Vries-Buitenweg und Eric S. de Vries

AKC Champion 2017 Top Bajer Boy, aka Vito, Züchter: Sarka Bajerova, Besitzer: Agata Buczak, Kennel: Fidecore; Foto mit freundlicher Genehmigung: Agata Buczak

It.Ch. Narek Descendant d'Ares, aka Fjury (Arek de la Horde du Bois des Centaures x Izarra de la Cour d'Anubis), ENCI Winner 2018, Campione Italiano di Bellezza 2018, CAL 2, Züchter: F. Lambert, Besitzer: Katja Chtuka, Kennel: Molossi d'Eburon; Foto mit freundlicher Genehmigung: Katja Chtuka

Just A Dream Caelus Antiquum & Diomede Degli Elmi, Besitzer: Dimitar Dzhurov, Caelus Antiquum; Foto mit freundlicher Genehmigung: ©Dimitar Dzhurov, Caelus Antiquum Cane Corso Kennel

Der Cane Corso außerhalb Italiens

In Privatinitiative wurde von Gianfranco Manzan der Cane Corso Club „Cane Corso Schweiz“ (CC.C.S.) gegründet, mit dem vorrangigen Ziel, die Reinzucht der Rasse nach dem Standard von Morsiani zu protegieren.
Aktuell gibt es in der Schweiz keine aktiven von der SKG anerkannte Zuchtstätten.

Von 2006 bis 2014 kümmerte sich der Molosserclub Austria um den Cane Corso. 2014 wurden einige Rassen, darunter auch der Cane Corso, in den „Club für Dogo Argentino und südliche Molosserrassen“, ausgegliedert. Der DASM ist aber ebenfalls mit dem ÖKV (Österreichische Kynologenverband) verbunden.

Shery di casa peppone, aka Athena, Besitzer / Kennel: Des Seigneurs De Sparte; Foto mit freundlicher Genehmigung: Elevage Des Seigneurs De Sparte

Sokrates OBC, Kennel: of Binajo Conceptions; Foto: Karlheinz Gschwind

Der Cane Corso außerhalb Italiens

Deutschland

In Deutschland gab es bis vor Kurzem keinen spezialisierten Zuchtverein, der sich ausschließlich des Cane Corso annahm. Ansprechpartner für den Cane Corso war der VDH. (Verband für das Deutsche Hundewesen) 2015 wurden mehrere Cane Corso Vereine gegründet.
Der Cane Corso Italiano e.V. (C.C.I. e.V.) wurde 2017 durch den VDH als vorläufiges Mitglied anerkannt und führt jetzt das Zuchtbuch. Zurzeit sind im Verein 27 Züchter engagiert. (Stand: 11/2018)
Jene Züchter, die bislang über den VDH züchteten aber aktuell nicht dem C.C.I. e.V. beigetreten sind, sind ohne CCI-Mitgliedschaft nicht mehr berechtigt, als VDH Züchter zu fungieren. Sie arbeiten daher des Öfteren in Co-Ownerschaft, heißt, mit ausländischen Kooperationspartnern zusammen, um über die FCI zu züchten und reguläre Abstammungspapiere zu erhalten.
Neben dem C.C.I. e.V. gibt es den Cane Corso Club Deutschland e.V. (C.C.C.D.). Den Vorsitz führt Sara Vié; momentan sind acht Züchter im Club aktiv. (Stand: 11/2018)
2015 wurde der Cane Corso Club Germany e. V. (CCCG e. V.) gegründet.
Die Zuchtordnungen und Zuchtzulassungen welche die Mindestanforderungen bezüglich der Gesundheit festschreiben, sind in den einzelnen Zuchtvereinen unterschiedlich streng geregelt.
Beim VDH stellt normalerweise der jeweilige Rasseverein die konkreten Anforderung an die Zuchtzulassung auf. Der C.C.I. e.V. hält sich gemäß seiner Satzung an die Rahmenordnung der VDH-Zuchtordnung, die folgende Mindestanforderungen für die Zuchtzulassung auflistet: 1. die vom Verein festzulegenden Mindestvoraussetzungen für die Gesundheit. Laut VDH-Ordnung sind die Mindestanforderungen vom zuständigen Verein hinsichtlich rassespezifischer Prioritäten eindeutig zu regeln. 2. eine Verhaltensbeurteilung sowie 3. eine Phänotyp/Formwert-Beurteilung. Hinsichtlich der Gesundheitsvoraussetzungen müssen beim CCI e.V. für die Zuchtzulassung alle Hunde auf Hüftgelenksdysplasie (HD) untersucht werden; Eine ED Untersuchung, sowie weiterführende Untersuchungen sind für die Zuchtzulassung des Hundes nicht verpflichtend.
Der internationale Hundeverband (IHV e.V.) formuliert für die Zuchtzulassung des Cane Corso folgende Gesundheitsbefunde als Voraussetzung: Pflicht sind HD und ED. Empfohlen werden: OCD, PL, Entropium, Ektropium und Herzschall. Da der Cane Corso eine Anfälligkeit für diese Krankheitsbilder aufweist, wären dementsprechende Untersuchungen sinnvoll. Wobei es jedem Züchter, egal in welchem Verein er engagiert ist, selbst obliegt welche Vorsorgemaßnahmen er für seine Zuchthunde trifft. Hier kann der Käufer entscheiden, welchem Züchter er sein Vertrauen schenkt. Der IHV ist allerdings kein von der FCI anerkannter Verein; seine Pedigree-Papiere etc. werden deshalb international nicht anerkannt.

Calisto From GDA God of Troy Team, aka Fuego, Junior World Club Winner 2017 (Club Show WDS 2017), Züchter: Manon Demeris, Besitzer: Kennel Eroe Per la Vita, Foto mit freundlicher Genehmigung: Stathakopoulos Panagiotis

Der Cane Corso außerhalb Italiens

Die Zuchtbasis in Deutschland ist relativ klein, und im Moment kann man – en gros gesehen – noch nicht von homogenen, festen Linien oder konstant stabilen Nachzuchten sprechen.
Viele Züchter können bislang maximal auf zwei oder drei Würfe zurückblicken.
Wie gut oder wie schlecht Erbanlagen einer Abstammungslinie weitergegeben werden, wie sich Gesundheit, Temperament und Phänotyp vererben, ist aber erst nach mehreren Generationen zu beurteilen: Die Qualität der Nachkommen basiert auf dem profunden Wissen um den Genotyp und ist unabhängig davon, wie hoch prämiert ein Deckrüde ist oder wie attraktiv sich der Stammbaum einer Hündin liest.
Ohne Kenntnis und Beurteilung der genetischen Ausstattung der Vorfahren und Nachzuchten bleibt die Zucht mit zwei nach Gutdünken ausgewählten Hunden nur eine willkürliche Verpaarung.
In Deutschland fiel einer der ersten Würfe 1998 bei Frido Habich im Zwinger "Il Vecchio Molosso“, zu diesem Zeitpunkt noch außerhalb des VDH.
Sowie im Juli 1997 bei Sandra Schmidt im Kennel "Porta dell'Inferno“. Welpen aus diesem Wurf waren unter anderem VDH-CH Akira „Baby“ und Arrisa, die in den Besitz von "Della Dorsale“ wechselte.
2002 wurden in der Zuchtstätte "Della Dorsale“ der Familie Sandfort die ersten Welpen geboren, gemäß eigenen Angaben waren dies auch die ersten Cane Corso Rassewelpen im VDH.
In den letzten Jahren hat sich das Bild stark verändert: Der Cane Corso avancierte in Deutschland zum Modehund und hat viele Zucht Neueinsteiger mit oft noch wenig Erfahrung angezogen; andere sind nicht mehr im VDH eingeschrieben.
Wobei zu hoffen ist, dass diese Entwicklung nicht dem profit-orientierten Trend folgt, die Hundezucht als lukrative Einnahmequelle zu verstehen oder seinen Sinn einzig in der narzisstischen Selbstdarstellung des Züchters findet.
2003 wurden gemäß den VDH-Daten die ersten 6 Welpen eingetragen, 2007 14 Welpen und 2017 bereits 201 Cane Corso Welpen registriert.
Auch wenn der VDH eine exponierte Position einnimmt, heißt das nicht, dass auch jeder im Verband registrierte Züchter mit Sachkenntnis und Weitblick kompetent arbeitet. Hier ist ein kritischer Blick angesagt.
Es ist auch der intensiven Lobbyarbeit, dem „Label Management“ und der unantastbaren Monopolstellung des VDH zuzurechnen, dass sich das Schwarzweiß-Bild hier schlechter Dissidenzvermehrer dort guter VDH Züchter insofern zementiert hat, dass darüber vergessenen wurde, dass einen seriösen, erfahrenen und fähigen Züchter seine Hunde auszeichnen und nicht nur seine Vereinszugehörigkeit.

Ch. Akira DPDI, aka Baby, Züchter: Sandra Schmidt, Kennel: Porta dell'Inferno;
Foto mit freundlicher Genehmigung: Sandra Schmidt

Dexter Della Valle del Monte, Züchter: Reiner Schmidt, Kennel: Della Valle del Monte, Besitzer: Melanie Launhardt;
Foto mit freundlicher Genehmigung: Reiner Schmidt

Loira della Valle dei Lord, Züchter: Luigi di Rienzo, Besitzer: Viviana Paradiso, SACRA DINASTIA Kennel;
Foto mit freundlicher Genehmigung: Viviana Paradiso

STANLEY PAT YAGR, Veteran World Winner 2018 & Best Veteran 2018 WORLD DOG SHOW Amsterdam, Besitzer: Darja Damer, Kennel: of Darja's Brilliant; Foto mit freundlicher Genehmigung: Darja Damer, Bild: ©Aleksandrs Borodajenko

Superstar del Nostro Destino & Kronos Guardiano da Passione;
Foto mit freundlicher Genehmigung: Sara Vié, Kennel: Guardiano Da Passione

Bei der German Winner Show 2017 erhielt Multi.Ch. Delia Della Dorsale den Titel "German Veteran Winner", Veteranen BOB und BOS, Züchter / Kennel: Johanna Sandfort / Della Dorsale; Foto mit freundlicher Genehmigung: Johanna Sandfort, ©Photo Roberto

Der Cane Corso außerhalb Italiens

Amerika

Gemäß der amerikanischen Cane Corso Geschichtsschreibung importierte Mike Sottile, ein amerikanischer Mastino Napoletano Züchter, 1988 den Wurf eines sizilianischen Bauern unter dem Namen "Branchiero Siciliano“. In dem 1991 erschienenen Buch von Kathy Flamholtz über seltene Rassen beschreibt er, dass diese Hunde unter den Namen Cane Corso, Branchiero Siciliano, Cane Corso di Puglia und Mastino Corso bekannt waren. In Sizilien wurde vom Branchiero Siciliano, auf dem Festland vom Cane Corso gesprochen. Auch für Paolo Breber handelt es sich um ein und dieselben Hunde nur eben in verschiedenen Dialekten und Regionen mit unterschiedlichen Namen belegt. 1989/90 wurden die Hunde auch in Amerika als Cane Corso bezeichnet. Da die importierten Hunde nur die Papiere des italienischen "Libro Aperto“ besaßen, konnten sie nicht beim AKC erfasst werden und wurden deshalb bei der Federation of International Canines (FIC) von Michael und Kathy Sottile registriert. Die Anfänge des Cane Corso in den USA, wie beschrieben, wird von vielen Seiten nicht zweifelsfrei übernommen. Es gibt Kritiker, die annehmen, dass die Cani Corso bzw. der Branchiero Siciliano, nicht von Michael Sottile importiert wurden, sondern eine Eigenkreation von ihm darstellten: Bandogs aus Mastino Napoletano x Rottweiler zuzüglich etwas Pitbullblut. Im Gegenzug behauptet Michael Sottile Jr., dass der Corso, so wie er und sein Vater ihn 1992 in Italien kennenlernten, nicht der Nachkomme der alten Kriegshunde war, sondern ein Mischling und kein spezifischer Rassetyp. Jeder Hundebesitzer hatte seine eigene Version: Boxer, Mastino, Dogge, Pit, Am Staff, Maremma-Schäferhunde… Und dass der Arbeitseinsatz der Hunde am Vieh, bei der Jagd und als Wächter nicht auf seine antiken Wurzeln oder seinen genetischen Background zurückzuführen ist, sondern schlicht Ergebnis einer Ausbildung, die mit fast jedem Hund möglich ist. Sottiles Meinung nach sind die italienischen Corso Bandogs, das Ergebnis von Erst- oder Zweit-Generationen-Kreuzungen mit den oben beschriebenen Rassen sowie dem Mastino Napoletano x Bordeauxdoggen x Englischen Mastiff x Deutschen Doggen etc. Dies führt in seiner Logik auch zu der Behauptung, dass die italienischen Stammbäume Fälschungen sind und nicht einmal über fünf Generationen rein zurückverfolgt werden können. Mike Antonio Sottile: „Ich erinnere mich daran, wie ich mit meinem Vater in Italien war, um einen erwachsenen Hund zu kaufen. Der Züchter ging an seinen Schreibtisch und zeigte meinem Vater einen Stapel Ahnentafeln und sagte ihm, dass er einen guten für seinen Hund aussuchen sollte.“ Oder auch „(…) Der Züchter hatte fünf Deckrüden, und grundsätzlich war der „Champion“ der Vater. Wobei oft genug der angebliche Welpenvater schon 2 oder 3 Jahre tot war…“[31]

Vermarktung, Etablierung und Erfolg der „Marke Cane Corso“ in den Vereinigten Staaten möchte

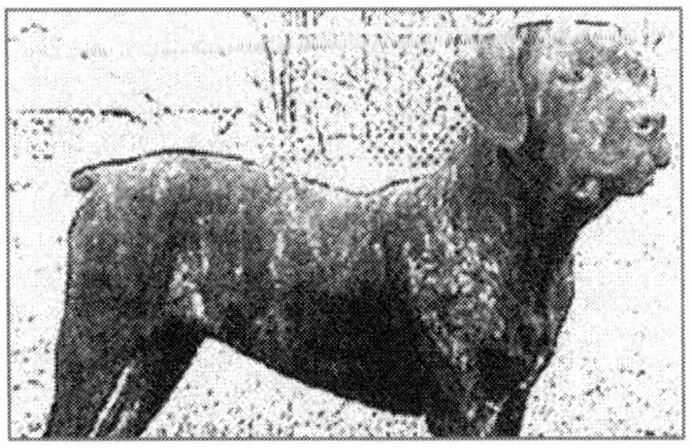

Branchiero Siciliano

Mike Antonio Sottile Sr. mit Jimmy, Apulien 1993

Zak di Alaric (Italienischer Import)

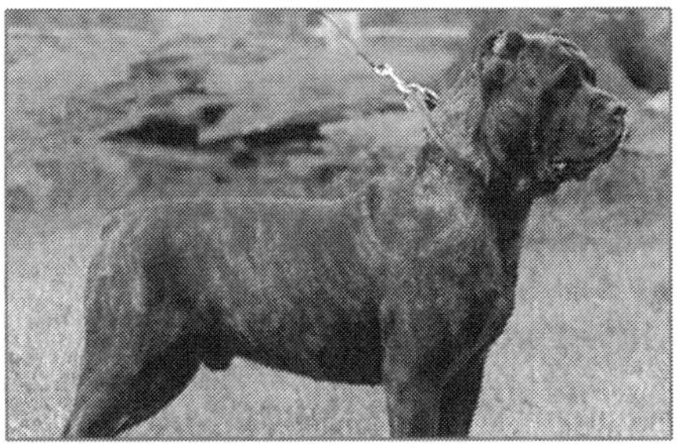

Ch. Cocomo Di Padrini, Alaric Kennel: Fotos mit freundlicher Genehmigung: Mike Antonio Sottile

bzw. kann er sich dennoch zu 100% zuschreiben.[32]
Dass Sottile beim Erwerb von Hunden in Italien übers Ohr gehauen wurde und man ihm schlechte Mastino Napoletano für gute Cane Corso verkaufte – wie von anderen Seiten kolportiert wird –, kann natürlich auch seine Auslassungen über den italienischen Cane Corso erklären. Und auch ihm wird vorgeworfen, dass seine Pedigrees eklatante Mängel aufwiesen und angebliche italienische Importe nicht vorhanden waren.[33]
Gemäß den Angaben von Sottile Jr. beruhte die Corso Zucht der Sottile Familie auf drei Blutlinien: die Erste von Trapani Sizilien 1988, die zweite Linie von Puglia 1993, und die Dritte, die eigene, ursprüngliche Downline-Blutlinie von importierten italienischen Mastini, die bis 1974 zurückgeht. Da die Nachkommen aus der Kreuzung des sizilianischen mit dem apulischen Bestand keinen konsistenten Welpentyp hervorbrachten, verpaarten sie die Hunde mit dem Neapolitanischen Mastiff und dann wieder miteinander bis der wahre Cane Corso Typ – der Cane da presa der Vergangenheit – zum Vorschein kam und damit auch phänotypisch gefestigte Nachkommen.
1988 importierte Mike Sottile den ersten Wurf aus Italien. (Cocomo, Duro, Ballo Orso Bruno, Malocchia, Tori, Bedduza; Eltern: Turiddu x Saracena).
Linda Sannino (Diamond Kennels) erhielt aus diesem Wurf ihren ersten Welpen, den berühmten Ch. Malocchia. Die ersten drei Würfe die in Amerika geboren wurden waren: Santino x Bedduza 1990; Santino x Dh. Malocchia 1991 (Linda Sannino) und im gleichen Jahr Ch. Cocomo x Ariella (Mike Sottile)
Im Buch von Giuseppe Chiecchi und Giorgio Gualtieri „Il Cane Corso“ ist Sottile Sr. als Präsident der US Delegation innerhalb der S.A.C.C. aufgeführt.

Die Cane Corso Zucht von Sottile firmierte unter dem Affix „Alaric“ und besteht bis heute (Alaric Kennels 1973-2018).
Sottile Sr. nahm Ed und Kris Hodas mit nach Italien und machte sie mit verschiedenen Züchtern bekannt. Er unterstützte auch die Züchter Mark und Tracy Wilson (DiGuardia), Linda Valentine (Valentine) und Linda Sannino (Diamond S.). Ed Hodas holte mehrere Hunde aus Italien, darunter seinen berühmten Turil und Brenda. Mark und Tracy Wilson importierten Prince. Misty Barker brachte Rocky von Casa Leone und Shauna deMoss Winnie von Italien mit.
Aufgrund ihrer Unzufriedenheit mit der FIC gründeten Mark und Tracy Wilson und Ed und Kristy Hodas (”Belmonte Kennels“) 1992/93 die Internationale Cane Corso Föderation, den ICCF Club und das ICCF Register. 1995 übernahm die ICCF den S.A.C.C. / ENCI Rassestandard für eine gewisse Zeit. Nachdem die Wilsons die ICCF aus persönlichen Gründen verlassen hatten, wurde die Föderation Föderation neu organisiert. Club und Registratur wurden getrennt, neue Vorschriften und ethische Grundsätze, gemäß dem AKC-Modell, in Kraft gesetzt. Lee Hodges wurde Präsident.
Viele amerikanische Züchter waren mit dem S.A.C.C.-Standard unzufrieden, da er ihrer Meinung nach nicht die Realität und historischen Parameter der Rasse widerspiegelte, speziell, was das Gebiss und die Größe anging. 1996 brach Hodges die Kontakte zur S.A.C.C. ab. Die Zusammenarbeit zwischen der S.A.C.C. und der ICCF wurden als kurzlebig und fruchtlos empfunden. Zwischen 1996 und 1998 betrieben die amerikanischen Züchter und Liebhaber eine vom Rest der Cane Corso Welt isolierte, von wichtigen Rasseinformationen, hinsichtlich Geschichte, Morphologie und Wesen, abgeschnittene und orientierungslose Rassepolitik. Dies änderte sich erst 1998 mit der Gründung der italienischen Association of Italian Cane Corso (AICC). Renzo Carosio (Saxellum Kennel) und die ICCF leiteten eine erfolgreiche Beziehung und einen fruchtbaren Dialog ein. 1999 wurde ein Komitee unter dem ICCF-Präsidenten Michael Ertaskiran mit der Aufgabe betraut, den Standard zu überarbeiten und ihn näher an den internationalen Standard anzugleichen. 2000 wurde die revidierte Rassebeschreibung bezüglich Schädel-Fang-Achsen, Gebiss und Fellfarben abgesegnet. Im Oktober 2000 besuchte eine ICCF-Delegation auf Einladung von Renzo Carosio Italien und erhielt die Möglichkeit, mit dem Direktor der ENCI den gegenwärtigen Stand der Cane Corso Zucht in Amerika und zukünftige Wege und Chancen innerhalb der internationalen Gemeinschaft zu besprechen. Es war auch das erste Mal, dass die Präsidenten dreier bedeutender Vereinigungen AICC (Italien), ICCF (Amerika) und CCCN (Niederlande) zusammentrafen. 2003 trat der revidierte Rassestandard in Kraft. Seit 30.6.2010 ist der Cane Corso als Rasse offiziell vom AKC anerkannt.
Der ICCF Club wurde in die Cane Corso Association of America (CCAA) umbenannt, welche als spezialisierte Rassegesellschaft den Cane Corso innerhalb des AKC vertritt. Verbindlicher Rassestandard ist der AKC-Standard (Cane Corso Standard von 2003), der gemäß der CCAA als

Ch.El Mesquital Xcalibur, SACCI Master Champion und Working Bitch of the Year 2011

Grand Ch. El Mesquital Vulcan, SACCI Working Dog of the Year 2011+ 2014, SACCI Raduno Top Working Male 2011+2014, CAL1, CAL2, CAL3, WD1, Gesamtsieger Weight Pull, 2012 UKC / NAPBTA Super Dog etc.

Ch. El Mesquital Taddie

Ch.Cindy Corso of Bajer, CCAA Champion

Ch. El Mesquital Vulcan hält 62 Arbeits- bzw. Leistungstitel und ist damit einer der am meisten ausgezeichneten Cane Corso. Co-Owners: Ron Ackerman & Roy Rojas; Fotos mit freundlicher Genehmigung: Roy Rojas, El Mesquital

Grand CH CastleGuard's Riddle of Steel di Serafina, aka Crom, Puppy of the Year 2014 und BOB Westminster Dog Show 2015. Crom ist mit guten Ergebnissen auf Hüfte, Ellbogen, Kniegelenk, Herz und Schilddrüse getestet. Kennel: CastleGuard Cane Corso; Foto mit freundlicher Genehmigung: Shauna DeMoss

präzisester und vollständigster Standard weltweit gilt. Das ICCF Register besteht nach wie vor und ist laut eigener Aussage das älteste Cane Corso Register mit dem umfangreichsten Zuchtbuch in der Welt.
Mit dem Konkurrenzclub S.A.C.C.I., einem der UKC angeschlossenen Cane Corso Zuchtclub, welcher den FCI Standard 343 umsetzt, arbeitet die CCAA heute, nach kurzer Rivalität, zum Wohl der Rasse im förderlichen Sinne zusammen. Die "Society in America for Cane Corso Italiano" ist seit 2008 der Repräsentant des Cane Corso gegenüber dem United Kennel Club.
S.A.C.C.I. und UKC fühlen sich verpflichtet, die Fähigkeiten und das Erbe der Gebrauchshunde zu bewahren. Hierzu gehört die jährliche Arbeitsveranstaltung mit Titelvergabe ebenso wie die Ausübung verschiedener Hundesportarten wie Obedience, Rally Obedience, Weight Pulling, Schutzhundearbeit, Herding, Agility, Irondog, Dog Diving (es handelt sich hierbei um einen Weitsprung des Hundes in ein Wasserbecken) etc. sowie die Zusammenarbeit mit der "American Working Dog Federation".

Auch Kanada verfügt über einen Rasseklub, der CCCC (Cane Corso Club of Canada) wurde 1996 gegründet.

Der Import von Hunden nach Europa und weltweit erfolgte zu Beginn leider mehr in quantitativer als qualitativer Hinsicht und da die Kenntnisse über den Cane Corso in den Einfuhrländern als mangelhaft beschrieben werden konnten, war es einfach minderwertige Hunde zu vermarkten: Cane Corso-Karikaturen, die als DOC-Exemplare vertrieben wurden. Auch Osteuropa betrieb einen regen Ankauf; produzierte und belieferte den internationalen Markt – auch Italien – mit Hunden zu „unschlagbaren" Preisen. Neben der osteuropäischen Hundemafia agieren die Welpenproduzenten und Dealer vorzugsweise in Grenznähe zu Deutschland: in Dänemark, Holland und Belgien.

Die Anschaffungskosten für einen Hund sind noch immer ein ausschlaggebendes Kriterium für die Welpen Wahl. In Internetzeiten ist es für Züchter und / oder Vermehrer einfach, egal ob in Italien oder in Europa, sich als „großen Kenner" auszugeben, Bilder von Zuchthunden einzustellen, die gekonnt mit Fotos aus vergangenen Zeiten vermischt werden, um den Eindruck einer kontinuierlichen, von großen Vererbern oder alten Linien geprägten Arbeit zu demonstrieren; oder Zuchttiere abzubilden, die überhaupt nicht in ihrem Besitz stehen, mit angeblichen Titeln und Auszeichnung zu werben oder mit Würfen, hinter denen große Namen stehen, aber in der Realität in Polen für wenig Geld gekauft wurden.

Der Cane Corso außerhalb Italiens

Seit sich der Cane Corso gut vermarkten lässt, sind in vielen Ländern und Bereichen Zucht und Handel zu einem schmutzigen Warenumschlag verkommen, in dem Betrug, Vertuschung und Käufertäuschung das Geschäft bestimmen. Dies ist eine der traurigen Wahrheiten, die es nicht leicht machen, einen gesunden, charaktervollen und phänotypisch korrekten Cane Corso zu erwerben.

Der hier im negativen Kontext verwendete Begriff „Polen-, Tschechen- oder Osteuropamarkt“, steht ausschließlich als Synonym für unredliche Hundevermehrer, nicht aber für die seriösen Züchter in diesen Ländern.

Der Cane Corso außerhalb Italiens

Nera D'Avola (I Corsi di Gaia e Giulia), Best Female & BOB Clubwinner Show Netherlands 2018, Best Female & BOB Dogshow Rotterdam 2018, Best Female & BOB & Best Head Raduno Belgium 2017, Züchter: Ivan Gatto, Emilia Ramundo, Besitzer: Marjan Scholtz; Foto mit freundlicher Genehmigung: Marjan Scholtz

Der Cane Corso außerhalb Italiens

Rothorm Jy Dream I Fight Dragons "Ice", Züchter: Montserrat Fernández Samón, Besitzer: Linda Jansson, Kennel: Nobile Corso; Foto mit freundlicher Genehmigung: Linda Jansson, Bild: ©Giovanni Mazzei

Ch. Antonella From The Garden Of Holy Gods, aka Macy (Ro. Jr.CH., Ro. CH, Ro. CH Cum Laudae, BH. CH, Md. CH, Pl. CH, Dt. CH, Winner European Working Class (bitch) Warschau 2018, Working Class Winner & Best Working Dog of the Breed in World Dog Show Amsterdam 2018), Besitzer: Dell' Antico Silvanus Cane Corso Kennel; Foto mit freundlicher Genehmigung: Dan Lucian

Ciccio, Il Contado del Molise in UK; Foto mit freundlicher Genehmigung: Kenny James

Das Erscheinungsbild

Die traditionelle Morphologie des Cane Corso

„Der Cane Corso ist ein Hund, der auf das Engste mit der Geschichte und Tradition des italienischen Volkes verbunden ist. Er hat seit jeher mit und für den Menschen gelebt, welcher ihn mit Sorgfalt und mit Bedacht hinsichtlich Umweltbedingungen und menschlichen Bedürfnissen gezüchtet und selektiert hat. Die unterschiedlichen Verwendungen haben einen vielseitigen und außergewöhnlich funktionalen Hund geschaffen. Sein äußeres Erscheinungsbild ist daher seit Jahrhunderten von seinem Arbeitseinsatz geprägt, und jeder charaktermorphologische Aspekt leitet sich hiervon ab.

Der Corso ist kraftvoll, gewandt, widerstandsfähig, von körperlich harmonischer Funktionalität. Er ist ein intelligenter, energischer und ausgeglichener Hund. Er ist ein unvergleichlicher Wach- und Schutzhund sowie ein hervorragender Jagdhund. Er ist stark, agil und zeichnet sich durch einen Körperbau aus, der für jede Arbeit geeignet ist, auch unter extremen klimatischen Bedingungen. Seine Stärke, seine Leistungsfähigkeit und seine optimalen Proportionen begründen seine strukturelle Essenz und funktionale Schönheit.

-Großer Kopf, muskulös, kompakt und insgesamt gut proportioniert;
-Aufmerksamer und wachsamer Blick, der auf Intelligenz und Ausgeglichenheit schließen lässt;
-Gut entwickelte, kräftige Kaumuskeln;
-Gerade Schneidezähne, gut entwickelte und weit auseinanderstehende Fang -bzw. Eckzähne;
-Gebissstellung als Zange, Schere oder umgekehrte Schere;
-Kräftiger, sehr muskulöser Hals. Leicht gewölbt und gut mit Rücken und Brust verbunden;
-Breite Brust mit sehr gut entwickelten Brustmuskeln;
-Großer sowie in Höhe, Tiefe und Breite gut entwickelter Brustkorb;
-Sehr muskulöser, leicht ansteigender Rücken mit deutlichem Widerrist;
-Kurze, breite, ein wenig gewölbte und sehr muskulöse Lenden;
-Kruppe lang, breit und sehr muskulös;
-Rumpf gut proportioniert, wesentlich länger als hoch; sehr muskulös, kompakt und kräftig;
-Vordere wie hintere Gliedmaßen kraftvoll, stämmig, muskulös und gerade;
-Sprunggelenk breit und dick;
-Rute kräftig an der Wurzel;

Der Cane Corso zeigt ein dickes, kurzhaariges, eng anliegendes, glänzendes Fell und eine dichte Unterwolle, die im Winter noch deutlicher ausgeprägt ist.

Das Erscheinungsbild

Auch wenn die physischen Charakteristika auf alle Cani Corso zutreffen, variieren die Fellfarben je nach genetischen Linien: Aschfarben mit Schwarz, Fulvo (Beige, Hell-, Rot-, Honigblond) Fulvo mit gelben oder weißen Haaren, Braun, Aschgrau mit schwarzen und weißen Haaren, Blei-, Hell- und Schiefergrau, schwarz gestromt auf grau meliertem Grund, dreifarbig gestromt. Viele Hunde haben auch mehr oder weniger ausgedehnte weiße Flecken um das Maul, auf der Brust und an den Läufen, analog zum römischen Molosser, dem Stammvater des Cane Corso, wie es dem historischen Bildmaterial zu entnehmen ist.

Hirten, Landbesitzer und Jäger bevorzugten allerdings Hunde mit einem sehr hellen formentino-farbenen, fast weißen Fell.

Sein Lebensraum ist das Land, der Wald, Haus und Hof.

Das Gewicht des Cane Corso schwankt zwischen 40 und 60 kg, die Höhe zwischen 60 und 70 cm, auch wenn es früher oft Exemplare gab, die diese Werte überschritten.

Entscheidend sind die perfekten Proportionen und… der Charakter.

Keinesfalls hat der Cane Corso eine zu kurze Schnauze mit Vorbiss, konvergente Schädel-Fang-Achsen. Und eine nach oben weisende Nase.

Seine Fähigkeit zur Anpassung und seine funktionale Morphologie haben ihn Jahrhunderte unversehrt überstehen lassen. Was weder Zeit noch Natur ruinieren konnten, sollte heute auch nicht der Mensch zerstören."[34]

Cuon III, Il Contado del Molise in UK; Foto mit freundlicher Genehmigung: Kenny James

Ada, Züchter: Carmelo Arbaci, Besitzer: Vito Patanè; Foto mit freundlicher Genehmigung: Vito Patanè

Achille di Castrignano; Foto mit freundlicher Genehmigung: Massimo Castrignano

Ch. Crixus Res Landes aka, ZAR, World Champion 2018, BOB (1. Cane Corso World Championchip SACC 2018 und Champion Sociale (Raduno Dell'Anno 2018 und 2017), Züchter: Res Landes Cane Corso, Besitzer: Stefano Carpentieri; Foto mit freundlicher Genehmigung: Stefano Carpentieri

Das Erscheinungsbild

Der Zuchtstandard

"Der Cane Corso ist von funktionaler Schönheit, seine Erscheinungsform die Essenz seines Wesens: zweckmäßig, leistungsfähig, stark, beweglich, harmonisch, ausgeglichen, forsch und intelligent."[35]

Als Rassestandard oder Zuchtstandard bezeichnet man in der Hundezucht die von Zuchtverbänden definierten und festgeschriebenen, charakteristischen Merkmale einer Rasse, die als Zuchtziel angestrebt werden: allgemeine Erscheinung, Wesen, Kopf und Schädel, Augen, Ohren, Fang, Hals, Vorderhand, Körper, Hinterhand, Pfoten, Rute, Bewegung/Gangwerk, Haar, Farbe, Größe, Gewicht und Fehler. Der Rassestandard zeichnet also ein formelles Bild des „perfekten" Hundes und bezieht sich in erster Linie auf den Phänotyp mit dem Ziel, das Aussehen eines idealen Vertreters der dargestellten Rasse zu beschreiben.

Durch Modeströmungen in der Interpretation des Rassestandards oder die einseitige Fixierung und Hervorhebung eines isolierten, phänotypischen Kennzeichens besteht die Gefahr, dass ursprüngliche und ganzheitliche Rassemerkmale verloren gehen.

Der Zuchtstandard ist einerseits ein wichtiges Hilfsmittel das Aussehen eines idealen Rassevertreters festzulegen, birgt aber auch die Gefahr gesundheitliche und charakterliche Defizite zu forcieren.

Wünschenswerterweise sollte ein Standard nur anatomische Forderungen enthalten, die mit der Gesundheit, Leistungsfähigkeit und der ursprünglichen Verwendung, also den rassespezifischen Gebrauchseigenschaften eines Hundes im Einklang stehen.

Normalerweise wird der Standard vom spezialisierten Rasseclub im Herkunftsland abgefasst und danach dem jeweiligen Kennel-Klub des Landes vorgelegt. Übersetzungen und mögliche Änderungen, sowie die Veröffentlichung erfolgen durch die FCI. Nach der Genehmigung stellt er die einzige und richtungsweisende Leitlinie für die Zucht und Bewertung der Rasse - beispielsweise bei internationalen Ausstellungen, bei denen das CACIB (Certificat d'Aptitude au Championnat International de Beauté) vergeben wird - dar.

Kritisch ist beim Rassestandard und den dazugehörigen Zuchtschauen anzumerken, dass bei der einseitigen Fokussierung auf äußerliche Merkmale und optische Konformität die Funktion hinter dem Aussehen zurücktritt. Gesundheit und Leistungsfähigkeit machen Erbkrankheiten und Deformitäten Platz. Es wäre begrüßenswert, wenn das Rasseideal und das Ausstellungswesen, die Praktiken in der Selektion, die Zuchtordnungen und die Prioritäten beim Richten der Hunde auch auf Funktionalität, Gesundheit und Charakter hin ausgerichtet würden, statt wie leider immer häufiger, „defekte Mutanten" und „rassereine Krüppel" zu produzieren.[36]

Das Erscheinungsbild

Der Standard des Cane Corso

Der Standard wurde 1986 von Dr. Antonio Morsiani erstellt und im darauffolgenden Jahr von der ENCI gebilligt. Ein sehr ausführlicher, aber auch sehr technischer Standard, der millimetergenau die gewünschten Maße und Proportionen für jeden Körperteil angibt. Der FCI-Standard, der in Französisch, Deutsch, Englisch und Spanisch veröffentlicht wurde, verzichtet auf die exakten Maßangaben. 1996 erfolgte die vorläufige Anerkennung durch die FCI. Seit Mai 2007 ist der Cane Corso definitiv anerkannt und hat Anrecht auf den internationalen Schönheitstitel (CACIB).
Am 10. Oktober 2015 wurde der Standard für den Cane Corso Italiano überprüft und angepasst. Die Publikation des gültigen Standards erfolgte am 13.11.2015. Seit 1.1.2016 gilt der novellierte FCI Standard Nr. 343. Eine der neuen Additionen im Vergleich zur früheren Version ist die FCI-Klassifikation als Arbeitshund gemäß der Rassennomenklatur der FCI. Eine weitere Neufassung betrifft Ohren und Rute, die jetzt unkupiert sein müssen. Weitere Änderungen betreffen die allgemeinen Proportionen und den Schädel, Augen etc., wobei es sich weniger um grundlegende Modifikationen als um sprachliche Modulationen handelt. Dennoch ist der FCI Standard im Vergleich zum Original von Morsiani mit viel interpretatorischem Spielraum versehen.
Der neue FCI Standard liegt seit 15.05.2018 auf Deutsch vor.
Nachfolgend der FCI Standard auf Deutsch[37] und der Standard von Dr. Antonio Morsiani.[38]

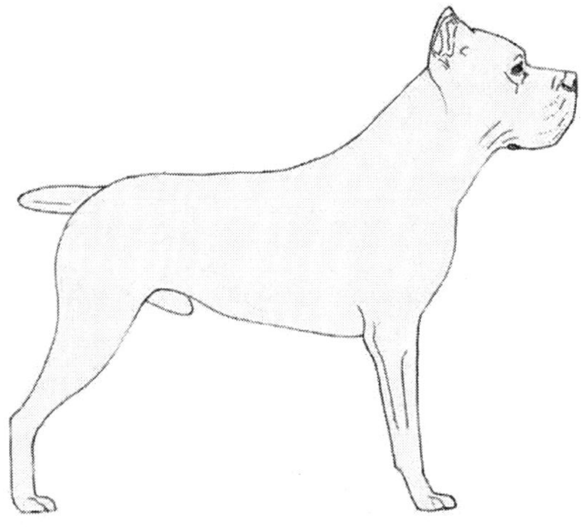

Modifizierte Abbildung zum Standard; Quelle: Fernando Casolino, Stefano Gandolfi: Il Cane Corso.

Das Erscheinungsbild

Cane Corso Italiano (Italienischer Corso-Hund)

FCI - Standard Nr. 343 / 15.05.2018 / DE

ÜBERSETZUNG: Dr. J.-M. Paschoud und Frau Elke Peper;
überarbeitet von Frau Bettina Smith-Horn und Herrn Axel
Komorowski. Offizielle Originalsprache (EN).

URSPRUNG: Italien.
VERWENDUNG: Vielseitiger Gebrauchshund
KLASSIFIKATION FCI: Gruppe 2 Pinscher und Schnauzer, Molossoide und Schweizer Sennenhunde.
Sektion 2.1 Molossoide, doggenartige Hunde.
Mit Arbeitsprüfung.

KURZER GESCHICHTLICHER ABRISS: Der Corsohund ist ein direkter Nachkomme der römischen Molosser. Früher überall in Italien verbreitet, war er in den letzten Jahren nur noch in Apulien und in den angrenzenden süditalienischen Provinzen vertreten. Sein Name leitet sich vom lateinischen „cohors“ ab, was „Hüter, Verteidiger von Haus und Hof“ bedeutet.
ALLGEMEINES ERSCHEINUNGSBILD: Mittelgroßer bis großer Hund; robust und stämmig, trotzdem mit einiger Eleganz. Trockene und kraftvolle Muskeln.
WICHTIGE PROPORTIONEN: Der Corso-Hund ist rechteckig in den Konturen und etwas länger als hoch. (Die Körperlänge des Hundes übersteigt die Höhe um 11%). Die Länge des Kopfes erreicht 36% der Widerristhöhe.
VERHALTEN / CHARAKTER (WESEN): Wächter von Haus und Hof, der Familie und des Viehs. In der Vergangenheit wurde er für die Bewachung von Rinderherden und auch bei der Großwildjagd eingesetzt.
KOPF: Breit und typisch molossoid. Die oberen Begrenzungslinien von Schädel und Fang sind leicht konvergent, ohne sichtbare Falten.
OBERKOPF:
Schädel: Breit; auf Höhe des Jochbogens entspricht die Breite des Schädels seiner Länge. Die konvexe vordere Schädelpartie wird von der Stirn zum Hinterhauptbein hin flacher. Die mittlere Stirnfurche ist zu erkennen, beginnend beim Stop und endend bei der Mitte des Schädels.
Stopp: Gut definiert, mit hervorgehobenen Stirnhöhlen.

Das Erscheinungsbild

GESICHTSSCHÄDEL:
Nasenschwamm: Schwarz. Eine graue Maske darf eine Nasenfarbe derselben Tönung besitzen. Große Nase mit gut geöffneten Nasenlöchern. Die Nase liegt auf der gleichen Linie wie der Nasenrücken.
Fang: Stark, quadratisch, deutlich kürzer als der Schädel (Verhältnis Fang : Schädel ungefähr 1:2). Der vordere Teil des Fanges ist flach; die Seitenflächen verlaufen parallel. Der Fang ist ebenso breit wie lang; Von der Seite betrachtet ist er tief; das Profil des Nasenrückens ist gerade.
Lefzen: Von vorne aus betrachtet formt die Oberlefze an ihrer Verbindungsstelle ein umgekehrtes „U“; von der Seite betrachtet hängt sie mäßig über. Sie bedeckt den Unterkiefer und bildet die untere Begrenzungslinie des Fangs.
Kiefer/Zähne: Die Kiefer sind sehr groß, dick und gewölbt. Leichter Vorbiss, aber nicht mehr als 5 mm. Zangengebiss zulässig, aber nicht erwünscht.
Backen: Die Kaumuskelregion ist deutlich sichtbar, aber nicht wulstig.
Augen: Mittelgroß, leicht vorstehend, aber nie übertrieben. Nahezu eiförmig, Augenabstand gut auseinanderliegend in einer nahezu subfrontalen Position. Die Augenlider liegen gut am Augapfel an. Die Farbe der Iris soll so dunkel wie möglich sein, ist aber abhängig von der Farbe des Haarkleides.
Der Ausdruck ist lebhaft und aufmerksam.
Ohren: Dreieckig, hängend, mittelgroß. Mit einem breiten Ansatz hoch oberhalb des Jochbogens. Die Ohren sind nicht kupiert.
HALS: Kräftig, bemuskelt, gleich lang wie der Kopf.
KÖRPER: Der Körper ist etwas länger als die Widerristhöhe. Kräftig gebaut, aber nicht quadratisch.
Widerrist: Ausgeprägt, höher gelegen als die Kruppe.
Rücken: Gerade, stark bemuskelt und fest.
Lenden: Kurz und kräftig
Kruppe: Lang und breit, sanft abfallend.
Brust: Gut entwickelt, reicht bis zum Ellenbogen.
RUTE: Natürlich. Ziemlich hoch angesetzt; an der Wurzel sehr breit. In Aktion wird die Rute hoch getragen, aber niemals aufrecht oder geringelt.

GLIEDMASSEN
VORDERHAND:
Schulter: Lang, schräg, stark bemuskelt.
Oberarm: Kräftig.
Unterarm: Gerade, sehr kräftig.
Vorderfußwurzelgelenk: Elastisch.
Vordermittelfuß: Elastisch und nur leicht schräg gestellt.
Vorderpfoten: Katzenpfoten.
HINTERHAND:
Oberschenkel: Lang, breit, hintere Linie des Oberschenkels konvex.
Unterschenkel: Kräftig, nicht fleischig.
Knie: Fest, mäßig gewinkelt.
Sprunggelenk: Mäßig gewinkelt.
Metatarsus (Hintermittelfuß): Dick und trocken.
Hinterpfoten: Etwas weniger kompakt als die Vorderpfoten.
GANGWERK: Lange Schrittweite; ausgreifender Trab; der Trab ist die bevorzugte Bewegungsart.
HAUT: Ziemlich dick, eher eng anliegend.
HAARKLEID:
Haar: Kurz, glänzend, sehr dicht mit dünner Unterwolle von gläserner Struktur.
Farbe: Schwarz, bleigrau, schiefergrau, hellgrau, hell falbfarben; dunkel falbfarben und hirschrot; dunkel weizenfarbig (Streifen auf verschieden nuancierter falbfarbener oder grauer Grundfarbe). Falbfarbene und gestromte Hunde haben eine schwarze oder graue Maske, die sich auf den Fang beschränkt und nicht weiter als die Augenlinie reichen soll. Ein kleiner weißer Fleck auf der Brust, an der Spitze der Zehen und auf dem Nasenrücken ist zulässig.
GRÖSSE UND GEWICHT :
Widerristhöhe: Rüden: 64 cm - 68 cm.
Hündinnen: 60 cm - 64 cm.
Mit einer Toleranz von +/- 2 cm.
Gewicht: Rüden: 45 kg - 50 kg. Hündinnen: 40 kg - 45 kg.
Gewicht passend zur Größe des Hundes.

FEHLER: Jede Abweichung von den vorgenannten Punkten muss als Fehler angesehen werden, dessen Bewertung in genauem Verhältnis zum Grad der Abweichung stehen sollte und dessen Einfluss auf die Gesundheit und das Wohlbefinden des Hundes sowie seine Fähigkeit, seine traditionellen Aufgaben zu erfüllen, zu beachten ist.

SCHWERE FEHLER :

Parallelismus oder ausgesprochene Konvergenz der oberen Begrenzungslinien von Schädel und Fang; Seitenflächen des Fangs konvergierend.

Teilweise unpigmentierter Nasenschwamm.

Scherengebiss; Vorbiss mehr als 5 mm.

Aufrecht getragene oder geringelte Rute.

Beim Traben ständig im Passgang.

Ober- oder Untergröße.

Vorhandensein von Afterkrallen.

DISQUALIFIZIERENDE FEHLER:

Aggressive oder übermäßig ängstliche Hunde

Hunde, die deutlich physische Abnormitäten oder Verhaltensstörungen aufweisen, müssen disqualifiziert werden.

Divergenz der oberen Begrenzungslinien von Schädel und Fang.

Vollkommen unpigmentierter Nasenschwamm.

Nasenrücken konkav oder konvex (Römische Nase)

Rückbiss.

Partieller oder kompletter Pigmentverlust der Augenlider; Glasauge (blau gefleckt); Strabismus (Schielen).

Rutenlosigkeit; Stummelrute.

Haarkleid halblang, glatt oder befedert.

Alle im Standard nicht beschriebenen Farben; ausgedehnte weiße Flecken

N.B.

Rüden müssen zwei offensichtlich normal entwickelte Hoden
aufweisen, die sich vollständig im Hodensack befinden.

Zur Zucht sollen ausschließlich funktional und klinisch gesunde, rassetypische Hunde verwendet werden.

Das Erscheinungsbild

Igor Dei Peligni, Züchter und Besitzer: Marcello Saccoccia, Kennel: Dei Peligni; Foto mit freundlicher Genehmigung: Marcello Saccoccia, ©Philip.com

Brenno (Bruto dell'Anteler x Sparta), Züchter: Tranchini Mariarosaria, Besitzer: Giuseppe Morlando; Foto mit freundlicher Genehmigung: Giuseppe Morlando

Das Erscheinungsbild

Nero Gerassi Corso; Foto mit freundlicher Genehmigung: Dr. Lazar Gerassi

Das Erscheinungsbild

Standard FCI del Cane Corso
von Dr. Antonio Morsiani
(Bei dieser Version handelt es sich um den modifizierten Originalstandard, der 1987 von der ENCI genehmigt wurde. Diese Ausführung wurde von der S.A.C.C. im Juli 1995 ratifiziert.)

CANE CORSO
Paese d'Origine: Italia
Utilizzazione: Cane da guardia, da difesa, da polizia, da pista.
Classificazione FCI
Gruppo 2 Cani di tipo Pinscher e Schnauzer;
Molossoidi e cani bovari svizzeri.
Sezione 2 Molossoidi.

Brevi Cenni Storici
E' discendente diretto del canis pugnax (molosso) romano del quale rappresenta la versione leggera impiegata per la caccia alla grossa selvaggina e quale ausiliare bellico. Per secoli è stato prezioso compagno delle genti italiche che lo hanno utilizzato per la guardia della proprietà e del bestiame, per la caccia e per la difesa personale. Diffuso un tempo in tutta la Penisola, come una vasta iconografia e storiografia testimoniano, ha trovato un'ottima isola di conservazione in Puglia, Lucania e Sannio.
Deve il suo nome al latino cohors che significa guardia, protettore.
1. Aspetto generale del cane
Cane di mole medio-grande, fortemente costruito ma elegante, con muscoli potenti e lunghi, molto distinto, esprime forza, agilità e resistenza. La conformazione generale è quella di un mesomorfo il cui tronco è più lungo dell'altezza al garrese; armonico rispetto al formato (eterometria) e disarmonico rispetto ai profili (alloidismo).
2. Proporzioni importanti
La lunghezza del tronco supera l'altezza al garrese dell'11% circa. La lunghezza totale della testa raggiunge i 3,6/10 dell'altezza al garrese. La lunghezza del muso corrisponde ai 3,4/10 della lunghezza totale della testa. L'altezza del torace è di 5/10 dell'altezza al garrese e corrisponde all'altezza dell'arto al gomito.
3. Comportamento e Carattere
Intelligente, energico ed equilibrato, è inequivocabile cane da guardia e da difesa. Docile ed

affettuoso col padrone, amante dei bambini e della famiglia, diviene se necessario difensore terribile e coraggioso delle persone, della casa e della corte. E' facilmente addestrabile.

4.Testa

Brachicefala. La sua lunghezza totale raggiunge i 3,6/10 dell'altezza al garrese. La larghezza bizigomatica, pari alla lunghezza del cranio, è superiore alla metà della lunghezza totale della testa, raggiungendo i 6,6/10 di tale lunghezza. Gli assi longitudinali del cranio e del muso sono tra loro leggermente convergenti. Il perimetro della testa, misurato agli zigomi, è anche nelle femmine più del doppio della lunghezza della testa. La testa è moderatamente scolpita con arcate zigomatiche protese all'esterno. Pelle consistente ma piuttosto aderente ai tessuti sottostanti, liscia ed abbastanza tesa.

4.1. Regione Cranica

Cranio: largo e lievemente arcuato visto di fronte, in profilo disegna una curva irregolare che, si appiattisce aboralmente lungo la cresta saggittale esterna. La sua larghezza è pari alla lunghezza e corrisponde ai 6,6/10 della lunghezza totale della testa. Visto dall'alto è di forma quadrata per la protrusione all'esterno delle arcate zigomatiche e per l'insieme delle potenti fasce muscolari che lo fasciano. Le bozze frontali sono ben sviluppate e sporgenti in avanti, la fossa frontale è profonda e il solco mediano è ben visibile. Cresta sopraoccipitale non troppo evidenziata. Fosse sopraorbitali (conche) marcate ma leggermente.

Stop: molto marcato per le bozze frontali molto sviluppate e sporgenti in avanti e per gli archi sopraccigliari rilevati.

4.2. Regione facciale

Tartufo: sulla stessa linea della canna nasale.Visto di profilo non deve sporgere sul margine verticale anteriore delle labbra ma trovarsi, con la sua faccia anteriore, sul medesimo piano verticale della faccia anteriore del muso. Deve essere voluminoso, piuttosto piatto superiormente, con narici ampie, aperte e mobili. La pigmentazione è nera.

Muso: è molto largo e profondo. La larghezza del muso deve pressoché eguagliare la sua lunghezza che raggiunge i 3,4/10 della lunghezza totale della testa. La sua profondità supera del 50% la lunghezza del muso. Il parallelismo delle facce laterali del muso e la ripienezza e larghezza del corpo della mandibola fanno sì che la faccia anteriore del muso sia quadrata e piatta. La canna nasale è rettilinea e piuttosto piatta. Il profilo inferiore-laterale del muso è dato dalle labbra superiori. La regione sottorbitale mostra un lievissimo cesello.

Labbra: piuttosto consistenti. Le labbra superiori, viste di fronte, determinano alla loro disgiunzione una "U" rovesciata e, viste di lato, si presentano moderatamente pendenti.

Commessura moderatamente evidente e che rappresenta sempre il punto più basso del profilo laterale inferiore del muso. Il pigmento è nero.
Mascelle: molto larghe, robuste e spesse con lievissimo raccorciamento della mascella superiore e conseguente leggero prognatismo. Le branche della mandibola, molto forti, sono in profilo piuttosto ricurve. Il corpo della mandibola, ben accentuato in avanti, bene evidenzia il mento marcato. Gli incisivi sono impiantati in linea retta.
Guance: regione masseteri piena ed evidente ma non ipertrofica.
Denti: bianchi, grandi, completi per lo sviluppo e numero. Gli incisivi inferiori sorpassano leggermente (circa ½ cm) i loro corrispondenti dell'arcata superiore, perciò ne deriva una chiusura leggermente prognata.
Occhi: di media grandezza rispetto alla mole del cane, in posizione sub-frontale, ben distanziati tra loro. Rima palpebrale ovaleggiante, bulbi oculari leggermente affioranti, palpebre aderenti con margini pigmentati di nero. Gli occhi non devono lasciare scorgere la sclera. Nictitante fortemente pigmentata. Iride quanto più possibile scura in relazione al colore del mantello. Sguardo intelligente e vigile.
Orecchi: di media grandezza in rapporto al volume della testa e alla mole del cane, ricoperti di pelo raso, di forma triangolare, con apice piuttosto appuntito e cartilagine spessa, inseriti alti, cioè molto al di sopra dell'arcata zigomatica, larghi alla base, pendenti, aderenti alle guance senza raggiungere la gola. Sporgenti alquanto all'esterno e lievemente rilevati nel loro punto di attacco, vengono portati semieretti quando il cane è attento. Vengono abitualmente amputati a forma di triangolo equilatero.
5. Collo
Profilo superiore: leggermente convessilineo;
Lunghezza: circa 3,6/10 dell'altezza al garrese, e cioè pari alla sua lunghezza totale della testa;
Forma: di sezione ovale, forte, molto muscoloso, con distacco dalla nuca marcato. Il perimetro a metà lunghezza del collo è circa 8/10 dell'altezza al garrese.
Pelle: il margine inferiore del collo è praticamente privo di giogaia.
6. Tronco
Compatto, robusto e muscolosissimo. La sua lunghezza supera l'altezza al garrese dell'11 % , con una tolleranza di + o - 1%.
Linea superiore: regione dorsale rettilinea con lieve convessità lombare.
Garrese: si eleva nettamente sul piano dorsale e supera il livello della groppa. E' alto, lungo, largo, asciutto e si fonde armoniosamente col collo e col dorso.

Dorso: il dorso è ampio , muscoloso, comc tutta la linea superiore del tronco, lievemente rampante dall'indietro in avanti ed a profilo rigorosamente retto. La sua lunghezza raggiunge il 32% dell'altezza al garrese.

Lombi: la regione lombare è corta, larga, ben raccordata con dorso e groppa, molto muscolosa, solidissima e ha profilo leggermente convesso. La sua lunghezza di pochissimo superiore alla larghezza, corrisponde al 20% dell'altezza al garrese.

Groppa: lunga, larga, alquanto rotondeggiante per il grande sviluppo delle masse muscolari. La sua lunghezza, misurata dalla punta dell'anca alla punta della natica, corrisponde al 32% dell'altezza al garrese. La sua inclinazione sull'orizzontale secondo la linea ileo-ischiatica è di 28°-30° e dalla punta dell'anca all'inserzione della coda di 15°-16°. Risulta perciò lievemente inclinata.

Petto: largo, ben disceso e aperto, con muscoli pettorali molto sviluppati. La sua larghezza, in stretto rapporto con l'ampiezza del torace, raggiunge il 35% dell'altezza al garrese. Il manubrio dello sterno si trova allo stesso livello della punta delle spalle. Di profilo il petto è ben proteso in avanti e fra gli arti anteriori e leggermente convesso.

Torace: ben sviluppato nelle tre dimensioni con coste lunghe, oblique, larghe e abbastanza ben cerchiate con spazi intercostali estesi. Le 4 false coste sono lunghe, oblique e aperte. Il torace è ben disceso al gomito e la sua altezza corrisponde alla metà dell'altezza al garrese. La sua larghezza, misurata a metà della sua altezza, corrisponde al 35% dell'altezza al garrese e decresce leggermente verso la regione sternale senza formare carena. La sua profondità (diametro sagittale) corrisponde al 55% dell'altezza al garrese. Il suo perimetro supera del 35% l'altezza al garrese.

Profilo inferiore: il tratto sternale si presenta asciutto, lungo, largo e di profilo disegna un semicerchio a raggio molto largo che caudalmente rimonta in modo dolce all'addome. Il tratto ventrale non è né retratto né rilassato e il suo profilo rimonta dal bordo sternale all'inguine in dolce curva. L'incavo del fianco è poco pronunciato.

Coda: inserita piuttosto alta sulla linea della groppa, grossa alla radice e relativamente affusolata alla punta, se stesa raggiunge e sorpassa di poco il garretto. Portata bassa in riposo, orizzontale o poco più alta del dorso in azione, non deve essere mai incurvata ad anello o alzata a candela. Viene amputata alla 4a vertebra.

7.Arti

7.1 Arti anteriori

Appiombi regolari sia osservati di profilo che di fronte. L'altezza degli arti anteriori al gomito è il 50% dell'altezza al garrese. Ben proporzionati al formato del cane, forti e robusti.

Spalla: lunga, obliqua, forte, fornita di muscoli lunghi, potenti, ben divisi e netti, è aderente al

Hidra Dei Molossi Dell'Angra, Züchter: Vincenzo Gagliardi, Besitzer: Stefano Rei & Vincenzo Gagliardi; Bild mit freundlicher Genehmigung: Stefano Rei, Foto: ©Marco Leonardi

Don dell'Antica Sikania, Züchter und Besitzer: dell'Antica Sikania di Marco L. & Saverio F.; Foto mit freundlicher Genehmigung: Antica Sikania Kennel

torace ma libera nei movimenti. La sua lunghezza, dalla sommità del garrese alla punta della spalla, corrisponde al 30% dell'altezza al garrese e la sua inclinazione sull'orizzontale oscilla attorno a 48°- 50°. Rispetto al piano mediano del corpo le punte delle scapole sono leggermente scartate fra loro.

Braccio: il braccio, leggermente più lungo della spalla, forte, con ottimo sviluppo osseo e muscolare, ben saldato al tronco nei suoi due terzi superiori, misurato dalla punta della spalla alla punta del gomito, ha una lunghezza corrispondente al 31-32% dell'altezza al garrese e un'inclinazione con l'orizzontale di circa 58°- 60°. La sua direzione longitudinale è parallela al piano mediano del corpo. L'angolo scapolo-omerale oscilla fra 106° e 110°.

Gomiti: I gomiti, lunghi, molto prominenti, ben aderenti ma non serrati alle pareti del costato, coperti di pelle asciutta, devono, come gli omeri, trovarsi su un piano rigorosamente parallelo a quello sagittale del tronco. La punta del gomito (epifisi olecranica) è situata sulla verticale abbassata dall'angolo caudale (o posteriore) della scapola al suolo.

Avambraccio: l'avambraccio è perfettamente verticale, a sezione ovale, ben muscoloso in particolare nel terzo superiore, con ossatura molto forte e compatta. La sua lunghezza, dalla punta del gomito alla prima articolazione carpiana, è di pochissimo superiore a quella del braccio e corrisponde al 32-33% dell'altezza al garrese. Scanalatura carpo-cubitale marcata.

Carpo: il carpo che, visto di fronte, segue la linea retta verticale dell'avambraccio, è asciutto, largo, mobile, spesso. Al suo margine posteriore l'osso pisiforme è fortemente proiettato all'indietro.

Metacarpo: il metacarpo, di grossezza alquanto inferiore all'avambraccio, è molto robusto, asciutto, elastico, leggermente flesso (forma un angolo con il terreno di 75° circa). La sua lunghezza deve però superare un sesto dell'altezza dell'arto anteriore al gomito. Visto di fronte segue la linea perpendicolare dell'avambraccio e del carpo.

Piede: di forma rotonda, con dita molto arcuate e raccolte (piede di gatto). Suole asciutte e dure. Unghie forti, ricurve e pigmentate. Buona pigmentazione anche ai cuscinetti plantari e digitali.

7.2. Arti posteriori

Appiombi regolari sia osservati di profilo che di fronte. Ben proporzionati al formato del cane, forti e potenti.

Coscia: la coscia lunga e larga, con muscoli prominenti, per cui la punta delle natiche è ben evidenziata. La sua lunghezza supera il 33% dell'altezza al garrese, la larghezza non è mai inferiore al 25% di tale altezza. L'asse del femore, alquanto obbliquo dall'alto in basso e dall'indietro in avanti, ha un'inclinazione di 70° sull'orizzontale e forma con l'asse del coxale un angolo poco più che retto (angolo coxo-femorale).

Gamba: la gamba è lunga, asciutta, con forte ossatura e muscolatura: la scanalatura gambale è ben evidenziata. La sua lunghezza corrisponde al 32% dell'altezza al garrese e la sua inclinazione dall'alto in basso e dall'avanti all'indietro è di 50° sull'orizzontale.
Ginocchio: l'angolo femoro-rotuleo-tibiale è di circa 120°. La sua direzione è parallela al piano mediano del corpo.
Garretto: largo, spesso, asciutto, netto, con salienze ossee ben evidenziate. La punta del garretto ben pronunciata mostra chiaramente la continuazione della scanalatura gambale. La distanza dalla punta del garretto alla pianta del piede (al suolo) non deve oltrepassare il 26% dell'altezza al garrese. La sua direzione, rispetto al piano mediano del corpo, è parallela. L'angolo tibio-metatarsico è di circa 140°.
Metatarso: di forte spessore, asciutto, piuttosto corto, cilindrico, è sempre perpendicolare al suolo, sia in profilo che posteriormente. La sua lunghezza corrisponde a circa il 15% dell'altezza al garrese (escluso tarso e piede). La sua faccia interna deve presentarsi priva di sperone.
Piede: leggermente più ovaleggiante dell'anteriore, ha falangi meno arcuate.
8. Andature
Passo lungo, trotto allungato, tratti di galoppo ma con propensione al trotto allungato.
9. Pelle
Piuttosto spessa, con limitato connettivo sottocutaneo e perciò praticamente aderente agli strati sottocutanei in ogni regione. Il collo è pressoché esente da giogaia. La testa non deve presentare rughe. Il pigmento delle mucose e delle sclerose è nero, quello di suole e unghie deve essere scuro.
10. Mantello
Pelo: corto ma non raso, a tessitura vitrea, lucido, brillante, aderente, sostenuto, molto denso, con un lieve strato di sottopelo che s'accentua d'inverno (senza però mai affiorare sul pelo di copertura). La sua lunghezza media è di cm 2-2,5. Su garrese, groppa, bordo posteriore delle cosce e sulla coda raggiunge cm 3 senza dar luogo a frange. Sul muso il pelo è raso, liscio, aderente e non supera cm 1-1,5.
Colore: nero, grigio piombo, ardesia, grigio chiaro, fulvo chiaro, fulvo cervo, fulvo scuro e tigrato (tigrature su fondo fulvo o grigio di varie gradazioni). Nei soggetti fulvi e tigrati è presente una maschera nera o grigia, la cui estenzione è limitata al muso e non deve superare la linea degli occhi. Ammessa una piccola chiazza bianca al petto, alla punta dei piedi e alla canna nasale.
11. Taglia e Peso
Altezza al garrese: nei maschi da cm 64 a cm 68, nelle femmine da cm 60 a cm 64, con tolleranza di cm 2 in più o in meno.

Peso: Maschi da 45 a 50 kg rapporto peso/taglia 0,710 (kg/cm); Femmine da 40 a 45 kg rapporto peso/taglia 0,680 (kg/cm).
Nota: I maschi devono avere due testicoli di aspetto normale e ben discesi nello scroto.
12. Difetti
Ogni deviazione dalle caratteristiche indicate nella descrizione delle varie regioni costituisce un difetto, che deve essere penalizzato nel giudizio in rapporto alla sua gravità e alla sua diffusione.
12.1. Difetti eliminatori (o penalizzanti nel giudizio)
Testa: parallelismo evidente degli assi cranio-facciali, convergenza molto marcata, facce laterali del muso convergenti, chiusura a forbice, prognatismo accentuato e deturpante.
Tartufo: depigmentazione parziale.
Coda: portata a candela o a anello.
Statura: al di sopra o al di sotto dei limiti indicati.
Andatura: ambio continuato.
12.2. Difetti da squalifica
Testa: divergenza degli assi cranio facciali, enognatismo, canna nasale decisamente concava o montonina.
Tartufo: depigmentazione totale.
Occhi: depigmentazione moderata e bilaterale delle palpebre, gazzuoli, strabismo bilaterale.
Organi sessuali: criptorchidismo, monorchidissimo, evidente deficienza di sviluppo di uno o di tutti e due i testicoli.
Coda: anurismo, brachiurismo, sia congeniti che artificiali.
Pelo: semi-lungo, raso, frangiato.
Colori: colori non previsti dallo standard, macchie bianche troppo estese.

Falco, Italienischer Jugend-Champion 2017, Züchter und Besitzer: Paolo Petrocelli, Kennel: Canecorsoblulucano, Foto mit freundlicher Genehmigung: Paolo Petrocelli

Anmerkungen zum Standard, der von 2007 bis 2015 Gültigkeit hatte, soweit sie Bestandteil von Diskussionen waren oder sind. Der aktuelle Standard hat einige der Einlassungen berücksichtigt und den Standard dementsprechend angepasst.

Die Proportionen des Kopfes gehören in jeder Rasse zu den zentralen Merkmalen.
Entscheidend beim Cane Corso ist die Konvergenz der Schädel-Fang-Achsen und ein gerader, nicht zu kurzer Fang. (Die Relation Schädel 66% zum Fang 34% beträgt 2:1), die den Cane Corso von den "Cani imboxerati", den übertypisierten Cani Corso, mit Boxereinschlag abgrenzt. Hier ist auch noch die Monokonvergenz zu erwähnen, die den korrekten Cane Corso wiederum vom Boxer unterscheidet, der eine Bikonvergenz aufweist, welche beim Cane Corso als absolut fehlerhaft zu werten ist. Im Ausstellungsring sind jedoch leider oft Hunde mit übertrieben markantem Stop und einem zu kurzen Nasenrücken zu sehen – welche dann unerklärlicherweise oft auch noch prämiert werden. Und dies, obwohl sie in den meisten Fällen das Resultat von Einkreuzungen sind, die vorgenommen wurden, um den Vorbiss zu festigen, und man um die funktionellen und respirativen Probleme weiß.
Die zwei unterschiedlichen Lager innerhalb der "Corsisti" vertreten auch hier abweichende Stand-

Byron La Torre del Cane Corso; Foto: Marco Leonardi

punkte und verweisen auf die rustikalen Cani Corso, die oft parallele Schädel-Fang-Achsen in der Relation von 1:1 aufweisen, da sie, wie sie betonen, den leistungsfähigen Athleten und nicht den unvermögenden Hund präferieren, der die heißen Temperaturen der südlichen Region nicht verträgt und mit Atemproblemen zu kämpfen hat.

Die „Quadratur" des Schädels (von oben gesehen) ist ein ebenso gewichtiges Typmerkmal wie der Stop, der beim Cane Corso deutlich ausgeprägt ist. Ein zu diffuser Stop, der in Richtung paralleler Schädel-Fang-Achsen tendiert, ist genau, wie ein zu extremer Stop, der als Indikator für eine Bikonvergenz, sprich Hypertypologie anzusehen ist, als Fehler zu bewerten. Man könnte also sagen, betrachtet man den Stop des Hundes, hat man bereits eine ziemlich gute Vorstellung vom Typ.

Der Fang sollte fast genauso breit wie lang sein, die Tiefe mehr als 50% der Schnauzenlänge ausmachen. Eine konische Schnauze erinnert an einen Pitbullkopf und ist absolut untypisch für einen Cane Corso.

Manche Cani Corso weisen überentwickelte Backen auf und werden von ihren Besitzern gerne als imponierende Rassevertreter glorifiziert. Realistisch gesehen sind sie aber nur Bullmastiff-like und nicht Cane Corso-charakteristisch.

Zaccaria del Rosso Malpelo; Foto: Marco Leonardi

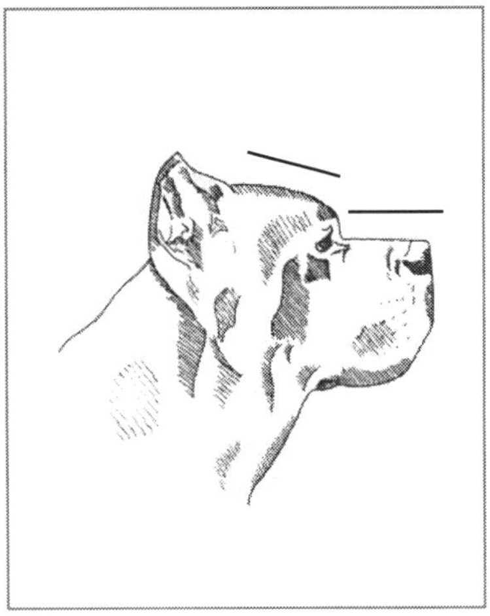

Konvergente Schädel-Fang-Achsen; Die Achse der Schnauze hat einen geraden Verlauf und nur die Schädelachse zeigt eine leichte Neigung. In diesem Fall spricht man von Monokonvergenz.
Die Nase befindet sich auf der gleichen Linie wie der Nasenrücken.

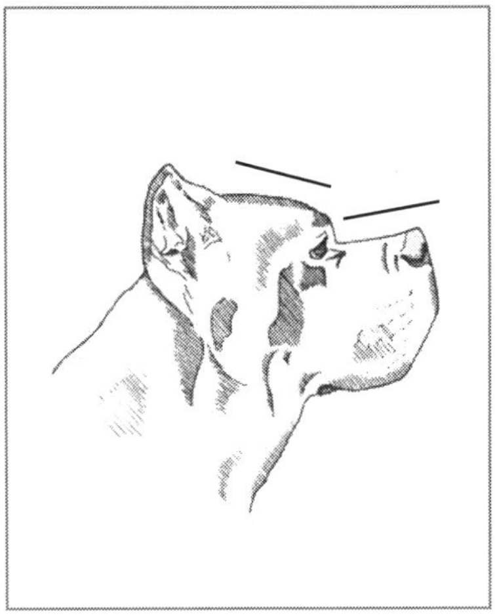

Bei der Bikonvergenz, die typisch für den Boxer ist, weisen beide imaginären Achsen eine Neigung auf.

Parallelle Schädel-Fang-Achsen

Der Nasenrücken ist gerade und ziemlich flach. Die oberen Lippen, zeigen von vorne gesehen, ein auf den Kopf gestelltes „U“.

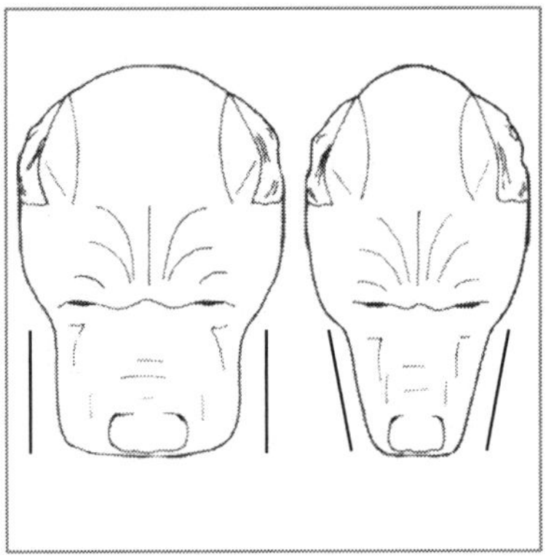

Die seitlichen Schnauzenlinien müssen parallel verlaufen. Eine Konvergenz der seitlichen Schnauzenlinien, also eine konische Schnauzenform ist fehlerhaft.

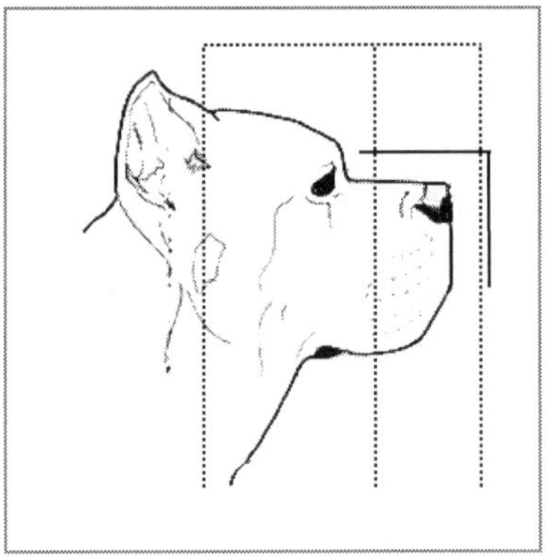

Die korrekte Proportion von Schädel zu Schnauze beträgt 34% zu 66%;
Die obere Linie der Schnauze bildet mit der vorderen Schnauzenfläche einen rechten Winkel (90 Grad)

Modifizierte Abbildungen; Quelle: Kommentare zum Standard von Morsiani und Gandolfi [39]

WW '11 & BOB, WJW '09 Gvido Sangue Magnifica; Foto mit freundlicher Genehmigung: Sangue Magnifica, Jelena Nikolic

Cesare, Timoniere Kennel, 3 x Euch, 2 x VetWCH, 150 BOB, 148 CAC, 140 CACIB, Ch. of Ch.; Foto mit freundlicher Genehmigung: Beata Margitan

Enco Corsa Nostra (Yahoo dell Antiqua Apulia x Arka Corsa Nostra), Züchter und Besitzer: Radonjic Branko, Kennel: Corsa Nostra; Foto mit freundlicher Genehmigung: Radonjic Branko

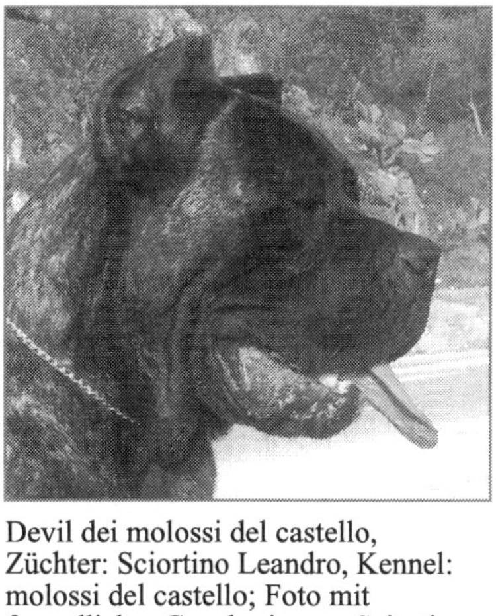

Devil dei molossi del castello, Züchter: Sciortino Leandro, Kennel: molossi del castello; Foto mit freundlicher Genehmigung: Sciortino Leandro

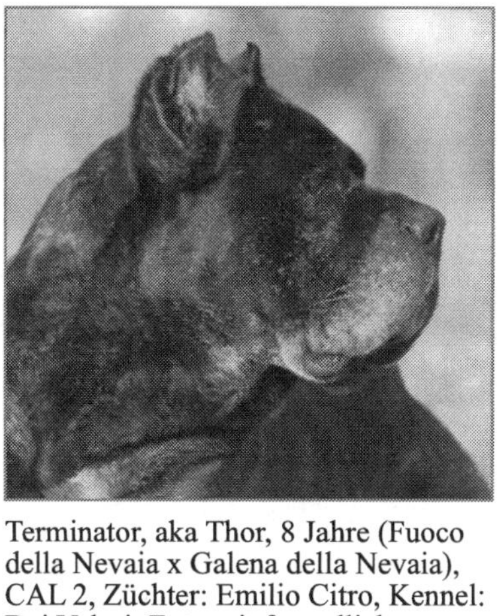

Terminator, aka Thor, 8 Jahre (Fuoco della Nevaia x Galena della Nevaia), CAL 2, Züchter: Emilio Citro, Kennel: Dei Volsci; Foto mit freundlicher Genehmigung: Katja Chtuka

Adam (Achille di Castrignano x Urania Dell'Antiqua Apulia), Züchter und Besitzer: Antonio Greco; Foto mit freundlicher Genehmigung: Antonio Greco

Das Erscheinungsbild

GCHP MBISS Italian CH Leandro Dei Volsci di Bravado, Züchter: Emilio Citro, Kennel: Dei Volsci, Besitzer: Dave Musto & Lucy Parschauer, Kennel: Bravado Cane Corso; Foto mit freundlicher Genehmigung: Dave Musto

Das Erscheinungsbild

Flika dei Grausi, aka Fly, Züchter: Raffaele Esposito, Kennel: Dei Grausi, Besitzer: Fabio Polverigiani & La Valle dei Corsi Kennel; Foto mit freundlicher Genehmigung: Fabio Polverigiani

Die Nase befindet sich gemäß Standard auf derselben vertikalen Linie wie der Nasenrücken, weder nach unten noch nach oben (boxeroid) geneigt, und ist gut pigmentiert. Die Präferenz zugunsten einer schwarzen Pigmentierung geht auch auf die Beobachtung von Züchtern zurück, die in ihr ein Merkmal für mehr Vitalität, Temperament und Widerstandsfähigkeit sehen. Die Pigmentierung gehörte ebenfalls zu den diskutierten „Problemfällen“ des Standards, da bei grauen, grau-gestromten oder rotblonden Cani mit grauer Maske sich fast nie schwarze Nasen finden und bei anderen Rassen mit diesen Fellfarben eine dunkelgraue statt einer schwarzen Nase vorgesehen ist. Im jetzigen Standard wurde mit der Aussage "eine graue Maske darf eine Nasenfarbe derselben Tönung besitzen" eine Anpassung vorgenommen.

Der Cane Corso besitzt ein kurzes, dichtes, glänzendes, eng anliegendes Haarkleid mit Unterwolle. Die Unterwolle, die beispielsweise beim Boxer fehlt, ist beim Cane Corso ein wesentliches Kennzeichen, Indiz seiner Ursprünglichkeit, und war für seine Aufgabe als Wachhund und Helfer des Schäfers unentbehrlich, um ihn gegen Kälte zu schützen. Zu Beginn des Wiederbelebungsprogramms wurde beschlossen, keine Fellfarbe zu präferieren, sondern alle Farben zuzulassen, die traditionell und historiographisch überliefert waren. Im Wesentlichen waren dies vier: schwarz, dunkel gestromt, aschgrau und weizenfarben / „blond“ (frumentino). Die Fellfarbe korrelierte mit der Funktion des Hundes, dem jeweiligen Landstrich und der charakterlichen Zuschreibung, die man mit einer bestimmten Farbe in Zusammenhang brachte. Schwarze Hunde wurden von Schweine- Ziegen- und berittenen Hirten bevorzugt. Das Schwarz sollte glänzend, aber ohne Blaustich sein. Während des Fellwechsels tendiert es zu einem Ton ähnlich der Bitterschokolade. Dunkelgestromte Hunde wurden für die Jagd auf das Wildschwein eingesetzt. Kuhhirten bevorzugten aschgraue und gestromte Exemplare. Frumentinofarbene Cani Corso benutzte man für die Jagd auf Dachs und Wildschwein und für den Einsatz bei den Ziegen. Eine weitere typische Farbe war das helle Fulvo (helles Rotblond), mit einem Stich ins Perlfarbene. Heute gibt es aufgrund der Verpaarungen von unterschiedlichen Farbschlägen eine große Anzahl verschiedenster Fellfarben, speziell im Grau- und Fulvo-Bereich. Im historischen Bildmaterial sind aber auch viele weiße Cani Corso verewigt.

Die Augenfarbe eines Hundes ist ebenso bestimmendes wie fundamentales Kriterium des Ausdrucks. Folglich sind auch hier unterschiedliche Auffassungen unter den Züchtern und Liebhabern vertreten. Der Standard sieht in der Relation von Fell- zu Augenfarbe: so dunkel wie möglich vor.

Tommaso Ruggeri: „(…) Ich kann die Tendenz helle oder gelbe Augen zu benachteiligen nicht nachvollziehen (…) Die Cani Corso hatten immer diese Farbgebung (…).“[40]

Glauco, Kennel: I Corsi di Gaia e Giulia; Foto mit freundlicher Genehmigung: Ivan Gatto

Er bezieht sich auch auf historische Legenden, in denen ehrfürchtig von einem Hund gesprochen wird, „der den Gegner mit seinen schrecklichen, gelben Augen ansieht."
Für Dr. Morsiani sind gelbe Augen immer ein Zeichen für Regression und unvereinbar mit der modernen kynologischen Auffassung. Und dies gilt seines Erachtens für alle Rassen.
Fakt ist allerdings, dass beispielsweise das helle bernsteinfarbene Auge des Weimaraners ein gewünschtes Rassemerkmal und mitnichten eine evolutionäre Rückentwicklung darstellt. Unbestritten ist ebenfalls, dass speziell unter den rustikalen Cani Corso Hunde mit hellen oder gelben Augen weit verbreitet sind. Der derzeit gültige Standard wünscht eine möglichst dunkle Iris ..."aber abhängig von der Farbe des Haarkleides."
Die schärfsten Differenzen und fortdauernden Dispute zwischen Züchtern und Liebhabern betreffen bis heute den leichten Vorbiss als korrekten Gebissverschluss, wohingegen der Zangenverschluss nur toleriert wird. Der Standard des American Kennel Club für den Cane Corso weicht hiervon insofern ab, als dass er lautet: "Slightly undershot (no more than ¼ inch) and level preferred. Scissor bite is acceptable, if parameters of the head and muzzle are correct." (...Scherengebiss ist akzeptabel, solange die Parameter von Kopf und Schnauze korrekt sind.) Interventionen gegen den Vorbiss als gekürzte, sinngemäße Auszüge. Flavio Bruno: „Beim Cane Corso können drei Gebisstypen vorkommen: das Scherengebiss, das Zangengebiss und das umgekehrte Scherengebiss. Stehen die oberen Schneidezähne vor den unteren, spricht man von einem Rückbiss, welcher einen schweren Fehler darstellt. Stehen die unteren Schneidezähne vor den oberen, besteht ebenfalls ein schwerer Fehler, der Vorbiss. Verpaarungen prognatischer Hunde führen im Laufe weniger Generationen zur Stabilisierung und Festigung der genetischen Faktoren, die für die Gebissstellung verantwortlich sind, und zu Hunden mit immer akzentuierterem Vorbiss. Wenn wir nicht aus einem relativen einen absoluten Defekt machen wollen, sollten wir mit Hunden züchten und Hunde ausstellen, die ein Scheren- oder Zangengebiss aufweisen. "Dr. Paolo Fulignati: „Zusammen mit meinem Universitätskollegen Dr. Simon Goldmann lernte ich den Cane Corso Mitte der 80er Jahre kennen. Ich kann nicht nachvollziehen, warum ein korrekter Zahnverschluss wie das Zangengebiss nur toleriert wird und zwei richtige Gebissformen auf Ausstellungen diskriminiert werden. Die Bevorzugung des Prognatismus war nur ein politisches Kalkül, um der FCI einen Hund zu präsentieren, der unterschiedliche Charakteristika zu jenen Rassen aufweist, die bereits offiziell anerkannt waren. Prognatismus und Konvergenz wurden als Instrument benutzt, um eine Differenzierung zum Mastino Napoletano herzustellen und eine neue Rasse zu kreieren. Basir, der von Morsiani als Modell für den Standard genommen wurde, hatte ein ausgeprägtes Schädel-Fang-Verhältnis, das ich jedoch bei der Mehrheit der Hunde nicht feststellen konnte.

Fabius du Clos d'Attila (Silver Della Valle Dei Lord x Zora Dei Dauni), Besitzer: Caelus Antiquum Kennel; Foto mit freundlicher Genehmigung: Dimitar Dzhurov

Talos, "Cane da Masseria"; Foto mit freundlicher Genehmigung: Mauro Bersi

Amon dell'Alumera; Besitzer: Ali Hireche, Foto mit freundlicher Genehmigung: Ali Hireche

Das Streben nach „extremen Schnauzen“ lässt einen Prognatismus wie beim Boxer entstehen, den der Cane Corso niemals hatte. Auch andere Parameter, wie beispielsweise verschiedene Farbtöne der rotblonden (Fulvo) Fellfarbe gleichen gefährlich der des Boxers. Auch die reiche Ikonographie zeigt, dass der originale Corso kein solch karikiertes Exemplar war. Und paradoxerweise ist heute der echte rustikale Cane Corso weitaus seltener als noch vor 20 Jahren.“[41]
Eine Argumentation für den Vorbiss; sinngemäß und gekürzt: Casolino: „Alle Packerhunde haben als generelles Merkmal einen mehr oder weniger ausgeprägten Vorbiss. Und ich erinnere mich sehr gut, dass die Corsi in meiner Kindheit und im Besonderen die letzten Exemplare in der Provinz Potenza immer weiß waren (heute nennt man sie ”frumentino“), und obwohl es natürlich keine große Typenhomogenität gab, hatten alle einen Vorbiss. Als Kinder steckten wir die Hände ins Maul der Welpen, um das Gebiss zu sehen. Und von den Erwachsenen lernten wir, dass dies ein Biss war, der besser als andere war. Zudem existierten zu dieser Zeit und in dieser Region quasi keine rasserein gezüchteten Hunde und auch keine Boxer, und von daher ist eine Kreuzung absolut ausgeschlossen.“[42]
Hunde vom molossoiden, brachyzephalen Typ zeigen oft Gebissschlüsse von der Zange bis zum Vorbiss. Dass alle Packer- und Molosserhunde aber einen ausgeprägten Vorbiss zeigen, ist mitnichten richtig. Der Dogo Canario, der phänotypisch dem Cane Corso sehr ähnlich ist, sollte standardgerecht ein normales oder umgekehrtes Scherengebiss zeigen. Beim Bullmastiff, der ebenfalls einen quadratischen Kopf und eine Fang-Schädel-Relation von 1:2 aufweist, ist ein Zangengebiss erwünscht, ein geringer Vorbiss gestattet, dieser sollte jedoch nicht bevorzugt werden. Der Mastino Napoletano zeigt ein Scheren- oder Zangengebiss. Das ideale Gebiss des Fila Brasileiro ist das Scherengebiss, ein Zangengebiss jedoch zulässig. Schere, Zange oder leichter Vorbiss zeichnen den Mastiff aus. Der Tosa Inu sollte ein kräftiges Scherengebiss aufweisen. Der Boerboel sollte Schere zeigen, wobei leichter Vorbiss erlaubt ist. Allein bei der Bordeauxdogge sind aufwärts gebogene Unterkiefer und Nase sowie der Vorbiss ein Rassemerkmal.Es ist schwer nachzuvollziehen, wieso eine vom Grundsatz her fehlerhafte Gebissstellung, mit einer nicht zu kontrollierenden degenerativen Entwicklungstendenz, als Rassemerkmal im Standard ver-ankert ist. In der Realität kommen Cani Corso mit allen Gebissschlüssen vor; und gemäß Dokumenten und Aussagen vieler Rassekenner war bis zur ersten Ausstellung von 1983 in Mantova die Mehrheit der Cani Corso nicht prognatisch. Hunde mit umgekehrter Schere oder leichtem Vorbiss waren prozentual den Hunden gleichzustellen, die ein Scherengebiss aufwiesen.
Der Cane Corso ist vom Körperbau als mesomorpher Molosser einzuordnen, das heißt, Schlüsselwörter sind hier Harmonie und „Mittelmaß“, sprich ohne Übertreibungen in irgendeine Richtung. Dass aller Logik zum Trotz beim Gebiss eine übertriebene Einseitigkeit postuliert wird,

Hugo Degli Elmi, Besitzer: Caelus Antiquum Kennel; Foto mit freundlicher Genehmigung: Dimitar Dzhurov

JCh. Rus Best Line Domingo Drago, Junior Champion of Luxembourg, Besitzer: Katja Chtuka, "dei Molossi d'Eburon", Züchter: Ilona Sokol, Foto mit freundlicher Genehmigung: Katja Chtuka

kann nur bedeuten, dass Politik und Polemik gewichtiger sind als kynologischer Verstand und undogmatischer Geist.
Die einseitige Fokussierung auf äußerliche, so genannte rassetypische Merkmale endet viel zu oft in der Qualzucht und hat schon manche Rasse körperlich wie charakterlich ruiniert.
Ein vergleichbarer Disput besteht auch beim Alano Espanol: „(…) Dr. Contera, der zu der Pionier-Gruppe der ersten Alano Züchter gehört, bemängelt und verurteilt die Entwicklung „seiner Rasse, seines Alano Espanoles" und schreibt heutzutage Folgendes zu diesem Thema (übersetzte und zusammengefügte Textzitate aus dem Spanischen): ‚(...)Die meisten der heutigen Alano Espanol-Züchter züchten nicht im Einklang mit der Tradition, sondern haben die Selektion der Rasse auf den Teppich des Ausstellungsrings verschoben. Der offizielle (und aktuelle) FCI-Rassestandard ist mehr als widersprüchlich, verwirrend und würde die Boxermischlinge verteidigen. Des Weiteren gibt es im Standard keinen „Hinweis" auf den Alano Espanol als Jagdhund, da den Verantwortlichen die Funktionen des Alano Espanol nicht wichtig sind. Alano Espanoles werden aus diesem Grund immer attraktiver für Stadtmenschen und Privatpersonen, die den Alano Espanol in der Etagenwohnung halten wollen. Die Züchter fördern die falsche Vorstellung, dass der Alano ein sanftes Haustier sei. Der schlimmste Fehler ist, dass die Rasse keinem Funktionstest unterzogen wird und dass mit Hunden mit Vorbiss gezüchtet wird. Der Vorbiss (vorgreifender Unterkiefer) hat den ganzen Alano Espanol geschwächt. Die Einkreuzungen von Boxern führte zu einer Verkürzung der Lebensdauer. Der echte Typ des Kopfes (Kopfform) ist so gut wie verloren. Die meisten Alano Espanol Züchter sind „Doggy-Menschen" und keine echten Jäger. Sie haben Scheuklappen auf, sprechen mit gespaltenen Zungen und haben die Rasse Alano Espanol in nur vier Generationen bis zur Unkenntlichkeit zerstört. Sie haben die Rasse in der Form geschwächt, sie haben den Hund versüßt und sabbelig gemacht, ihn liebevoll, sensibel und laut gemacht. Alles, um ein attraktives Haustier für die städtischen Bewohner zu erschaffen. Die Hunde haben neben dem Vorbiss ultra-konkave Profile, wirken plump und zylindrisch. Die Alano Espanoles haben nun hervorstehende runde Augen.‘(...)"[43]

Abschließend der Standpunkt eines italienischen Cane Corso Züchters.
„Für jene Enthusiasten, Amateur-Züchter und Landwirte, die seit Jahrzehnten Hunde nur auf funktionale Eigenschaften und Charakterzüge züchten, war der Cane da Presa, Mastino oder Corso, Helfer der Bauern und Fuhrleute, der Ziegen- und Schweinehirten, Metzger, Straßenhändler, Jäger, Grundbesitzer, aber auch der Gauner und Verbrecher sowie der Feldhüter und der Polizei. Er war ein Allrounder, bis im Namen der „angelsächsischen Regeln und ausländischen Kennel Clubs"

2000 Jahre italienischer Geschichte und Tradition über Bord geworfen wurden. Der römische Molosser, der die Kohorten und Legionen in die Schlacht begleitete, der in den Arenen kämpfte und das Eigentum der reichen Patrizier schützte, wurde katalogisiert, standardisiert und auf einen rein ästhetischen, momentanen Modegeschmack hin zurechtgebogen. Die Ausstellungslogik hat beide, den Mastino Napoletano und den Cane Corso, zu Karikaturen ihrer selbst werden lassen. Der Cane Corso der, gemäß dem in den 80er Jahren verfassten Standard keinesfalls dem Mastino Napoletano ähneln durfte, bezahlte mit dem Vorbiss, und damit war der Weg offen, auch „offiziell" Boxer für die Selektion zu verwenden. Einer Größenreduktion und dem Ausschluss bestimmter Fell- und Augenfarben. Geopfert dem Ausstellungswahn und pekuniären Belangen. Durch die ebenfalls praktizierte starke Inzucht gingen wertvolle Blutlinien und genetische Variationen verloren – und damit auch ein großer Teil seiner Vitalität –; im Ausgleich dafür handelte sich der Cane Corso Krankheiten wie Dysplasie und Epilepsie ein.
Die heutigen sogenannten typischen Rassevertreter sind ohne Nutzen, ohne Funktion, ohne Charakter, ohne Identität und haben mit dem ursprünglichen Hund und seiner Geschichte nichts mehr gemein."[44]

Ein Rassehund existiert nur, wenn ein Rassestandard existiert.
Das Problem hierbei ist nicht primär der Standard. Das Problem liegt in der übertriebenen Fokussierung auf formalistische Prioritäten, die Auswüchse begünstigen, Charakter und Funktionalität aber vernachlässigen. Und die nicht zuletzt die züchterische Selektion bestimmen, welche sich ebenfalls am Mark orieniert; an dem was momentan modern ist, nachgefragt wird und sich dementsprechend besser vermarkten lässt.
„(...)Die primäre Selektionsgrundlage in der Hundezucht ist die Formwertbeurteilung bei der Ausstellung. Diese folgt zwar in den meisten Rassestandards grundsätzlich einmal funktional-anatomischen Grundsätzen, wird aber bei vielen Rassen durch Überinterpretation oder Fehlinterpretation einzelner Merkmale in eine Richtung gesteuert, die für die Hunde der Rasse langfristig mit mehr oder weniger großen Gesundheitsproblemen verbunden sind.
Sie sind von den Züchtern sozusagen selbst gemacht oder werden zumindest für den Preis des Rassetypus billigend in Kauf genommen. Das ist z.B. dann der Fall, wenn bei einem Zuchthund gesundheitliche Fehler eher in Kauf genommen werden als Formwertfehler, wenn also z.B. ein Hund mit leichter HD für die Zucht akzeptiert wird, ein Hund mit einem unerwünschten Farbabzeichen aber nicht.(...)"[45]

Figo, Züchter und Besitzer: Alexandru Daniel, Kennel: Della Grande Famiglia; Foto mit freundlicher Genehmigung: Alexandru Daniel

Jazmine del Corsoclub, Züchter: Maxi Louzan, Besitzer: Leticia Gonzalez, Declino di Bayonne; Foto mit freundlicher Genehmigung: Leticia Gonzalez

Eno dell' Antica Borgata (Rau Dei Molossi Dell'Angra, aka Professore / Züchter: Vincenzo Gagliardi, Besitzer: Cesare Vetrugno x Prisca dell' Antica Borgata, aka Marta / Züchter: Cesare Vetrugno, Besitzer: Mauro Mondadori); Foto: Karlheinz Gschwind

Ciccio dell Abazia, Besitzer: Leandro Sciortino Giuliano, Kennel: molossi del castello; Foto mit freundlicher Genehmigung: Leandro Sciortino Giuliano

Das Erscheinungsbild

Unter dem Stichwort „Il Cane Corso, Razza Nobile (Salviamo il Cane Corso) – „Der Cane Corso, eine edle Rasse - Retten wir den Cane Corso“ formierte sich eine Gruppe, die eine Petition verfasste, welche auch im August 2012 der ENCI und S.A.C.C. unterbreitet werden sollte. Inwieweit dies realisiert wurde, ist nicht mehr nachvollziebar, nichtsdestoweniger wären die Empfehlungen diskussionswürdig gewesen.

Der Antrag umfasste fünf Punkte:

1. Kompetentere Ausstellungsrichter, die den Standard des Cane Corso nicht oberflächlich bewerten und interpretieren, sondern Richter, die die Rasse wirklich kennen, da auch die zukünftige Generation auf diese Bewertungen angewiesen ist.
2. Einen deutlicheren, bzw. eindeutigeren Standard bei der Bestimmung und Festlegung der Unterschiede im Erscheinungsbild; das heißt ein Standard, der sprachlich so abgefasst ist, dass er für Experten, aber auch für kynologische Laien verständlicher ist. Dies würde auch eine klarere Vorstellung hinsichtlich Vorzügen und Mängeln beim Züchter begünstigen. Sowie einen einheitlichen Modus bei der Auslegung des Standards.
3. Klarstellung, dass der Cane Corso eine originale und rein italienische Rasse ist, mit der Konsequenz, dass der italienische Standard gegenüber den internationalen Standards Vorrang hat. Das bedeutet, nur der italienische Standard kann das Bezugssystem sein, an welchem die Rasse Cane Corso festgemacht wird; ohne Abänderungen, welche durch Übersetzungen in verschiedene Sprachen oder linguistische Missverständnisse entstehen können.
4. Schluss mit kupierten Ausstellungshunden (Ohren und Ruten). Auf Ausstellungen sollten keine Hunde mehr zugelassen werden, die kupiert sind. Die Disqualifizierung sollte bereits bei der Einschreibung erfolgen. Dies vermeidet auch falsche tierärztliche Bescheinigungen, die gesundheitliche Probleme oder Unfälle wie Knickruten oder Bisswunden an den Ohren attestieren.
5. Eine strengere Kontrolle der Stammbäume, um die Einkreuzung von Fremdrassen, die Züchter aus kommerziellen Gründen vornehmen, zu unterbinden. Und auch, um auf Ausstellungen einen Wettbewerbsnachteil für jene Züchter auszuschließen, die regelrechte Stammbäume besitzen. Hier geht es nicht nur darum, die Rasse zu schützen, sondern auch darum, die seriösen Züchter nicht preiszugeben.

Giulio Cesare, Züchter: Filippo Mirasolo; Foto mit freundlicher Genehmigung: Filippo Mirasolo

Proudness as in Mila, Besitzer: Italian Guardian; Foto mit freundlicher Genehmigung: Anita Giskes, ©Eye Dea Fotografie

Wesen und Verhalten

Fiero e nobile...

Das Wesen ist das letztendlich entscheidende Kriterium für ein gelungenes Miteinander von Mensch und Hund.

Prof. Dr. Dr. h. c. E. Seiferle: „Wesen ist die Gesamtheit aller angeborenen und erworbenen, körperlichen und seelischen Anlagen, Eigenschaften und Fähigkeiten, die das Verhalten des Hundes zur Umwelt bestimmen, gestalten und regeln“[46].

Die Grundlagen des Verhaltens ergeben sich aus der Konstitution, der Trieb- und Instinktveranlagung und der Leistungsfähigkeit des Gehirns. Die Konstitution ist rasse- und individualtypisch sehr unterschiedlich und zeigt sich vor allem in der Reaktionsbereitschaft des Hundes, das heißt im Temperament, der Härte oder Weichheit und Ausdauer. Auch die Trieb- und Instinktveranlagung besitzt einen art-, rasse- und individualtypischen Charakter. Triebe dienen wichtigen Lebensfunktionen und sind mit seelischen und körperlichen Vorgängen verbunden. Instinkte sind angeborene und im Erbgedächtnis verankerte Regulationsmechanismen. Die Leistungsfähigkeit des Gehirns beschreibt das Lernvermögen des Hundes, seine Assoziations- und Kombinationsgabe.[47]

Bei Dr. Dorit Feddersen-Petersen umfasst der Wesensbegriff des Hundes das Verhalten und die Bindung seinem Menschen sowie das Verhalten fremden Menschen und Artgenossen gegenüber.

Verhalten ist einerseits genetisch fixiert und zum anderen Teil eine Reaktion auf umgebungsbedingte Faktoren wie den prägenden Einflüssen innerhalb der ersten 8-10 Lebenswochen und der Behandlung durch den Halter und seiner Umwelt in den weiteren Lebensphasen.

Das artspezifische Verhalten hat eine hohe genetische Dominanz und ist daher sehr stabil. Rassetypisches Verhalten hat ebenfalls eine genetische Grundlage, wird aber weniger zuverlässig vererbt und erhält sich nur über eine stringente Selektion und züchterische Bearbeitung auf die angestrebten Charaktermerkmale, ansonsten unterliegt es der genetischen Drift, wird modifiziert, abgeschwächt oder verschwindet.

Die charakteristischen Eigenschaften einer Hunderasse lassen sich recht gut aus ihrem ursprünglichen Verwendungszweck ableiten. Dennoch sind Rasseeigenschaften erst einmal nur Veranlagungen bzw. Verhaltensdispositionen, die durch verschiedene Faktoren individuell geformt werden können.

Pauschale Ausführungen über Wesens- und Verhaltensmerkmale gehen meist an der Realität "des Individuum mit seinen persönlichen Eigenarten“ vorbei, genauso wie generalisierte positive

Elwing di Gran Burrone, Züchter und Besitzer: Triola Massimiliano, Kennel: di Gran Burrone; Foto mit freundlicher Genehmigung: Triola Massimiliano

Ch. Katalonien, Arrigo de Cuore Blue, Züchter und Besitzer: Cuore Blue; Foto: Nury Pera, ©Cuore Blue

Guardiano Degli Angeli Qiana, Züchter: Guardiano Degli Angeli, Besitzer: Cuore Blue; Foto: Nury Pera, ©Cuore Blue

Rassezuschreibungen im Sinne von „lieber Familienhund, freundlich, verschmust und genügsam". „Zuverlässiger und treuer Begleiter; ein hervorragender Wachhund ohne aggressives Potential", etc. Kinderliebe Hunderassen gibt es per se nicht, sie sind wohl eher eine Erfindung von Hundezüchtern. Ebenso wie den gern zitierten, angeborenen Welpenschutz gegenüber Kindern oder Fremdwelpen. Um Problemen vorzubeugen, sollten sich Hundehalter und insbesondere Eltern damit auseinandersetzen, für welche Aufgaben ihr Hund gezüchtet wurde und welche für den Umgang mit Kindern gewichtige Verhaltensausprägungen daraus folgen.

„(…)Im Rahmen eines Forschungsprojekts der Universität Bonn hat die Psychologin Dr. Silke Wechsung auf der Basis von Befragungen und Verhaltensbeobachtungen von fast 3.000 Hundehaltern ermittelt, welche Faktoren eine gute beziehungsweise schlechte Beziehung zwischen Menschen und Hunden verursachen. Bezogen auf das Zusammenleben von Kindern mit Hunden fand sie heraus: „Ein Viertel aller Eltern wissen sehr wenig über typisches Sozial- und Ausdrucks-

Sokrates OBC, Foto: Karlheinz Gschwind

verhalten von Hunden, und über ein Drittel aller Eltern können dieBotschaften des Hundes nicht richtig entschlüsseln." Abwehrsignale des Hundes, der sich von einem Kind bedrängt oder belästigt fühlt, würden demnach oft nicht erkannt – bis der Hund zuschnappt. Ein weiteres Problem, so Dr. Silke Wechsung: „Viele Hunde werden unterfordert, weil die Halter zu wenig Zeit für sie haben. Unterforderte Hunde kommen aber viel eher auf ‚dumme' Gedanken, weil sie sich ihre Beschäftigung suchen." Dazu komme eine Überforderung des Hundes durch die Erwartungshaltung der Eltern: „In 25 Prozent der Familien bekamen die Kinder keine Anleitung, wie sie sich gegenüber dem Hund verhalten sollen, nach dem Motto: ‚Der Hund ist eh kinderlieb'. Besonders fatal sei dies vor dem Hintergrund, dass 25 Prozent der Eltern angaben, den Hund als Spielpartner für die Kinder angeschafft zu haben, denn gerade beim unbeaufsichtigten Spiel könne es zu Konflikten kommen. Schließlich ergab die Studie, dass sich in zwei Drittel der Familien die Eltern nicht völlig einig waren, wie die Hundeerziehung ablaufen soll.(…)"[48]

Wesen und Verhalten

Der Charakter des Cane Corso

In der morphologischen Beschreibung ist der Cane Corso Standard weitaus detailreicher, während sich die Charakterbeschreibung auf wenige Worte beschränkt, ohne Erläuterung der erwünschten Eigenschaften. Im italienischen Standard ist unter dem Stichwort Verhalten / Charakter folgendes ausgeführt: Beschützer von Eigentum, Familie und Vieh; extrem agil und eigenverantwortlich. In der Vergangenheit wurde er zum Hüten von Nutzvieh und zur Großwildjagd verwendet. Die Aussage "extrem agil und eigenverantwortlich" fehlt im deutschen Standard.

Gemäß italienischem Standard von Morsiani ist der Cane Corso intelligent, kraftvoll, ausgeglichen und leicht auszubilden. Eindeutig: ein Wach- und Schutzhund. Außerordentlich beweglich und reaktionsschnell. Fügsam gegenüber seinem Besitzer, freundlich mit Kindern und der Familie. Und bei Bedarf auch beherzter Beschützer von Personen, Haus und Grund.
in italienischen Rassebeschreibungen findet man häufig knappe Auflistungen der grundsätzlichen Eigenschaften; beim Cane Corso werden die wichtigsten Merkmale folgendermaßen beschrieben.

Temperament:	durchschnittlich hoch, lebhaft
Härte:	ziemlich hart, starrköpfig
Führigkeit:	mäßige, ausreichende Lenkbarkeit
Sozialverhalten:	sehr hoch
Aggressivität:	hoch
Kampf- und Beutetrieb:	hoch
Wachsamkeit:	gut
Neugierde:	hoch
Anhänglichkeit:	hoch

Grundsätzlich ist festzuhalten, dass Charakterbeschreibungen beim Hund nicht im menschlich-moralischen Sinne von gut und böse oder lieb und aggressiv zu interpretieren oder bewerten sind. Wenig andere Verhaltensweisen des Haushundes werden so oft falsch ausgelegt wie die natürliche Aggression. Tatsächlich besitzt jeder Hund ein individuelles ursprüngliches Aggressionspotenzial, sprich ein arteigenes Reaktionsverhalten auf diverse Umweltreize. Die Aggression ist jener Impuls, der alle sozialen Beziehungen regelt, man könnte sie auch als die „Wahrnehmung Anderer“ definieren. Ein Hund mit einer ausgeprägten Aggression ist kein böser Hund, wie umgekehrt ein

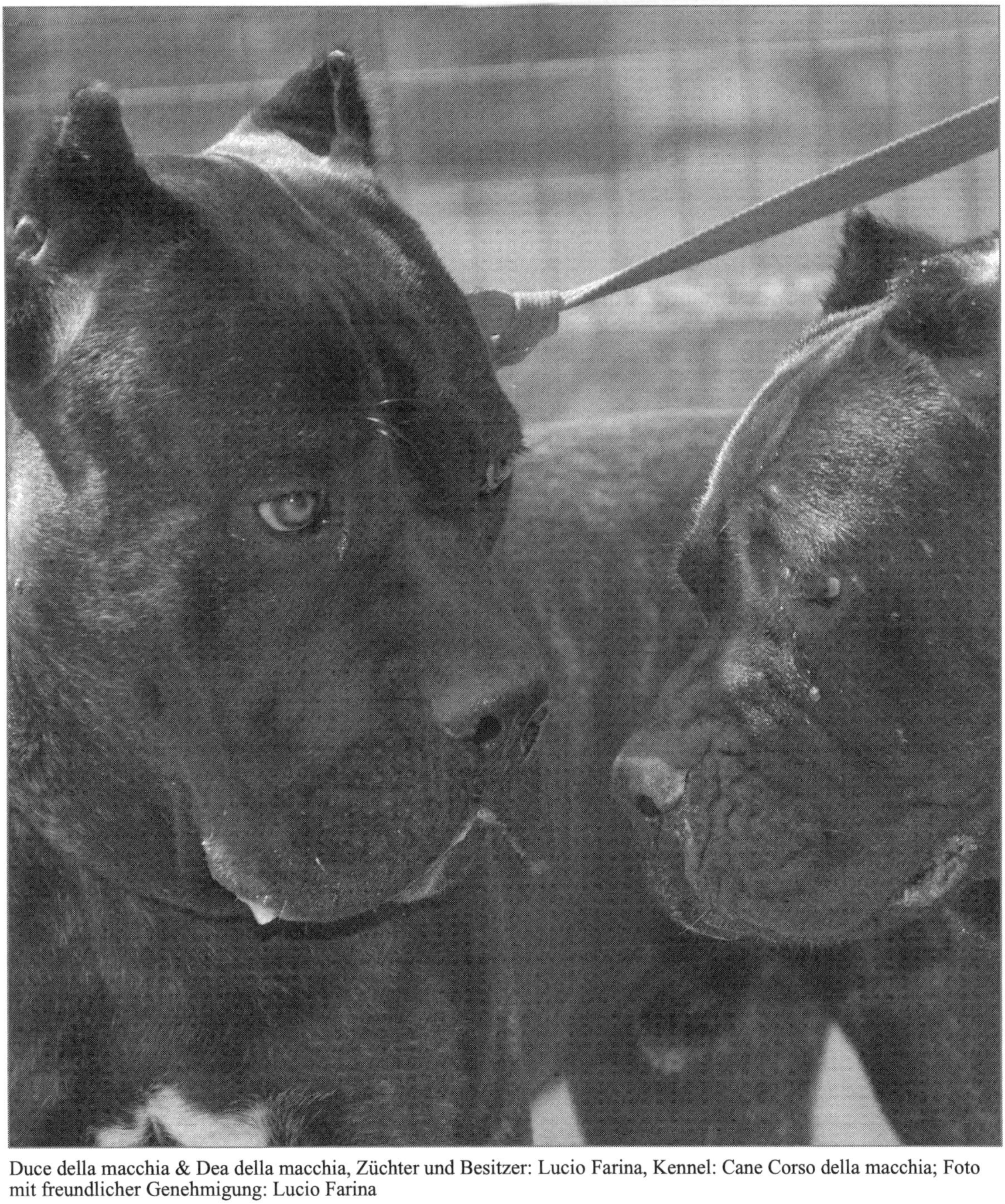

Duce della macchia & Dea della macchia, Züchter und Besitzer: Lucio Farina, Kennel: Cane Corso della macchia; Foto mit freundlicher Genehmigung: Lucio Farina

Hund ohne aggressives Potential ein guter Hund ist, sondern vielmehr einer, der mit Desinteresse auf die ihn umgebenden Stimuli reagiert. Jagdhunde müssen demnach eine höhere Aggressionsbereitschaft mitbringen, identisch dem Wachhund, den eine territoriale Aggression auszuzeichnen hat. Davon abzugrenzen ist eine inadäquate Aggression oder gestört aggressives Verhalten, das durch ein Fehlen der Eskalationsstufen, also ein abgestuftes Verhalten, gekennzeichnet ist. „Der Kampftrieb beschreibt den lustvollen Gebrauch von Gebiss und Muskeln, um sich im Kampf mit einem Rivalen zu messen, sei es im Spiel oder im Ernst.“[49] „Kampfbereitschaft ist eine natürliche Begabung, die Fähigkeit unangenehme, äußere Reize mit zwei simultanen Aktionen zu beantworten: Kämpfen und Beißen. Belastbarkeit ist die Fähigkeit, unangenehme äußere Situationen und Reize zu tolerieren und sie in kurzer Zeit zu vergessen. Sie kann stark oder schwach ausgeprägt sein: Die schwachen Hunde sind nutzlos, die harten brauchen einen fähigen Menschen. Fügsamkeit ist die Fähigkeit des Hundes den Menschen als seinen natürlichen Vorgesetzten anzunehmen, ohne dass die Notwendigkeit von Unterdrückung und Unterwerfung von Seiten des Menschen her besteht.
Geselligkeit: (Sozialverhalten) beschreibt den Umgang des Hundes mit seinen Menschen.“
(Danilo Giorgio, Ausstellungsrichter, Richter Schutzhund, Agility und Obedience, ENCI/FCI)[50]

Das Temperament beschreibt die Reaktionsschnelligkeit, nicht die Reaktionsart.
Ein Arbeitshund sollte ein lebhaftes Wesen mit einer gewissen Härte und dem richtigen Quantum an Kampftrieb aufweisen.
Das Maß an Führigkeit sollte korrekt aber nicht übermäßig profiliert sein, da ein Gebrauchshund nicht nur auf Befehl agieren sollte.
Wachsamkeit ist für einen Arbeitshund eine unerlässliche Mitgift. Der Cane Corso ist ein guter Wachhund; nicht mit der übereifrigen Erregbarkeit z.B. eines Dobermannes, aber er nimmt alles und jedes Neue oder Fremde in seinem Territorium sofort wahr, zieht es aber ob seines ausgeglichenen Charakters vor, die Situation genau abzuwägen und einzuschätzen, bevor er reagiert.
Ebenfalls ein wichtiges Kriterium ist die Neugierde, also das Interesse an der Außenwelt. Ohne Forschungstrieb bleibt ein Hund teilnahmslos und unvermögend zu lernen.
Das Sozialverhalten oder die soziale Umgänglichkeit definiert sich als die Fähigkeit des Hundes, sich auf den Menschen zu beziehen. Arbeitshunde sollten diese Befähigung in hohem Maße mitbringen, wobei sich dieses Merkmal im Wesentlichen durch die richtige Sozialisation herausbildet.
Der Cane Corso wird häufig als anhänglich geschildert, im Italienischen wird dagegen oft die

Vice World Winner Brainstorm de La Mirage De Torrellas, Züchter: Marta Garcia & Esparta de Los Guardianes Del Cierzo, Züchter: María Alonso, Besitzer: Laura van Raaij, Kennel: La Vita Bella; Foto mit freundlicher Genehmigung: Laura van Raaij

Eno dell' Antica Borgata, Züchter: Cesare Vetrugno, Kennel: dell'Antica Borgata; Foto: Karlheinz Gschwind

Beschreibung possessiv verwendet und meint die Neigung, etwas oder jemanden als sein Eigentum zu begreifen. Besitzergreifendes Verhalten ist nicht gleichzusetzen mit anhänglichem Wesen, oder der „Liebe zu seinem Herrn“. Ein Arbeitshund muss seinem Hab und Gut, Haus und Hof stark zugetan sein und es sich zu eigen machen, allerdings können sich aus diesem Charakterzug auch eine Reihe von Problemen ergeben, beispielsweise wenn der Hund seinen Herrn als seinen Besitz ansieht und entweder niemanden in seine Nähe lässt oder sich aufgrund seines kontrollierend-dominanten „Empfindens“ nicht "unterwirft", oder gehorcht.
Laut Danilo Giorgio sind die typischen Charaktereigenschaften, die einen Cane Corso auszeichnen sollten: „Kampfbereitschaft, Fügsamkeit, Geselligkeit, psychische Balance und nervliche Ausgeglichenheit.
Diese charakterliche Ausstattung macht den Cane Corso zu einem ruhigen, kontrollierten und reflektierenden Hund. Seine wahre Stärke ist die ihm eigene mentale Stabilität, sein inneres Gleichgewicht und seine Nervenfestigkeit.
Diese genetische Basis muss züchterisch bewahrt und durch den Hundebesitzer ausgebaut werden.“[51]
Idealerweise ist der Cane Corso ein nervenfester, besonnener, anpassungsfähiger, temperamentvoller Hund mit einer hohen Reizschwelle ohne unangemessene Aggressivität oder Ängstlichkeit. Ausbalanciert, clever, großherzig, sportlich: ein Bodygard und ein Familienmitglied.

Der Ausdruck des echten Cane Corso ist einzigartig: stolz, kämpferisch, aufmerksam, erhaben und edel. Eine Physiognomie, die seinen facettenreichen, starken und ausgewogenen Charakter spiegelt ebenso wie seine Eleganz, Kraft und Agilität.

Der Cane Corso hat eine ausgeprägte instinktive und adaptive Intelligenz, die in befähigt sich Situationen anzupassen und situativ angemessen zu reagieren. Wobei er es vorzieht, eigenständig zu lernen und zu entscheiden, welcher Weg der beste ist. Der Cane Corso ist ein Hund mit “scienza e coscienza” der sozusagen nach besten Wissen und Gewissen handelt. Einen echten Cane Corso zeichnet sein starkes psychisches Gleichgewicht und seine Reflexivität aus. Er ist ein Hund, der denkt, der autonom und perfekt Zeit, Art und Weise abschätzt, bevor er eingreift. Aber wenn er es tut, dann mit absoluter Vehemenz und Entschlossenheit; quasi in weniger als einer Sekunde von 0 auf 100 und umgekehrt. Der Cane Corso hat ein starkes Gefühl der Eigenverantwortung auch und im Besonderen für sein Territorium. Auf dem eigenen Grundstück fühlt er sich am wohlsten und verlässt es auch nicht. Territorialverhalten und Wachsamkeit bedeuten aber auch, dass fremde Tiere

Wesen und Verhalten

Uma dell' Ercole, Züchter: Aldo Olibano, Kennel: I Molossi dell'Ercole;
Foto mit freundlicher Genehmigung: Aldo Olibano

Esparta de Los Guardianes Del Cierzo, Züchter: Maria Alonso
Besitzer: Laura van Raaij, Kennel: La Vita Bella; Foto mit freundlicher Genehmigung: Laura van Raaij

oder Menschen nicht einfach sein Revier betreten können. Der Cane Corso ist nicht nur ein Wachhund, sondern hat auch die Fähigkeit zur Verteidigung. Fremden gegenüber verhält er sich zurückhaltend bis misstrauisch.

Er ist ein selbstständiger, aufgeweckter, zielstrebiger Hund mit einem ausgezeichneten Gedächtnis und einem starken Willen, vital und arbeitsfreudig, der eine Aufgabe benötigt, um zufrieden und ausgeglichen zu sein. Sein Temperament, seine Spielfreude, sein Bewegungsdrang und seine Neugierde wollen befriedigt werden.

Aufgrund seiner schnellen Auffassungsgabe ist er leicht zu erziehen und auszubilden. Allerdings wird er nie wie ein Automat reagieren und das Erlernte nicht immer verlässlich umsetzen.("...non è und cane telecomandato"). Seine lebhafte Intelligenz zeigt sich eben auch in Eigeninitiative und Unabhängigkeit.

Als aufnahmestarker Beobachter lernt er schnell, seine Familienmitglieder zu interpretieren und gegebenenfalls Schwächen auszunützen oder im besten Sinne, die jeweilige Hausordnung zu akzeptieren.

Der Cane Corso ist ein geselliger Hund, der mit und für seinen Herrn leben möchte. Im sozialen Umgang mit seiner Familie ist er feinfühlig und empfindsam, anschmiegsam, loyal, gutmütig und tolerant mit Kindern, falls diese gelernt haben, wie man sich korrekterweise gegenüber einem Hund zu verhalten hat. Dass Kinder niemals ohne Aufsicht mit einem Hund alleingelassen werden dürfen, sollte selbstverständlich sein. Im Spiel Kind und Hund zeigt sich dann auch oft ein Beziehungsgeflecht, welches im besten Sinne von Lernen, Heiterkeit, Verständnis, Vertrauen und Sicherheit geprägt ist. Dazu braucht er aber einen engen Familienanschluss, eine konstante Zuwendung, die ihn weder vermenschlicht noch versachlicht, und eine konsequente, einfühlende und geduldige Führung mit klaren Vorgaben und festen Grenzen.

Auf Härte reagiert er sehr sensibel und schaltet auf Durchzug oder reagiert mit Übersprunghandlungen.

Der Cane Corso ist bis ins Erwachsenenalter spielerisch veranlagt. Und so wie er Streicheleinheiten liebt, schätzt er auch das ruppig robuste Spielen und Rempeln mit einem gleichstarken menschlichen Partner.

Die individuellen Unterschiede zwischen den Cani Corso zeigen auch die außergewöhnliche Vielfalt der Rasse. Den einzigartigen und ursprünglichen Charakter „seines Hundes“ zu ergründen und zu analysieren, macht nicht nur große Freude, sondern hilft auch, das Beste im eigenen Hund zu aktivieren und zu stärken.

Obgleich in Italien die arbeitenden Hunde oft im Rudel gehalten werden, kann der Cane Corso

Duce dell'Ercole, Züchter: Aldo Olibano, I Molossi dell'Ercole & Macchia von Antonio Iezza;
Foto mit freundlicher Genehmigung: Aldo Olibano

Eaglemount Levrone & Eaglemount Kimba, Besitzer / Kennel: Eeaglemount Kennels & Re Manfredi;
Foto mit freundlicher Genehmigung: Paolo Renzullo

Wesen und Verhalten

Zico della Valle degli Orsi Ali, Züchter: Valle degli Orsi Ali Kennel, Besitzer: Casa Pretorian; Foto mit freundlicher Genehmigung: Cosmin Pretorian

auch eine ablehnende oder feindselige Haltung gegenüber gleichgeschlechtlichen Artgenossen einnehmen. Beeindruckend ist seine Energie, Athletik und Wendigkeit, die in der kraftvollen Eleganz an Katzen erinnert, und die er im Spiel und Lauf ausleben will.
Es ist jedoch bemerkenswert, dass er es in den meisten Fällen nicht liebt, Witterungseinflüssen wie sehr hohen Temperaturen oder starken Regenfällen ausgesetzt zu werden.
Sein Erbe als Jagdgebrauchshund zeigt sich in seinem feinen Geruchssinn, seiner freudigen Nasenarbeit und der Begeisterung am Beißen, Knabbern, Tauziehen, Packen und Festhalten. Hinreichend beschäftigt und ausgelastet ist er im Haus ein ruhiger Mitbewohner.
Wie alle Molosser ist der Cane Corso ein Spätentwickler, der sein gesamtes Potential und seine vollständige geistige Reife erst mit rund drei Jahren erreicht.
Da der Grad zwischen anlagebedingtem Misstrauen und ängstlichem Verhalten relativ schmal ist, gibt es – auch aufgrund negativer Prägungs- und Aufzuchtbedingungen – vermehrt unsichere, furchtsame und ängstliche Hunde. Hier ist in erster Linie auf die sorgfältige Züchterauswahl, die frühzeitige Sozialisierung und den einwandfreien Charakter der Mutterhündin zu achten. Ängstliche Hunde stellen eine Gefahr dar, da sie aus Angst beißen.
Dies ist definitiv nicht gewollt und hat nicht das Geringste mit einem Cane Corso zu tun:
"Corso means 'strong/powerful'. Cane means dog. Cane Corso simply means 'strong/powerful dog'. Nothing more and definitely nothing less."[52]
Wie gesagt, der Cane Corso ist kein Hund für jeden - er ist ein besonderer Hund.

Wesen und Verhalten

Ywon, Züchter und Besitzer: Onofrio Ventrice & Onofrio Cugliari;
Foto mit freundlicher Genehmigung: Onofrio Ventrice

Wesen und Verhalten

Morgana, Züchter: Paolo Petrocelli, Besitzer: Lorena Iannacone (Lega Cinofila ENPSA) & Brando, Züchter und Besitzer: Marcello Rosito / Canecorso Parisibasilicata; Foto mit freundlicher Genehmigung: Lorena Iannacone & Marcello Rosito

O'Connor and Oscar Imperium Mare Nostrum, Züchter: Kéfon Lopez-Villanueva, Kennel: Imperium Mare Nostrum; Foto mit freundlicher Genehmigung: Kéfon Lopez-Villanueva

Verordnungen die Haltung, Erwerb und Zucht bestimmter Rassen regeln, gibt es inzwischen fast weltweit. Viele Rassen sind verboten oder nur unter bestimmten Haltungs-Restriktionen erlaubt.
Der Begriff Kampfhund geht u.a. auf die historischen Gegebenheiten des 18. und 19. Jahrhunderts zurück, als man in den Arenen dafür gezüchtete und ausgebildete Hunde gegen andere Tiere wie Dachse, Wölfe, Wildschweine, Bären, Löwen und Bullen hetzte. Daneben gab es die sogenannten "Bullenbeißer", welche zum Treiben und Hüten von wehrhaftem Vieh eingesetzt wurden. Ebenso Hunde, die in früheren Zeiten von Soldaten in den Krieg geführt wurden. Aber auch Hunde, die für Hundekämpfe gezüchtet und eingesetzt wurden. Es handelte sich dabei um keine definierte Hunderasse, sondern um ein bestimmtes Einsatzgebiet. Neben der erwünschten „gameness“ durften die Hunde aber keinerlei Aggressivität gegenüber Menschen zeigen. 1835 wurden Hundekämpfe in England verboten, Ende des 19. und Anfang des 20. Jahrhunderts auch in den meisten anderen Industrienationen. Die Bezeichnung Kampfhund ist, auf die damalige genetische Selektion und Tätigkeit zurückgeführt, in diesem Sinne korrekt. Wie auch der Begriff Jagdhund oder Herdenschutzhund etc. Einige deutsche Bundesländer bezeichnen in ihren derzeit gültigen Hundeverordnungen manche Hunderassen ausdrücklich als Kampfhunde und reglementieren diese entsprechend. Mit diesem Terminus soll die angebliche Gefährlichkeit dargelegt werden.

Cara (Jack Russel) & Uggiosa di Castell'Anselmo; Foto mit freundlicher Genehmigung: Francesco Mostacci

„Die Bezeichnung "Kampfhund" als Überbegriff für alle Angehörigen bestimmter Rassen bleibt aber aus vielen Gründen abzulehnen. Formen von übersteigertem Angriffs- oder unangemessenem Aggressionsverhalten können bei Hunden durch verschiedene endogene und exogene Faktoren entstehen, wobei die Rassezugehörigkeit keine Rolle spielt. Aus veterinärmedizinischer Sicht sollte die Gefährlichkeit von Hunden ausschließlich anhand ihres Individualverhaltens beurteilt werden. Dabei muss der Begriff "Kampfhund" unbedingt vermieden werden, weil er historischen Ursprungs ist und sich auf Hundepopulationen bezog, die leistungsorientiert für Kämpfe gezüchtet wurden (...)".[53]

Rassenkataloge, die "Hunde mit gesteigerter Gefährlichkeit" auflisten, sind also irreführend: Sie entbehren der Objektivität und missachten, dass sich Verhaltensweisen und Reaktionen von Hunden in Wechselwirkung mit ihrem sozialen Umfeld, sprich in der Konstellation „Halter-Hund" entwickeln. Es gibt gefährliche Hunde, aber keine gefährlichen Rassen, auch wenn bestimmte Rassen häufiger als "Waffe" mißbraucht werden um ein erbärmliches Ego zu kaschieren.

Seit der Öffnung der Grenzen zu den osteuropäischen Ländern entstand ein immenser Handel mit Hundewelpen und „Kampfhunderassen". Die Tiere werden im Internet angeboten, trotz Einfuhrverbot in die jeweiligen Länder verbracht, verkauft und in vielen Fällen von den Behörden

Kyra di Casa la Torre, Züchter: Matteo la Torre & Yorkshire Terrier Chicco; Foto mit freundlicher Genehmigung: Matteo Ortuso

sichergestellt und in Tierheime abgeschoben. Die Händler verdienen Geld, die Behörden erfüllen ihre Pflicht und die Opfer sind die Hunde, welche euthanasiert werden oder in Heimen vor sich hin vegetieren, weil sie keine Chancen auf Vermittlung haben.

England
In England wurde 1991 der „Dangerous Dogs Act (DDA)" erlassen, welcher die Rassen Pit Bull Terrier, Tosa Inu, Dogo Argentino und Fila Brasiliero und Kreuzungen mit diesen Rassen umfasst. Diese Hunde zu halten ist verboten, solange keine Befreiung mittels eines Gerichtsbeschlusses vorliegt. Hunde, die in den Zuständigkeitsbereich des Gesetzes fallen und nicht auf der Liste der befreiten Hunde verzeichnet sind, werden eingezogen und eingeschläfert.

Amerika
In den USA gibt es kein bundesstaatliches Einheitsgesetz; die einzelnen Staaten, bis hin zu einzelnen Städten, können eigene Vorschriften und Beschränkungen bezüglich der „Breed-Specific Legislation (BSL)" erlassen. Insgesamt sind es 75 Rassen die in verschiedenen Ländern oder Staaten verboten oder nur mit Einschränkungen zu halten sind. Darunter fällt auch der Cane Corso. Wobei allerdings keine der aufgelisteten Rassen in allen Staaten verboten sind und in einigen Staaten sogar keinerlei Auflagen existieren.

Deutschland
Seit April 2001 gilt das „Gesetz zur Bekämpfung gefährlicher Hunde".
Hundeverordnungen unterliegen in Deutschland keiner pauschalen oder einheitlichen Regelung; die einzelnen Bundesländer legen die Gesetze selbst fest und entscheiden, welche Rassen als gefährlich oder potentiell gefährlich gelten. Halter einer solchen Hunderasse müssen besondere Bedingungen beachten. Zudem existieren kommunale Verordnungen, welche auf Grundlage der Hundegesetze der Länder festgelegt werden. Auch die Auflagen unterscheiden sich. Zucht, Verkauf oder Kauf ist in manchen Bundesländern erlaubt, in anderen ist die Haltung an sich (und somit auch der Erwerb oder die Abgabe) gänzlich verboten beziehungsweise an bestimmte Bedingungen geknüpft.
Die von den Bundesländern erstellten Rasselisten umfassen, je nach Bundesland, verschiedene Hunderassen, die als gefährlich gelten oder bei denen eine rassebedingte Aggressivität vermutet wird. Hunde, die auf diesen Listen stehen, werden deshalb als Listenhunde bezeichnet oder eben auch als „Kampfhunde" betitelt. Unabhängig von den jeweiligen Verordnungen des Bundeslandes,

Cika (Sofi x Roger Federer), Züchter und Besitzer: AngeloTardi Cane Corso Campano; Foto mit freundlicher Genehmigung: Angelo Tardi

gibt es zusätzlich ein allgemeines Gesetz für die Rassen Pitbull-Terrier, American Staffordshire Terrier, Staffordshire-Bullterrier, Bullterrier und für die Kreuzungen dieser Rassen. Diese dürfen laut dem Gesetz zur Beschränkung des Verbringens oder der Einfuhr gefährlicher Hunde in das Inland (kurz: Hundeverbringungs- und Einfuhrbeschränkungsgesetz) nicht aus dem Ausland nach Deutschland gebracht werden. Die Ausnahme vom Verbringungs- und Einfuhrverbot gilt für den Fall, dass sie nachweislich im entsprechenden Ziel-Bundesland gehalten werden dürfen.
Zusätzliche Sonderauflagen sind Leinen- oder Maulkorbzwang sowie Chip-, Versicherungs- und Meldepflicht. In einigen Bundesländern werden die Rassen noch zusätzlich in Kategorien unterteilt. So gibt es Rassen, die grundsätzlich als gefährlich eingestuft werden (Kategorie 1) und Rassen, deren Gefährlichkeit vermutet, aber durch einen Wesenstest widerlegt werden kann (Kategorie 2). Zudem müssen Halter bei Hundehaftpflichtversicherungen oft auf Spezialtarife ausweichen, die entweder einen ungünstigeren Versicherungsschutz enthalten oder aber erheblich teurer sind. Auch Kommunen können für einen Listenhund eine erhöhte Hundesteuer verlangen. In einigen Fällen ist diese mit bis zu mehr als 1.000 Euro deutlich kostspieliger.
Der Cane Corso fällt in Bayern und Brandenburg unter die Kategorie 2. Für Kategorie 2-Hunde gibt es die Möglichkeit, anhand eines Sachverständigengutachtens zu beweisen, dass es sich nicht um einen Hund mit gesteigerter Aggressivität und Gefährlichkeit handelt. Das Gutachten wird durch die Gemeinde und das Veterinäramt geprüft, und es kann daraufhin das sogenannte Negativzeugnis ausgestellt werden, aufgrund dessen die Haltung des Hundes nicht mehr von einer Erlaubnispflicht abhängig ist. Und Maulkorb- und Leinenzwang entfallen. Da Ablauf und Inhalt der Wesensbeurteilungen nicht vorgeschrieben sind, kommt es häufig zu unterschiedlichen Beurteilungen.

Dänemark

Dänemark hat seit 2010 ein äußerst restriktives Hundegesetz „The Danish dog law“, das Zucht, Einfuhr, Transfer und Haltungsverbot für 13 als gefährlich geltende Hunderassen regelt. Der Cane Corso ist bislang nicht vom Verbot betroffen. Aber: „Auch wenn der Vierbeiner nicht einer der gelisteten Rassen angehört, kann er Opfer dieses Gesetzes werden - es reicht die bloße Optik, der Besitzer ist dann gefordert zu beweisen, dass der Hund keiner der gelisteten Rassen angehört. Dies geht nur mit Abstammungspapieren - ein DNA-Test ist nicht ausreichend! Zudem ist nach Aussage der dänischen Behörden ein Hund einer Rasse zugehörig, bzw. ein Mix daraus, wenn nur 1 % Gen-Anteil einer verbotenen Rasse in seiner DNA nachweisbar ist (...) Zudem droht die Beschlagnahme und Einschläferung jedem Hund, der einen anderen Hund oder Menschen beißt, und diesen so

Guardiano degli Angeli CaLudo (Dutch Champion, International Champion, Belgian Winner 2011, Dutch Veteran Champion, Veteran Winner 2014) & Inri (Dutch Youth Champion, JW'10, W'10), Besitzer / Kennel: Italian Guardian; Foto mit freundlicher Genehmigung: Anita Giskes, ©Eye Dea Fotografie

Nobile Corso Acid Queen "Queen", Züchter: Linda Jansson & Rothorm Jy Dream I Fight Dragons "Ice", Züchter: Montserrat Fernándes Samón, Besitzer beider Hunde: Linda Jansson, Kennel: Nobile Corso; Foto mit freundlicher Genehmigung: Linda Jansson, Foto: ©Giovanni Mazzei

Leonia Romana, Züchter: Michele Bocci, Besitzer: Andrea Ottaviani, Kennel: I Molossi di Roma; Foto mit freundlicher Genehmigung: Andrea Ottaviani, ©Andrea Caruso Fotografia

Multi Ch. Marcus & Guiggiola, Besitzer: Dei Monti Erei; Foto mit freundlicher Genehmigung: Filippo Seminara

Cino di Casa Pretorian; Foto mit freundlicher Genehmigung: Cosmin Pretorian

verletzt, dass er mit mindestens einem Stich genäht werden muss - dies ist völlig rasseunabhängig, wie die Fälle der bereits getöteten Hunde belegen“.[54]

Im Juli 2014 wurde das Gesetzt novelliert. Die Situation hat sich allerdings nur marginal verbessert. „Zwar kann im Falle eines Beißvorfalls jetzt ein Gutachter hinzugezogen werden, aber noch immer ist die Polizei die einzige Instanz, die über Tod und Leben eines Hundes entscheidet. Auch an der umgekehrten Beweislast ist keinerlei Änderung erfolgt - ganz zu schweigen von der Rasseliste, die von den Änderungen völlig unberührt geblieben ist. Hier konnte lediglich verhindert werden, dass von den zwanzig "unter Beobachtung stehenden" Rassen weitere der Liste hinzugefügt wurden“.[55]

Österreich

Je nach Bundesland, in dem es eine Rassenliste für sogenannte Kampfhunde gibt, variiert deren Zusammensetzung leicht. Die folgende Liste ist eine Zusammenfassung aller Hunderassen, die zumindest in einem österreichischen Bundesland als Kampfhunde klassifiziert werden: Rottweiler, Pitbullterrier, Bullterrier, Staffordshire Bullterrier, American Staffordshire Terrier, Mastino Napoletano, Mastin Español, Fila Brasileiro, Mastiff, Argentinischer Mastiff, Dogo Argentino, Bullmastiff, Bordeauxdogge, Tosa Inu, Ridgeback, Dogo Argentino und Bandog sowie

deren Kreuzungen und Mischlingsrassen.
In Oberösterreich muss für jeden Hund rasseunabhängig ein Sachkundenachweis (Hundeführschein) vorgelegt werden. In Salzburg gibt es bislang keine Rasseliste. Hier müssen sich „gefährliche Hunde" einem Test unterziehen. „Gefährliche Hunde" sind dem Landessicherheitsgesetz zufolge jene, die eine gesteigerte Aggressivität aufweisen und Menschen oder Tiere bereits gebissen haben. Zusätzlich zum Test muss jeder Hundehalter eine Haftpflichtversicherung in Höhe von 500.000 Euro für Personenschäden und 250.000 Euro für Sachschäden abschließen. In der Steiermark ist es für jedermann Pflicht, der sich einen neuen Hund anschafft, eine Prüfung bei einem Tierarzt ablegen. Personen, die bereits einen Hund haben, müssen diese Prüfung nicht ablegen.

Concetta Dell'Alumera, Züchter: Giovanni la Rosa, Besitzer: Giuseppe Puleio; Foto mit freundlicher Genehmigung: Giuseppe Puleio

Schweiz
Der Cane Corso wird im Kanton Genf und Wallis als potentiell gefährlich betrachtet. Zucht, Erwerb, Einfuhr und Haltung sind verboten. In den Kantonen Schaffhausen, Thurgau und Tessin ist er bewilligungspflichtig.

Italien
Nachdem man in Italien festgestellt hat, dass die Regelung bezüglich gefährlicher Rassen, die Anzahl von Vorfällen nicht verringert hat, wurde die Rasseliste die 135 als gefährlich

eingestufte Rassen umfasste, abgeschafft. Seit 2009 gilt die „Ordinanza Martino" nach der auffällig gewordene Hunde registriert werden müssen und deren Besitz strengen Auflagen unterliegt.

Frankreich

Frankreich unterteilt ebenfalls in Kategorie 1- und Kategorie 2-Hunde. Die 2010 eingeführten Regelungen sind einheitlich für das ganze Land verbindlich. Kampfhunde (chiens d'attaque) der 1er Kategorie sind Hunde ohne offizielle FCI/SCC Papiere, die dem Typus Pitbull, Mastiff (Boerboel) und Tosa ähneln. Der Typ Mastiff wird wie folgt beschrieben: Dogge, meistens rehfarbig, mit kurzem Haar, groß, muskulös, mit massivem und langem Körper, Brustkorbumfang > 80 cm Widerristhöhe: 50 bis 70 cm; Gewicht > 40 kg, breiter Kopf mit breitem Schädel und einer ziemlich kleinen Schnauze; hängende Lefzen, breiter Hals mit Hautfalten (Wamme). Ziemlich stämmiger und zylinderförmiger Körper. Hunde der Kategorie 1 dürfen nicht nach Frankreich eingeführt werden, ihre Haltung ist im ganzen Land verboten.
In die Kategorie 2 fallen Rassehunde mit Papieren von FCI/SCC aus dem Bereich „Wach- und Schutzhunde" (chiens de garde et de défense). Die Verbringung von Hunden der zweiten Kategorie obliegt zahlreichen Voraussetzungen und Einschränkungen. Hund und Halter müssen verschiedene Eignungsnachweise, Verhaltensbegutachtungen, sowie eine Besitzgenehmigung vorlegen, die mit einem Wohnsitz in Frankreich verbunden ist. Bei Zuwiderhandlungen werden Bußgelder bis zu € 15.000 oder Gefängnisstrafen von einem halben Jahr ausgesprochen.[56]

In der Ukraine und in Weißrußland steht der Cane Corso ebenfalls auf der Liste gefährlicher Rassen.

Rassische Diskriminierung im Allgemeinen verweist immer auf phänotypische Unterschiede oder nach Albert Memmi: „Der Rassismus ist die verallgemeinerte und verabsolutierte Wertung tatsächlicher oder fiktiver Unterschiede zum Nutzen des Anklägers und zum Schaden seines Opfers (...)".[57] Diese Definition passt auch auf Listenhunde...

Guardiano Degli Angeli CaLudo (Dutch Ch., International Ch., Belgian-Winner 2011, Dutch Veteran Ch., Veteran-Winner 2014), Besitzer: Anita Giskes, Kennel: Italian Guardian; Foto mit freundlicher Genehmigung: Anita Giskes, ©Eye Dea Fotografie

Zucht

Callixtus Caelus Antiquum und Fabius du Clos d'Attila, Besitzer: Caelus Antiquum Kennel;
Foto mit freundlicher Genehmigung: Dimitar Dzhurov

Zucht

Fedeli alla razza, non alle mode...(Treue zur Rasse, nicht zur Mode)

„Die Zucht ist eine Wissenschaft, eine Kunst und eine kontinuierliche Hingabe.“[58]

Die Selektionskriterien Vitalität und Verwendung wurden bis auf einige Ausnahmen von denen der Schönheit und Standardkonformität abgelöst. Die heute praktizierten Zuchtmethoden forcieren, manchmal bis ins Extrem, den optischen Fetischismus und damit die Reduzierung des genetischen Spektrums.

Die in der Rassehundezucht angewandten Zuchtformen:

Die Inzest-Verpaarung ist eine Verpaarung von Verwandten ersten Grades, wie Vater/Tochter, Mutter/Sohn oder Geschwisterverpaarungen. Hierbei hat man den größten Ahnenverlust.

Die Inzucht oder enge Linienzucht ist die Verpaarung naher Verwandter, zum Beispiel Enkel/Großeltern, Tante/Neffe, Cousins etc. Inzucht festigt, positiv wie negativ, das vorhandene Erbgut, trägt aber auch zum Erbgutverlust bei.

Die Linienzucht ist die Verpaarung weitläufiger Verwandter. Linienzucht kann man zum Beispiel ins Auge fassen, wenn man auf bestimmte Linien zurückkommen möchte, um deren Typ oder bestimmte Eigenschaften zu erhalten.

Die Outcross-Verpaarung ist die Verpaarung nicht verwandter Hunde. Der große Vorteil

Oregon Guardiano da Passione (J.Ch. Giulietta Guardiano da Passione x J. World Club Winner Calisto from GDA God of Troy Team), Züchter: Sara Vié, Guardiano da Passione; Foto: ©Sara Vié

Lupo de Cuore Blue, Besitzer: Cuore Blue; Foto mit freundlicher Genehmigung: Nury Pera, ©Cuore Blue

Eno dell' Antica Borgata; Foto: ©Karlheinz Gschwind

liegt in der Blutauffrischung und der Verringerung des Inzuchtkoeffizienten. Allerdings können Fehler auftreten, die vorher nicht bekannt waren.
Das Wiederbelebungsprogramm des Cane Corso stützte sich auf wenige ausgewählte Exemplare aus der Gesamtpopulation, die in enger Blutsverwandtschaft verpaart wurden, um den Typus, den man als Ideal identifiziert hatte, schnellstmöglich zu festigen; dies in sehr kurzer Zeit, da man eine schnelle Rasseanerkennung durch die ENCI anstrebte. Die auf diesen Phänotypus hin orientierte Selektion vernachlässigte viele, durchaus vorhandene Exemplare, aufgrund von nicht gewünschter Größe, Fell- und Augenfarbe, Scherengebiss, etc. Die genetische Vielfalt wurde bereits hier extrem vermindert. Im vorigen Jahrhundert begann man, die unterschiedlichen Schläge und Varianten der Gebrauchshunde zuerst in England, später auch auf dem Kontinent zu erfassen, sie standardmäßig zu klassifizieren, durch Selektion rein auf den Formwert gegeneinander abzugrenzen und durch In- und Linienzucht so zu vereinheitlichen, dass sie als Rasse angesehen werden konnten. Scharfe Selektionsmaßnahmen auf den Formwert und Zuchtstrategien wie die enge Linienzucht oder Inzestzucht sind auch heute Mittel der Wahl, um schnelle, homogene Zuchterfolge zu erreichen. Die Kehrseite ist eine extreme, irreversible Verringerung des Populationspools, der genetischen Vielfalt und einer

Chloe Casa di Cani Corso con Cuore (Evita Cane d‘Oro Italiano x Kronos Guardiano da Passione); Foto mit freundlicher Genehmigung: Jacqueline Tittmann

Italian Guardian Dante; Foto mit freundlicher Genehmigung: Anita Giskes, ©Eye Dea

Gea, "Cane da Masseria"; Foto mit freundlicher Genehmigung: Mauro Bersi

Oslo Imperium Mare Nostrum, Züchter: Lopez-Villanueva Kévin, Besitzer: Janika Mäeväli; Foto mit freundlicher Genehmigung: Lopez-Villanueva Kévin

Briseide und Romeo di Castell'Anselmo; Foto mit freundlicher Genehmigung: Francesco Mostacci

Homozygotisierung von rezessiven Defektgenen und in der Folge von genetisch bedingten Erkrankungen oder in Form von Inzuchtdepressionserscheinungen, wie herabgesetzte Fruchtbarkeit, erhöhte Anfälligkeit, Autoimmunkrankheiten, verminderte Resistenz gegen belastende Umwelteinflüsse, verringerte Lebenserwartung, verändertes Instinktverhalten etc.
Ein Hund sollte nur dann als „typisch" bezeichnet werden, wenn er morphologisch, genetisch und psychisch in vollem Ausmaß seiner Rasse entspricht.
Die forcierte Elite- und Matadorzucht oder das "Popular Sire Syndrom" sind ebenso verantwortlich für steigende Inzuchtgrade und damit einhergehende Degeneration. Hoch prämierte Rüden werden aufgrund ihres Phänotyps überproportional häufig als Deckrüden eingesetzt und dies weltweit über den Versand von tiefgefrorenen Samen.

Ch. It. Nina, Züchter: Alex Corsini, Besitzer: Paola Andreozzi, Kennel: dei Corsari del Lido mit ihrer Tochter Regera dei Corsari del Lido, Züchter und Besitzer: Paola Andreozzi; Foto mit freundlicher Genehmigung: Paola Andreozzi, Bild: ©Daniele Vatalaro

Die Gründe dafür sind systemimmanent und ergeben sich primär aus der Struktur der Rassehundezucht. „(…) aufgrund aggressiver Zuchtprogramme der letzten 400 Jahre hat der Mensch es geschafft, 400 verschiedene Hunderassen zu schaffen, und sie mit über 400 genetisch bedingten Krankheiten zu versehen. Dieses befördert Rassehunde direkt nach den Menschen an die zweite Stelle der Lebewesen, welche am häufigsten an Erbkrankheiten leiden.“[59]
Rassehunde werden aufgrund ihres rassetypischen Exterieurs und ihrer repräsentativen Eigenschaften nachgefragt. Erwartungen, die an Vorstellungen und Versprechen geknüpft sind, vergleichbar dem Renommee von Markenartikeln. Je höher die Kernidentität und das Produktimage, umso besser lässt sich eine Marke positionieren, etablieren und verkaufen. Insofern ist es illusorisch anzunehmen, dass Rassehunde keine Perspektive haben.

Giungla (Ch.It.Taslan x Katana), Züchter: Daniela Grisoni; Foto mit freundlicher Genehmigung: Daniela Grisoni

Litter: Vilma di Re Manfredi x Max Steel di Castrignano, Züchter: Paolo Renzullo, Kennel: Re Manfredi; Foto mit freundlicher Genehmigung: Paolo Renzullo

Litter A: Kennel Promessa di Futuro (Arien Andrax Gold x QuickSilver dell' Antico Cerberus), Züchter und Besitzer der grauen Hündin Amaretti Promessa di Futuro: Sandra Vork; Foto mit freundlicher Genehmigung: Sandra Vork

Zucht

Eine positive Zukunft könnte durch ein Umdenken realisiert werden, indem Züchter, Zuchtverbände und Rasseclubs Maßnahmen ergreifen, die der Vitalität, Gesundheit, Langlebigkeit und den leistungsbezogenen Fähigkeiten des Hundes eine angemessene Bedeutung einräumen. Neben dem Rassestandard einen Gesundheitsstandard etablieren. Der Kynologe Hellmuth Wachtel beschäftigt sich intensiv mit dem Thema der genetischen Gesundheitserhaltung unserer Hunde und sieht in der Zucht „heterozygoter (mischerbiger) Rassehunde" einen Weg zum Zurückdrängen von Erbkrankheiten bei Rassehunden.
Das heißt: „(…) Je nach Größe der Population einer Rasse die maximale Zahl der Würfe nach einem Rüden zu begrenzen, also die Anzahl der verwendeten Rüden zu maximieren. Nur solche Partner zu paaren, die ein Minimum an gemeinsamen Ahnen im Stammbaum (im Idealfall: gar keine!) aufweisen (in jeder Rasse gibt es ohnehin in mehr oder weniger weiter zurückliegenden Generationen gemeinsame Ahnen) und keine gröberen Nachteile aufweisen. Bei mehreren etwa gleichwertigen Möglichkeiten in Bezug auf Blutsfremdheit wählt man den standardgemässeren Partner wie bisher gehandhabt.
Wenn nötig, Haar- und Farbvarianten einer Rasse wieder zu kreuzen. Import von Rüden oder deren Samen aus Gebieten, wo die Zucht sich bereits länger verselbstständigt hat und damit blutsfremder geworden ist. Ist eine Rasse sehr selten geworden und ihre Erbgesundheit alarmierend bedroht, wird man sich in Zukunft weniger scheuen dürfen, eine nahverwandte Rasse einzukreuzen (Derartiges ist beispielsweise mit Holländischen und Belgischen Schäferhunden versuchsweise geschehen, wobei die Nachzucht sofort an Vitalität, Fruchtbarkeit und auch im Pflegeverhalten der Hündin gewann). In bestimmten Fällen die Stammbücher wieder öffnen, d.h. z.B. stammbaumlose, aber im Exterieur entsprechende Tiere unter bestimmten Kriterien zu registrieren. Gegen verschiedene Erbkrankheiten gibt es heute bereits Gentests, sodass man viele direkt durch Ausschluss der Defektträger oder auch Paarung mit defektgenfreien Hunden bekämpfen kann. Vielfach wird Letzteres vorzuziehen sein, da manchmal schon die Hälfte oder noch mehr der Hunde einer Rasse Defektträger sind.(…)[60]
In ihrem Buch „Alles über Molosser" setzt sich auch Roswita Hirsch-Reiter kritisch und kompetent mit dem Thema Zucht auseinander: „(…) Da sich aber immer mehr Hundehalter mit sehr geringen züchterischen Kenntnissen als Züchter berufen fühlen, haben sich die Anforderungen diesem Niveau angepasst. Darüber hinaus finden sich in den Standards falsche Zuchtziele, welche Fehlentwicklungen mit der Folge optisch makelloser Krüppel fördern. Selbstverständlich ist der Wunsch des Menschen nach einem ausgefallenen vierbeinigen Begleiter zu akzeptieren. Doch wo Tiere das Objekt menschlicher Leidenschaften sind, kommt es eben zu den seltsamsten

Guardiano Degli Angeli Bumblebee, Züchter: Manon Demeris, Besitzer: Irina Karatitskaya & Guardiano Degli Angeli Barone, Züchter: Manon Demeris, Besitzer: Dominique Zoetemelk; Foto mit freundlicher Genehmigung: Manon Demeris

Imperius Cane KORITSA NKM mit ihrer Tochter, Züchter: Oksana Anisimova, Besitzer: Ewa Wanecka, Z Gildii Nieustraszonych Cane Corso Kennel; Foto mit freundlicher Genehmigung: Ewa Wanecka

Auswüchsen. Rassen werden bis zur Karikatur entfremdet. Eine negative Rolle spielt in diesem Zusammenhang auch unser Ausstellungswesen, das Charakter, Gesundheit und Funktionalität vernachlässigt. Für die Zuerkennung von Championtiteln spielt nur das Erscheinungsbild eine Rolle, alles andere bleibt nahezu unbeachtet. Champions oder Weltsieger sind für Zuchtstätten ein werbe- und prestigeträchtiges Aushängeschild, das sich auch finanziell auszahlt. In der Folge dominiert das eigene Gewinnstreben, Missgunst und Neid und eine produktive Zusammenarbeit, die das Wohl der Rasse im Blick hat, bleibt Wunschdenken.

Die Molosser sind ein gutes Beispiel für Auswüchse einer oft von wenig Sachkenntnis getragenen Showzucht. So wurde in den letzten zwei Jahrzehnten ein übertriebenes Schwergewicht auf Kopftyp gelegt und andere Merkmale vollkommen vernachlässigt. Die züchterische Übertreibung oder vielleicht treffender, die systematische Ausbeutung der charakteristischen Merkmale, fordert jedoch kranke Hunde geradezu heraus.

Die Einführung einer Nachzuchtbeurteilung, die überprüft welche Eigenschaften ein Hund vererbt und wieweit er die nachfolgenden Generationen beeinflusst, wäre ebenfalls ein probates Mittel, die Rassehundezucht wieder auf gesündere Füße zu stellen. Denn Zucht-Zulassungspapiere sind noch kein Indikator für Qualität. Nur: Dies bedeutet Transparenz und Offenheit. In der Realität ist es aber leider eher so, dass Probleme vertuscht statt thematisiert werden.

Auch wenn viele Verkäufer auf ihrer Homepage mit der Leidenschaft für die Rasse, mit ethischen Grundsätzen und gesundem, perfekt sozialisierten Nachwuchs werben, ist es in vielen Fällen so, dass "(…) das Wort Züchter sehr leichtfertig in den Mund genommen wird und von niemand hinterfragt wird. Jeder, der eine Hündin oder auch mehrere hält und damit wahllos Paarungen vornimmt, nennt sich Züchter.

Es bedarf dazu weder irgendwelcher Qualifikationen noch eines Befähigungsnachweises oder gar eines Zuchtkonzeptes, und niemand stößt sich daran. Von Zucht kann aber erst gesprochen werden, wenn mit Verstand, Übersicht und Planung an dem Zuchtziel, gesunde, funktionale, belastbare und langlebige Hunde zu züchten, gearbeitet wird. Das bloße Paaren von zwei, einer Rasse angehörenden Hunden ist nichts anderes als verantwortungsloses Vermehren. Seriöse Rassehundezucht setzt auf der einen Seite gesunde, wesensstarke und rassetypische Zuchttiere voraus, und verlangt auf der anderen Seite ein Zuchtkonzept und Zuchtprinzipien (…). Bei allem Streben nach schönen, standardgerechten Tieren darf ein Züchter nie das Wesen und die Gesundheit aus den Augen verlieren. Nebensächlichkeiten wie Augenfarbe, Haarkleid, Rutenhaltung usw. können durch geschickte Paarungen innerhalb kurzer Zeit korrigiert werden, Faktoren wie Fruchtbarkeit, Mutterinstinkte, Wesen, Typ und Substanz können hingegen leicht

Zucht

Venere di Casa Marziali, Züchter und Besitzer: Maurizio Marziali, Allevamento Casa Marziali; Foto mit freundlicher Genehmigung: Maurizio Marziali

Zucht

Victoria mit Welpe Ercole, Züchter und Besitzer: Luigi Pau, Cane Córso Domuscullen; Foto mit freundlicher Genehmigung: Luigi Pau

Zucht

Welpen aus der Zucht von Colle dei Corsi-Nadaske; Foto mit freundlicher Genehmigung: Davide Romano & Natacha Donadio

Dajana della macchia (Crocco x Yuma), Züchter: Lucio Farina in Kooperation mit Franco Lista; Foto mit freundlicher Genehmigung: Lucio Farina

Sultani de Grey Blood JM (Rothorm JY Dream Brooke Shields x Cold Fire Blues God of Troy Team), Züchter: Kamila Sasuła, Kennel: De Grey Blood JM; Foto mit freundlicher Genehmigung: Kamila Sasula

verloren gehen. (…)“[61]

Oder kurz und bündig, wie es Shauna DeMoss (CastleGuard Cane Corso) ausdrückt: Stop breeding everything with 4 legs!

Gewissenhafte Anpaarungen sollten anhand von Zuchtwertschätzungen, Inzucht- und Ahnenverlustkoeffizienten und DNA-Befunden geplant werden, statt auf kurzfristige Zuchterfolge hinsichtlich Phänotyp und Showauszeichnungen zu setzen. Hier sind Züchter mit Wissen und Ambition gefragt und nicht jene, auf die der Titel der WDR-Dokumentation vom 06.08.2013 zutrifft. „Reine Rasse, volle Kasse …“

Charaktermerkmale, die keinem positiven Selektionsdruck unterliegen, sind der genetischen Zufallsdrift oder einem negativen Selektionsdruck ausgesetzt, der zu einer gezielten Verdrängung der entsprechenden Gene aus der Population führt. Und hier genügen wenige Generationen, um die genetische Struktur einer Population in Bezug auf bestimmte Verhaltensmerkmale zu verändern.

Zucht

Amberland Jewel Of My Kind, Züchter: Marija Demchenko, Amberland Kennel, Besitzer: Ekaterina Bugaeva; Foto mit freundlicher Genehmigung: Marija Demchenko

Camelot de La Mirage de Torrellas; Foto mit freundlicher Genehmigung: Marta Garcia, La Mirage De Torrellas

Der Cane Corso war von jeher ein funktionaler Gebrauchshund. Auf Ausstellungen dürfte also nicht allein das Aussehen maßgebend sein.

Um seine typischen Eigenschaften wie gute Nerven, ein festes, ausbalanciertes Wesen, Selbstsicherheit, Mut und Härte zu erhalten, wäre ein Ausbildungskennzeichen angemessen. Schön wäre es, wenn die Arbeitsprüfung die im aktuellen Standard gefordert wird, rassespezifische Leistungen abfordern würde und damit mehr ist, als eine nett choreografierte Showeinlage.

Bislang war für die Zuchtzulassung eine Verhaltensbeurteilung erforderlich, die die Verhaltenssicherheit des Hundes überprüft.

Wie bereits beschrieben, formuliert der VDH die Mindestvoraussetzungen für die Zucht wie folgt:

1.Gesundheit

2.Verhaltensbeurteilung

3.Phänotyp-/Formwert-Beurteilung

Zucht

Die Zuchtzulassung des Cane Corso erfolgt über die Rasseclubs oder Verbände der jeweiligen Länder. VDH-Rassehunde-Zuchtvereine sind zu entsprechenden Untersuchungen verpflichtet, wenn bei der betreuten Rasse signifikante Erkrankungen wie beispielsweise Hüftgelenksdysplasie (HD) oder Ellenbogendysplasie (ED) vorkommen. Folgende ED-Grade sind zur Zucht zugelassen: ED 0 (frei), ED Verdacht ohne Einschränkung sowie ED 1 (leicht) mit der Maßgabe, dass ein mit ED 1 befundeter Hund ausschließlich mit einem Hund verpaart werden darf, der ED 0 oder ED Verdacht aufweist. Hunde mit diagnostizierten HD Befunden von D und E dürfen nicht zur Zucht herangezogen werden. HD-C Hunde dürfen nur mit HD-A oder B Hunden verpaart werden.
Um einen Hund bei entsprechender Optik gesund zu behalten, gibt es nur den Schluss, dass man auch seine Vitalität im Rahmen der ursprünglich selektierten Leistungsmerkmale im Auge behalten muss. Ängstliche Hündinnen sollten nicht in die Zucht aufgenommen werden, da diese nicht nur ihr Erbgut an ihre Nachkommen weitergeben, sondern in den ersten Wochen das Wesen der Welpen durch ihr eigenes Verhalten entscheidend mitprägen.
Weitere Aufgabengebiete der Zuchtvereine und Züchter wären: die Optimierung der Individualentwicklung des Hundes, der dadurch seine Anlagen erst ausprägen kann.
Die Klärung des „optimalen Zusammenspiels“ von Hund, Halter und dessen Lebensumstände vor dem Verkauf.
Keine Zuchtzulassung von Tieren, die extrem unerwünschte Verhaltensweisen aufweisen, da hier eine erbliche Determination anzunehmen ist; keine Zuchtzulassung von Tieren, die einen Mangel an Vitalität vermuten lassen.
Gefragt sind aber nicht nur Züchter und Verbände, sondern auch die Käufer. Wer einen charakterlich und körperlich vitalen und typgerechten Cane Corso erwerben will, sollte sich nicht nur von den Champions im Stammbaum und den Pokalen im Regal beeindrucken lassen, sondern einen Züchter wählen, der seiner Verantwortung gerecht wird und auf Gesundheit, Wesen, Funktionalität und Typ züchtet und eine kontinuierliche Überprüfung seiner Nachzuchten vornimmt. In dieser Reihenfolge und nicht nur als Lippenbekenntnis. Denn nicht das Aussehen entscheidet, was weitervererbt wird, sondern die Gene.

Tutti vogliono il corso/labrador...Pochi vogliono il korsos

Die Zucht des Cane Corso konzentriert sich heute überwiegend auf ein einheitliches äußeres Erscheinungsbild und auf den Charakterzug des angenehmen Begleithundes. Wobei es m.E. bedauerlich wäre, die Wesensmerkmale, die diese Rasse einmal auszeichneten, komplett auf das

Hilo Del Ribecchi, Ch.It.eRipr.Enci, Züchter: Francesco Cuffaro; Besitzer: Daniele Martinotti; Foto mit freundlicher Genehmigung: Francesco Cuffaro

Cane Corso aus der Zucht von Dr. Flavio Bruno "Il Contado del Molise"; Foto: Karlheinz Gschwind

Niveau eines pampered-pet, designt für Show oder Couch zu nivellieren. Eine Rasse definiert sich nicht nur über die Optik, sondern gleichwertig über den ihm eigenen Charakter. Oder wie es manche italienische Züchter bezüglich des CC kommunizieren: #noalpupazzodadivano (#kein Kuscheltier für die Coach). Wenn sich Rassen nur mehr durch den Phänotyp unterscheiden und die charakterliche Vielfalt verschwindet, wäre dies ein unrühmliches Ende für jede Rasse. Statt Eigenschaften wegzuzüchten und umzugestalten, sollten sich Hundehalter der Rasse zuwenden, der sie genügen können und wollen. Es gibt durchaus genug Rassen, die für unterschiedlichste Ansprüche und Lebensbedingungen infrage kommen.

Dr. Flavio Bruno verantwortet im ”Centro per la Selezione Funzionale del Cane Corso Tradizionale, Il Contado del Molise“, die Erhaltung und Zucht des traditionellen und funktionalen Cane Corso und beschreibt die Ziele wie folgt: „Für uns muss der Cane Corso innerlich und äußerlich so sein, wie es seine herkömmliche Verwendung vorsah. Nicht mehr und nicht weniger. Wir haben nichts Neues hinzugedichtet, und wir haben uns nicht dem Modegeschmack und der Marktlogik unterworfen. Ohne adäquate Intervention verschwindet der traditionelle Cane Corso, diese wunderbare Verbindung von funktioneller Schönheit, Harmonie und Wesen.

(...) Wenn eine Rasse nicht auf ihren funktionalen und ethischen Wert hin selektioniert wird, ist ihr Niedergang absehbar. Interessant ist nicht der morphologisch schöne Hund, sondern der gesunde, typische und intelligente Hund. Von daher sollte die Anzahl der Ausstellungen reduziert werden und anstelle der optischen Wettbewerbe müssten Leistungsüberprüfungen treten, die die funktionelle Qualität und charakterliche Schönheit der Hunde bewerten. Inkompetente und skrupellose Züchter, die auf Schönheitsausstellungen ihrem eigenen Erfolg nachjagen und dabei vergessen, dass der eigentliche Protagonist der Hund ist, haben mit zum Ruin einer wertvollen Rasse beigetragen.“[62]

Leider muss man konstatieren, dass sich der Cane Corso, weltweit gesehen, zum Modehund entwickelt hat. Damit stehen Marktorientierung und monetäres Interesse statt kynologischer Belange im Mittelpunkt des Handelns. Die Wahrung der Rasse ist oft zur Ware Cane Corso verkommen. In der sensiblen Phase der Rasse-Festigung, wo Sachverstand und Empathie gefordert wären, statt materieller Vermarktungsstrategien, ist dies besonders gravierend. Auch viele Jahre nach der offiziellen Rasseanerkennung zeigt der Cane Corso kein einheitliches Erscheinungsbild. Die unterschiedlichen Interpretationen des Standards, interne Querelen und machtpolitische Fehden; Meinungsverschiedenheiten zwischen jenen Züchtern, die Wert auf Ausstellungserfolge legen und jenen, die angeben, den einzig wahren „DOC-Cane Corso“ zu züchten, lassen viel Raum für Mischlinge und atypische Hunde.

Tommasino & Massimo Castrignano: „Das Cane Corso-Treffen in Civitella Alfedena (AQ) am 16./17 Juni 1990 markierte auf der einen Seite einen wichtigen Moment für die förmlicheAnerkennung der Rasse vonseiten der offiziellen Kynologie, andererseits wurden Cani Corso ohne „Nachweis eines typgerechten Exemplars“ nicht zugelassen, sodass wenige, bis keine originalen Hunde präsentiert wurden. So zeigte die Mehrzahl der in den vergangenen Jahren im Ring vorgestellten Hunde psychophysische Charakteristika, die entschieden von denen abwichen und minderer waren als von jenen Cani Corso, die wir kannten.“[63]

Roswita Hirsch-Reiter: „(…) Auf einem sogenannten Cane Corso-Treffen konnte ich nur zwei Exemplare ausmachen, die den Anforderungen des Standards entsprachen. Die anderen Hunde hatten teilweise so schwere Typmängel, dass sie als Cani Corso nicht zu identifizieren waren.“[64]

Würde man sich an den von Dr. Morsiani verfassten Standard von 1997 halten, dürften Cani Corso die aussehen wie Boxer, Bullmastiff oder Retriever, auf keiner Ausstellung prämiert werden.

Ein Cane Corso sollte nicht sein wie... Ein Cane Corso sollte einmalig sein.

So wie er vor 25 Jahren beschrieben wurde: ein imponierender und edler Hund, von großartiger Struktur und einmaligem Charakter.

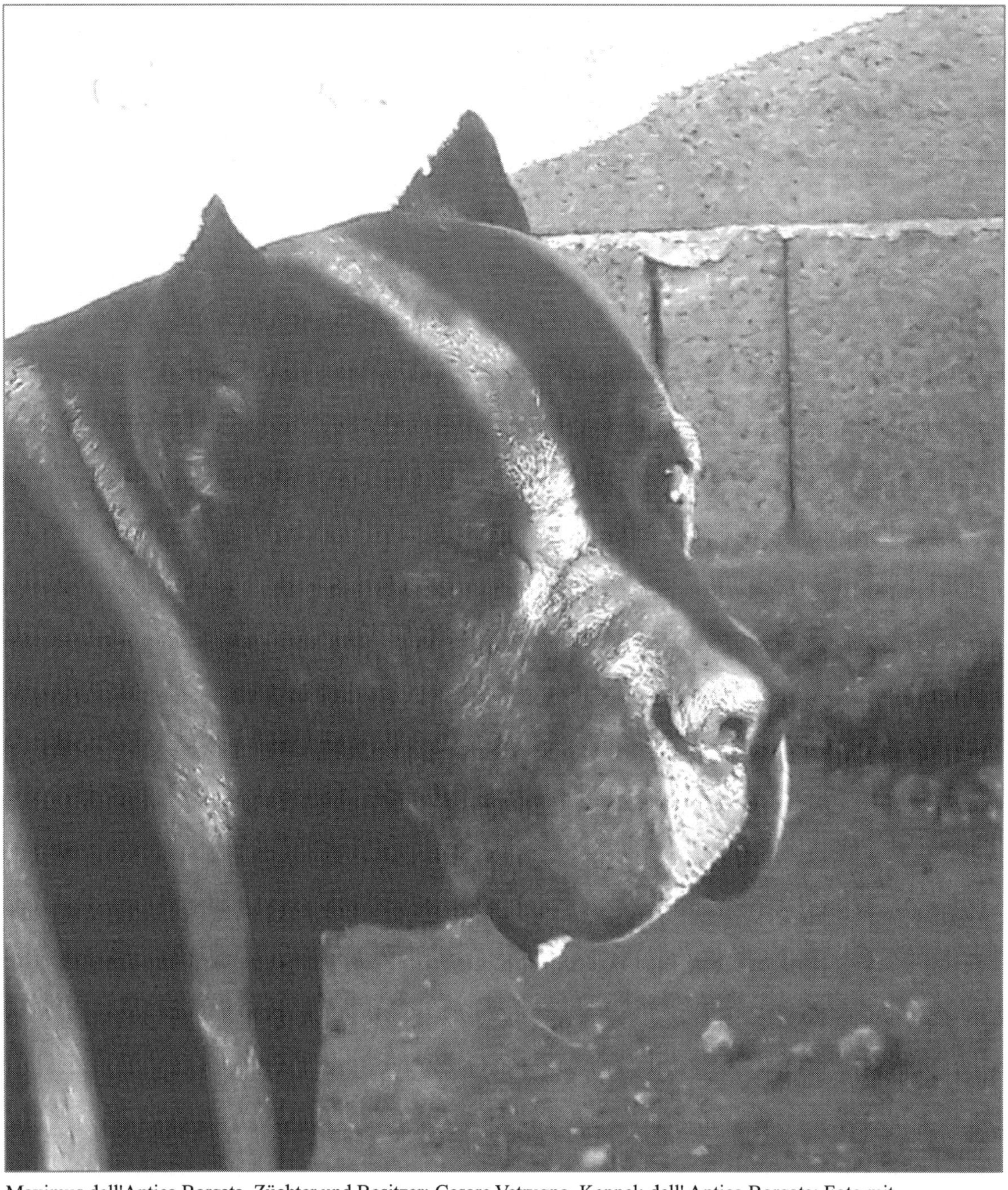

Maximus dell'Antica Borgata, Züchter und Besitzer: Cesare Vetrugno, Kennel: dell' Antica Borgata; Foto mit freundlicher Genehmigung: Cesare Vetrugno

Amberland A'Kira (Jr.Ch., Ch., Inter Ch., Grand Ch., Club Winner 2010 Polen und 2012 Bukarest, Raduno Dell Anno Winner 2011, Best Dog Born Outside Italy 2011, Speciality Winner Ogre Lettland 2011, L.A.S.T.M.S.A.K. Winner 2010 + 2011, Top 5 DOG in Lettland 2011 + Top 3 DOG 2012, Züchter und Besitzer: Marija Demchenko, Kennel: Amberland; Foto mit freundlicher Genehmigung: Marija Demchenko

Zucht

„Die dreizehn Sünden der modernen Hundezucht.

Die erste Sünde: Kleine Hunde zu klein und große Hunde zu groß zu züchten.
Die zweite Sünde: Hunde mit extremen Körpermaßen und Körperformen zu züchten wie z.B.: zu kurze Nasen, zu kurze Beine, zu lange Ohren, Hautfalten oder Pigmentierungsstörungen.
Die dritte Sünde: Hunde miteinander zu verpaaren, die eng miteinander verwandt sind.
Die vierte Sünde: Hunde miteinander zu verpaaren, bei denen gleiche genetische Belastungen bekannt oder zu vermuten sind.
Die fünfte Sünde: Viele Hündinnen an ein und denselben Championrüden zu verpaaren.
Die sechste Sünde: In erster Linie auf den eigenen Hund zu schauen und die Population dahinter zu ignorieren.
Die siebte Sünde: Mehr auf Ausstellungserfolge zu achten als auf Gesundheit.
Die achte Sünde: Gesundheitsprobleme, die in der Rasse auftreten, zu ignorieren oder zu unterchätzen.
Die neunte Sünde: Gesundheitsprobleme, die in der eigenen Linie auftreten, zu verschweigen.
Die zehnte Sünde: Die eigenen Hunde durch die rosarote Brille zu betrachten, Hunde anderer Züchter hingegen überkritisch zu beurteilen.
Die elfte Sünde: Vorübergehenden Modeströmungen in der Interpretation des Rassestandards zu folgen, statt auf langfristige und funktionell orientierte Zuchtziele zu setzen.
Die zwölfte Sünde: Zu vergessen, dass der Hund von einem Beutejäger abstammt und daher zumindest grundsätzlich in der Lage sein sollte, Beute zu jagen und zu fangen.
Die dreizehnte Sünde: Zu vergessen, dass Hunde Schmerz und Unbehagen empfinden, so wie wir Menschen auch, dass sie aber nicht immer in der Lage sind, diese Empfindungen entsprechend zu kommunizieren."[65]

Schlußbemerkung: "Extrem lange Lebensdauer ist ein genetisch determiniertes Merkmal mit sehr hoher Heritabilität (Erblichkeitsgrad) (…) Hunde mit sehr hohem Lebensalter sind mit hoher Sicherheit frei von angeborenen Anomalien und Erbfehlern. Ein Großteil der extrem langlebigen Hunde ist bis zum Lebensende frei von Epilepsie, weiteren schwerwiegenden Krankheiten und äußerlich wahrnehmbaren Tumorerkrankungen. Diese Hunde tragen demzufolge Erbanlagen, die weder Erbfehler noch frühzeitige zum Tode führende Krankheiten zulassen."[66]

J.Ch.PL, Ch.Pl, Veteran Ch. KENDRA KAY Bastion Gwiazd; Züchter: Krzysztof Gawron, Besitzer: Ewa Wanecka, Kennel: Z Gildii Nieustraszonych Cane Corso Kennel; Foto mit freundlicher Genehmigung: Ewa Wanecka

Demon, Züchter: Stefano Centamore, Bild rechts: Demons Sohn Kilroy

Crom Legenda Sudului und sein Sohn Adolf Legenda Sudului, Züchter und Besitzer: Cristian Laurentiu Bichea, Legenda Sudului Kennel; Foto mit freundlicher Genehmigung: Cristian Laurentiu Bichea

Kilroy (Demon x Kiara dvdoa), Züchter und Besitzer: Gigi Paun; Fotos mit freundlicher Genehmigung: Gigi Paun

Fire, Züchter und Besitzer: Alexandru Daniel, Della Grande Famiglia Kennel & Sohn Denzo, Züchter: Della Grande Famiglia Kennel, Besitzer: Scarlatescu Marcel; Foto mit freundlicher Genehmigung: Alexandru Daniel

Medea, 5 Monate (Leonis di Luigi Tonti x Maia di Sciarrillo), Züchter: Giancarlo Sciarrillo, Besitzer: Giulio Olivieri; Foto mit freundlicher Genehmigung: Giulio Olivieri

Der Dissens um den „genuinen“ Cane Corso

"Nur wer die Vergangenheit kennt, hat eine Zukunft." (Wilhelm von Humboldt)... Solo chi conosce il passato ha un futuro.

Die Kontroversen um die Gebissstellung beim Cane Corso – Vorbiss vs. Scherengebiss – die noch vor einigen Jahren die Diskussionen mit bestimmten, wurden zum Teil durch den Diskurs um den „traditionellen Cane Corso“ abgelöst. In dieser Debatte zwischen Legende und Realität, Enthusiasmus und Marketingidee zu unterscheiden, ist für einen Aussenstehenden nicht möglich, da bereits über Historie, Werdegang und die Rekonstruktion der Rasse unterschiedliche Aussagen existieren.

Zum Begriff der Rustikalität.

(*gemäß eines frei übersetzten und zusammengefassten Artikels des Autors Giuseppe Giorgio)*[67]

Unter "Rustikalität“ ist eine Reihe von Eigenschaften zu subsumieren, die es dem Cane Corso in früheren Zeiten ermöglichte, schwierigen Bedingungen standzuhalten, ohne dass seine Leistung in einem suboptimalen Lebensraum stark beeinträchtigt wurde. Die Beurteilung der Widerstandsfähigkeit hing daher stark von der Umgebung ab, in der das Tier arbeitete, und definierte sich über solche Tiere, die angesichts der Anforderungen von Umwelt und Arbeit besser in der Lage waren, sich in diesem Rahmen zu behaupten als andere. Das heißt, sie umfasste alle physiologischen, physiognomischen und verhaltensbezogenen Anpassungsmechanismen des Tieres an unterschiedliche

Forter di Flavio Bruno

Gemma 1996 (Forter di Flavio Bruno x Diana di Bocci)

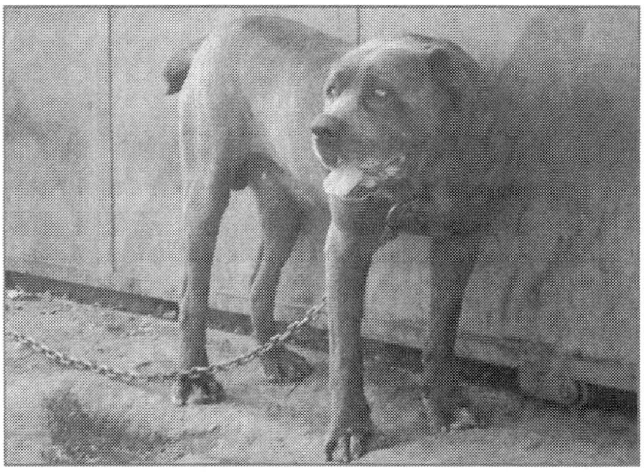

Max 1997, Nachkomme von Vampiro und Nerone; Alle Fotos mit freundlicher Genehmigung: Professor Rudi

Baal "Cane da Masseria"; Foto mit freundlicher Genehmigung: Mauro Bersi

Schwierigkeiten in der traditionellen ländlichen Umgebung Süditaliens.

Die Rustikalität des Cane Corso war durch die Dominanz bestimmter Merkmale gekennzeichnet, die seine "funktionale" Schönheit begründeten im Gegensatz zu den "konventionellen" Schönheitskriterien, die heute von Richtern, Züchtern und Liebhabern auf Ausstellungen begehrt und belohnt werden. Diese Charakteristika waren das Ergebnis einer physiologischen und verhaltensbezogenen Struktur, die durch Jahrhunderte der spezifischen Beschäftigung, unter oftmals schwierigen Bedingungen, geprägt war.

1. Nahrungsanpassung: Der Cane Corso musste sich an starke Schwankungen der Nahrungsressourcen anpassen, sprich die "rustikalen" Hunde mussten schwierige und schlechte Fütterungszeiten problemlos durchlaufen - ohne Einschränkungen bei der Arbeit. Von daher war es wichtig, dass sie über einen wirksamen Puffer an Reserven für Wachstum, Laktation und Fortpflanzung verfügten, um sich dann in günstigeren Zeiten schnell erholen zu können.

2. Hohe physikalische Arbeitsfestigkeit auch in besonders kritischen Umgebungsbedingungen.

3. Hohe klimatische und topographische Anpassung, die das Vorhandensein eines dicken, harten

Zeus, La Torre del Cane Corso; Foto mit freundlicher Genehmigung: Matteo & Antonio la Torre

und gleichmäßigen „Unterhaares “erforderte, das ihm ermöglichte, in jedem subeuropäischen Klima zu leben und ihn vor Verletzungen im dornenreichen mediterranen Gestrüpp schützte.

4. Gesundheitliche Toleranz gegenüber verschiedenen Krankheiten und Schmerzen. Der Cane Corso war im Allgemeinen ein Hund, der wenig oder gar keine Pflege benötigte.

5. Die Fähigkeit, sich auf natürliche Weise, leicht und ohne menschliche Hilfe zu vermehren und zu gebären.

6. Eine charakterliche Ausgewogenheit / Balance, die sich vor allem in Konfliktsituationen durch an Ereignisse angepasste Reaktionen ausdrückte.

7. Eine adaptive Intelligenz (welche sich auf die Fähigkeit des Hundes bezieht, neue Umstände und Probleme in einem autonomen Modus zu überwinden, indem er Verhaltensweisen entwickelt, die besser an die Situation angepasst sind.) Und eine instinktive Intelligenz (mit der Fähigkeiten und Verhaltensweisen bezeichnet werden, die Teil des genetischen Erbes des Hundes sind.) Sozusagen ein psychischer Atavismus im Gegensatz zur Intelligenz des „Gehorsams“, der für die Geschwindigkeit des Lernens und die Ausführung von Befehlen steht.

Crocco dei Molossi Pugliese (Eva dei Molossi Pugliesi x Brigantelucano Cane Corso Della Macchia), Züchter: Stefano Ferro, Besitzer: Lucio Farina; Foto mit freundlicher Genehmigung: Stefano Ferro

Bruce, Züchter und Besitzer: Dagnello Riccardo

Der Dissens um den „genuinen“ Cane Corso

Gemäß dem offiziellen Standard ist der Cane Corso ein direkter Nachkomme der römischen Molosser. Dies deckt sich mit der Auffassung anderer Kynologen, die im „Molosso Italiano“ den Stamm sehen und den Mastino Napoletano, Cane da Presa und Cane Corso als eine „Rasse“ betrachten, bzw. von der Existenz zweier Prototypen ausgehen – leichter und schwerer - oder: „un cane da cortile e un cane da armenti.“ Einem Hof-Hund und einen Herden-Hund. Bezeichnet als „cane da corte“ oder „cane da presa“ und „cane da pagliaio“ oder „cane da corso“.
Von Nicola Imbimbo wie folgt beschrieben: „Der Cane da presa war für die Bewachung des Hauses zuständig. Ein mächtiger Wächter mit robusten Gliedmaßen, starken Kiefer und breiten Maul, dafür bestimmt den Hof zu bewachen, wo er unter den Bögen der Treppe lauerte, um auf Eindringling zu warten. Diese Hunde waren 60 bis 65 cm hoch, hatten massive Schädel mit vielen Falten und ausgeprägter Wamme und zeigten oft einen Vorbiss. Mit kräftigen, eher kurzen Läufen, großen, weichen Pfoten. Eine gut entwickelte Brust. Eine schlecht bemuskelte Hinterhand, da sie permanent an der Kette lagen und wenig Möglichkeiten hatten sich zu bewegen.
Der Cane da pagliaio oder Corso wurde dagegen zur Bewachung und zum Treiben der Rinder eingesetzt. Er hatte lange und starke Gliedmaßen mit kräftigen Hinterbeinen und war agil genug, um den Herden und Wagen zu folgen. Dieser Typus besaß einen länglichen Kopf – einen “capa vacchegna”, einen Kuh Kopf mit einem großen und flachen Schädel; ein Maul mit schlechter Quadratur, wenig Falten und geringe Wamme und ein Gebiss das zum Enognatismus (Rückbiss) tendierte. Der Brustkorb war eher wenig entwickelt, die Kruppe gerade. Das Fell leicht wollig, aschgrau und nur wenig gestromt.“[68]
Gängigen Überzeugungen nach stammt der Hunde Typ, der gemeinhin als “Cane Corz’“ bezeichnet wurde, von verschiedenen italienischen Gebrauchshunden ab, unter ihnen der Abruzzese, aber auch Bracco, Segugio, Mastino, Spinone etc. Und war bis in die 70er Jahre ein Arbeitshund und keine Rasse. Rein auf Nutzen gezüchtet und kein Bauer interessierte sich für eine Fellfarbe oder ein Gebiss. Die Größe oder das Gewicht.
Der Terminus Cane’e Corz ist nichts anderes als das Synonym für den Cane’e Presa, benutzt um die verschiedenen Varianten von Mischlingen und Kreuzungen und ihre jeweiligen Aufgaben zu definieren.[69]
In seinem Buch über den Mastino Napoletano schrieb Dr. Guido Vandoni: "(…) Bis dahin habe ich nie den Terminus Mastino Napoletano gebraucht. Der Grund ist sehr einfach: Bis zu diesem Punkt in der Geschichte existierte der Mastino Napoletano nicht. Man nannte sie cane'e presa, cane corso und molosso italiano ...".[70]
Nachdem in vielen Ländern der Welt der Show-Cane Corso (häufig betitelt als „großer, kranker

Bruno, Züchter und Besitzer: Saverio Cortese, Herkunft: Tropea/Calabria;
Foto mit freundlicher Genehmigung: Saverio Cortese

Boxer ohne Charakter“) zu einer rundköpfigen Karikatur seiner selbst mutierte, scheint es nachvollziehbar, dass viele italienische Liebhaber und Rasseenthusiasten zurück zum traditionellen Cane Corso tendieren: „più Corz ‘... e forse meno Corso“ (Mehr Corz‘... und vielleicht weniger Corso).

Sozusagen zurück zur Essenz, die sich gemäß Flavio Bruno in seinen charakterlichen Qualitäten und seiner Geschichte zeigt.

Oder wie es Sciarrillo (Allevamento del Cane Corso rustico amatoriale) formuliert: „In weniger als zwanzig Jahren hat sich der Cane Corso drastisch verändert; sich in ein Showpüppchen verwandelt, seiner Optik, seines Charakters und seiner Würde beraubt. Unfähig zu wachen, seinen Besitz und seine Familie zu beschützen. Unfähig einer Arbeit nachzugehen oder Hitze und Kälte zu trotzen. Eine der besten Rassen in der Welt der Kynologie wurde ruiniert: ein Hund, der der Stolz Italiens sein könnte. All dies hat leider einige Züchter gezwungen, eine andere Richtung einzuschlagen. In der Praxis ist der Cane Corso rustico nichts anderes als der Cane Corso, wie er immer in Apulien und an anderen Stellen im Süden existierte. Der Corso der Bauern, der als Wachhund oder als Viehtreiber verwendet wurde. Ein Hund mit Scherengebiss, rauem Fell, hellen Augen ... eines selbstbewussten, stolzen Hundes mit parallelen Schädelachsen und nicht wie die Hunde von heute mit bikonvergenten Achsen. Von solch einem Hund kann man behaupten: Das ist ein Corso!“[71]

Prof. Guiseppe Rudi vertritt die Meinung, dass der heutige in Ausstellungen prämierte Cane Corso keineswegs dem Cane Corso der jahrhundertealten italienischen Tradition entspricht. „Das Wort ‚Recupero‘ (Wiedererlangung / Rückgewinnung) bedeutet semantisch Zurückholen und Zurückkehren in die Vergangenheit. Stattdessen schufen sie eine andere Rasse. Es ist mehr als offensichtlich, dass ein Hund der wegen seiner Multifunktionalität ausgewählt wurde und der ein Begleiter des Lebens und der harten Arbeit sein musste mit ganz anderen Kriterien und Ausrichtungen selektioniert wurde, als ein Hund, der den präzisen Regeln und Ausstellungsgesetzen und leider, wie so oft, sogar den Gesetzen des Marktes zu unterliegen hat.“[72]

Da bereits 1990 die Teilnehmer des 1. Convegno Nazionale in ihren Beiträgen zum Standard unterschiedliche Positionen formulierten, kann es nicht verwundern, dass auch heute vielfach darüber gestritten wird, was den echten, wahren Cane Corso ausmacht und wie er sich optisch präsentiert.

So gesehen kann man sagen, die Cane Corso Welt teilt sich momentan in mehrere Welten: Jene die Show-Hunde züchten, diejenigen, die sich dem sogenannten „Cane Corso rustico“ verpflichtet fühlen und dem, was sie als Original bezeichnen, soweit wie möglich entsprechen möchten. Kurz: Den funktionalen Cane Corso gegen den standardisierten Cane Corso stellen.

Aron, Züchter: Lista Franco, Besitzer: Francesco Lione; Foto mit freundlicher Genehmigung: Francesco Lione

Pit (Venere x Tiger), Züchter: Maurizio Marziali, Allevamento Casa Marziali; Foto mit freundlicher Genehmigung: Maurizio Marziali

Der Dissens um den „genuinen“ Cane Corso

Hierbei gibt es Züchter, die ihr Bestreben auf das Wohl der Rasse richten, mit gut kontrollierten Blutlinien arbeiten und schöne Hunde, gesund und mit gutem Charakter, züchten. Aber auch jene, die den Standard vollständig ignorieren. In diesem Sinne gibt es, was den traditionellen Corso angeht, unterschiedlichste Hunde. Einige die sich auf den ursprünglichen Corso beziehen, einige die sehr nahe am Standard sind und andere, die womöglich nur in den Augen ihrer Züchter der „l'unico, vero Cane Corso“ sind.
Daneben gibt es auch viele alteingesessene süditalienische Züchter, die keinem der beiden Lager zuzurechnen sind und dem Hyper-Typ mit exzessivem Vorbiss und Boxer-Bull-Schädel ebenso ablehnen, wie den sogenannten rustikalen Typ mit langen Fang und konischen Schädel, der deutliche Abruzzese- oder „cane lupo“-Einkreuzungen aufweist.
Mit der Selektion auf gemeinsame Charakteristika und der Erstellung des Standard entstand der Cane Corso. Das heißt auf einen einfachen Nenner gebracht: Der Standard definiert die Rasse. Der originale Rassestandard von Antonio Morsiani ist ein sehr detaillierter und auch ein guter Standard, da er auf Übertreibungen verzichtet und auf Harmonie abzielt. In diesem Sinne ist es erstrebenswert, die Rasse Cane Corso anhand dieser Vorgaben zu züchten und zu bewerten. Nichtsdestoweniger basiert die Rekonstruktion auf der Basis einiger ausgewählter Hunde, während andere Rassevertreter die damals „intern“ aufgestellten Selektionskriterien nicht erfüllten.
Letztendlich kann daraus nicht linear geschlussfolgert werden, dass der sogenannte traditionelle Cane Corso von heute, nicht der wahre Cane Corso ist, sondern nur, dass er womöglich dem heutigen Standard nicht entspricht.
Ob old style, traditionell, rustico, pugliese, antiche, funktional.

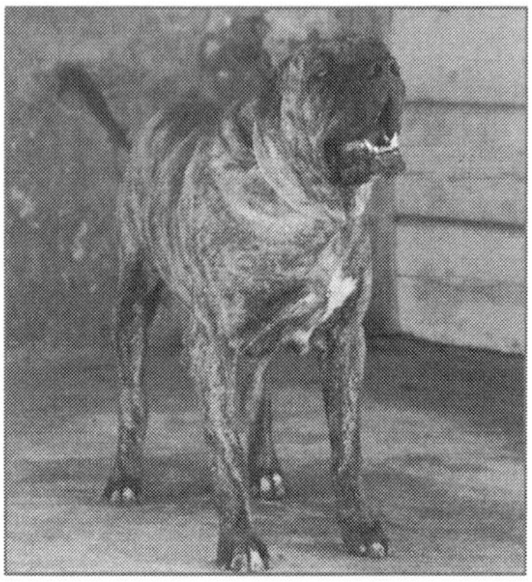

Astor von Umberto Leone, 1996

Bruss von Michele Bocci

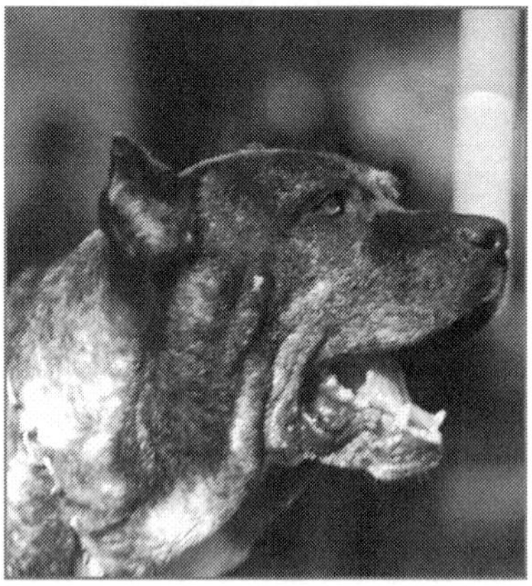

Rüde aus der Zucht von Spicciano, 90er Jahre

Cila (Igor di Masseria Moccaro x Sasha Linie Bocci), Züchter: Alessandro Ruggiero, Besitzer: Daniele de Simone; Foto mit freundlicher Genehmigung: Daniele de Simone

Ali, Züchter: Giancarlo Sciarrillo, Besitzer: Franco Larocca; Foto mit freundlicher Genehmigung: Franco Larocca

Melfi (10 Monate), Züchter: Luciano Mancusi & Riccardo Dagnello, Besitzer: Yann Demers, Kennel: Cane Corso del Contadino Moccaro Canada; Foto mit freundlicher Genehmigung: Yann Demers

Der Dissens um den „genuinen“ Cane Corso

Nimmt man den existierenden Standard als allein gültiges Maß, kann man auch der Meinung einiger Traditionalisten folgen, für die gilt: Es gibt weder den modernen noch den rustikalen Cane Corso. Sind Merkmale anderer molossoider Rassen wie dem Boxer oder Bullmastiff auszumachen, ist es eine Kreuzung und kein Cane Corso. Wenn rustico bedeutet, dass er zu groß ist und eine lange Schnauze aufweist, kann es kein Cane Corso sein. Wenn modern bedeutet, dass er auf Mini-CC mit glattem Fell gezüchtet wird, ist es kein Cane Corso, sondern ein Mischling.

Oder man hält es mit Umberto Leone (+ November 2018): "(...) Auch wenn er eine etwas längere Schnauze hat, ist es mir egal, ich interessiere mich stattdessen für seine Funktionalität" *(Interview von Paolo Renzollo mit Umberto Leone)*[73]

Antonio Crepaldi (Autor und FCI/ENCI Ausstellungsrichter) hat hinsichtlich der Biodiversität den Cane Corso innerhalb der autochthonen italienischen Hunderassen / lokale ethnische Gruppen wie folgt klassifiziert:[74]

FCI anerkannt:
- Cane Corso Rustico Pugliese (etnia originale); Original- Ethnie
- Cane Corso Rustico Siciliano;
- Cane Corso Italiano Moderno da Esposizione
  (varietà: Cane Corso Italiano Imboxerato, Cane Corso Italiano Bullmastiffizzato, Cane Corso Italiano Rottweilerizzato, Cane Corso Italiano Labradorizzato);
  Der moderne Ausstellungs-Cane Corso mit Boxer-, Bullmastiff,- Rottweiler- und Labrador-Einschlag
- Cane Corso Pitbullizzato di Ceppo Antico; Cane Corso mit Pitbulleinschlag/ alter Stamm
- Cane Corso Pitbullizzato Moderno;
- Cane Corso Canadese;
- Sottile Bandog o Cane Corso Americano;
- Cane Corso Napoletano;

Nicht FCI anerkannt: Kreuzungen mit anderen Rassen.
- Mezzocorso o Cane della Murgia (incrocio tra Cane Corso e Mastino Abruzzese);
- Mezzosangue (incrocio tra Cane Corso e Segugio);
- Straviere Pugliese (incrocio tra Cane Corso e Levriero Foggiano);
- Mezzolevriero (incrocio tra Cane Corso e Greyhound);

Asia, Züchter und Besitzer: Gaetano Viscillo; Foto mit freundlicher Genehmigung: Gaetano Viscillo

Paca, Besitzer: Giancarlo Sciarrillo; Foto mit freundlicher Genehmigung: Giancarlo Sciarrillo

Kauf

GRCH Rellim's Luna, CGC., Besitzer: Claire Weiss & Elaine Hansen; Foto mit freundlicher Genehmigung: Claire Weiss, ©Cara Bowman Photography

Kauf

Hunde leben seit mehr als 14000 Jahren mit dem Menschen zusammen. In einer technisierten, oft intoleranten Gesellschaft mit ablehnenden bis feindseligen Verhaltensmustern ist für Hunde und Halter eine harmonische, konfliktfreie Koexistenz nicht zwangsläufig vorprogrammiert. Die meisten Hunde können ihre ursprünglichen Aufgaben nicht mehr ausüben, sondern dürfen nur noch als „bester Freund des Mensch“ ihre sozialen Fähigkeiten einbringen sein. Die anderen typischen Verhaltensweisen werden in der heutigen Öffentlichkeit nicht mehr akzeptiert. Und die Toleranz jener, die keinen Hund halten, ist mehr als fragil.
Der Entschluss, sich einen Hund anzuschaffen, ist eine Entscheidung, die das Leben für durchschnittlich 10 Jahre einschneidend beeinflusst. Aus einer Laune heraus einen Hund zu kaufen ist in jedem Fall kontraproduktiv.
Menschen suchen sich oft aufgrund von Äußerlichkeiten, nachgesagten Wesenszügen oder eines hypothetischen Image eine bestimmte Rasse aus. Dieses Verlangen nach dem „Besonderen“, ist überwiegend dem Bedürfnis nach Individualität und Geltung des Hundeführers geschuldet. Als Entscheidungsgrundlage sollten jedoch ausschließlich Temperament und Verhaltenstendenzen der bevorzugten Rasse in Bezug zu den Lebens-und Umweltbedingungen des Halters dienen. Die grundsätzlichen Voraussetzungen wie Zeit, Geld, Hundesachverstand und den Willen und das Vermögen eine art- und rassegerechte Haltung zu bieten, müssen stimmen, um späteren Problemen vorzubeugen. Im Internetzeitalter mag „Bestellen und Zurückgeben“ Usus sein, im realen Leben verursacht es nur viel unnötiges Leid. Deutlich sieht man es auch daran, dass inzwischen sehr viele Cane Corso zwischen 9 Monaten und 1,5 Jahren umständehalber abzugeben sind, bzw. im Tierheim landen.
Im Klartext: Vor der Anschaffung sollte gut überlegt sein, ob der eigene Lebensstil zur Rasse passt und man dem Hund ein gutes Dasein hinsichtlich der rassespezifischen Anforderungen bieten kann; dies über sein gesamtes Leben bis ins Alter, in guten wie in schlechten Zeiten. Zu bedenken ist auch, dass ein Hund nicht länger als maximal vier Stunden pro Tag allein sein sollte. Freizeit- und Urlaubsaktivitäten können eingeschränkt sein. Hunde sabbern, haaren, knabbern auch mal Möbel an und sind sicher nicht immer bereit, das zu tun, was man von ihnen erwartet. Noch müssen positive Rassebeschreibungen auf den individuellen Hund zutreffen. Dazu kommt eine nicht unerhebliche finanzielle Belastung: Dies und vieles mehr sollte einer kritischen Analyse standhalten.
„Erfahrungsgemäß wissen wir schon lange, dass es dort, wo die Auswahl eines zur Haltungsumwelt unpassenden Hundes getroffen wurde, immer wieder geradezu gesetzmäßig zu meist vorhersehbaren Problemen kommt. Das heißt, wenn diese erste Grundvoraussetzung der Passung

Italian Guardian Carmen, Züchter: Anita Giskes, Italian Guardian; Foto mit freundlicher Genehmigung: Anita Giskes, ©Eye Dea Fotografie

nicht stimmt, nützt auch die bestmögliche Einflussnahme im Rahmen der rassespezifisch und individuell vorgegebenen Verhaltenstendenzen und Lernbereitschaften auf Dauer nichts. Vor allem gilt das dort, wo angestaute innere Antriebe hochveranlagter Hunde nach Befriedigung drängen und den «Dampfkessel» zum «Pfeifen» bringen".[75]

Anzeigentexte aus Tiermärkten im Internet:

„Cane Corso ein sehr inteligent und ausgeglichener begleiter, die welpen sind bereit ein neues herz erobern, kern gesund, geimft 5x entwurmt auch bandwurm, geschipt, und ein EU-Pass beide Eltern HD+ED nachweislich frei beide Eltern vorort die Welpen sind gut sotialisiert haben ein 1000m² garten wo die austoben können".

„Süsser welpe 14 wochen alt abzugeben Ich muss leider aus privaten umständen meinen lieben welpen abgeben. Der kleine mann ist 14 wochenalt ,stubenrein, geimpft, geschippt und entwurmt. Er hat ein sehr lieben charakter und ist auch sehr verschmust. ich habe den kleinen seit der 9. ten woche an und habe ihn vom schweizei züchter geholt. Er besitzt einen welpenpass und einen EU- pass. Er ist ein bandog ursprung : Carne corse , dogo argentino er wird Später ca. 75 kilo wiegen und die schulterhöhe von 70-80 cm bekommen.

Kauf

Welpen des Kratosz Hungary Kennel, Züchter: László Schindler; Foto mit freundlicher Genehmigung: László Schindler

„Dogge Mix (..) Vater : (...)Dogge x Fila x Cane Corso Mutter: (...)Dogge x Old eng. Mastiff x Cane Corso (...). Die Verbindung ist eine Wurfwiederholung. (...) Das Wesen der Hunde ist sehr Ruhig und Suverrän, gut lenkbar, Kinderfreudlich und auch Wachsam."

"Leider müssen wir uns von unserer geliebte kuschelkuh oder besser gesagt kampfschmuser umzugshalber trennen. Er ist mit seinen gerade Mal 1einhalb Jahren bereits zwei Mal Papa geworden und hat kerngesunde Babys gezeugt."

"Muss leider schweren Herzens mein 19 monat alten Cane Corso/Mastino Napolitano blueline abgeben. Ist nicht gechipt besitzt aber die pflichtimpfung. habe damals 1500euro für ihn bezahlt und verkaufe ihn hier ganz klar unternwert."

"Zum Verkaufen steht mein kleiner welpe Sie ist 3 Monate alt Sie hat ein Hunde Pass Ich muss ihn leider abgeben da wir nicht so viel Zeit für ihn haben."

„Cane Corso Jungen zu verkaufen Leider muss Ich mich von meinen Cane Corso Jungen trennen. Er heißt Bambam und ist 3 Jahre alt. Sehr Kinderlieb und sehr anhänglich. Kann auch Stundenweise alleine Bleiben. Der Bracht Kerl wiegt ca 65 kilo. Er kann drinnen und draussen gehalten werden. Hat alle Impfungen."[76]

Tora Dell'Alumera: Züchter: Giovanni La Rosa, Dell'Alumera; Foto mit freundlicher Genehmigung: Giovanni La Rosa

Rubin di Casa Santodirocco, 15 Monate, (Lea di Casa Santodirocco x Multi Ch. Lodovico dell'Impero Maya), Züchter und Besitzer: Pierluigi Santodirocco; Foto mit freundlicher Genehmigung: Pierluigi Santodirocco

Kauf

Zuckersüß, zauberhaft, aus einmaliger Verpaarung... Solche und ähnliche Anzeigen finden sich täglich in den Tiermärkten des Worldwideweb.
Hundefabriken, Hinterhofzüchter, Wald- und Wiesen-Vereine, Unfall- und „Wo die Liebe hinfällt"-Würfe, der „Polen- und Tschechenmarkt", sogenannte „Welpenstuben": Bei allen geht es ausschließlich um den Abverkauf einer Ware und den schnellen Euro.
Das Geschäft mit Hunden boomt, es ist ein auf reinen Kommerz hin orientierter Markt, der von Überproduktion gekennzeichnet ist. Das Leid, das dahinter steht, wird immer noch zu wenig wahrgenommen. Genauso wie die manipulierten Impf- und EU-Pässe und gefälschten Ahnentafeln. Die auf Masse und Billigproduktion ausgerichtete (ost)europäische Welpenmaschinerie kann nur deshalb funktionieren, weil die Hunde unter Missachtung jeglichen züchterischen Grundsatzes und außerhalb aller ethischen und tierschutzrelevanten Wertmaßstäbe fabriziert werden. Und über ein gut funktionierendes kriminelles Bandennetz, in welchem Produzenten, Händler, Tierärzte und Verkäufer, die sich als Züchter ausgeben, Hand in Hand agieren.
Jedes Jahr werden 500.000 Rassehunde und Mischlinge von Vermehrungsfarmen der Tschechischen Republik, Slowenien Ungarn, Polen, Rumänien und der Slowakei gehäuft auch aus Belgien und den Niederlanden nach Deutschland gebracht und zu Schleuderpreisen auf Märkten, über Kleinanzeigen oder im Internet verkauft. Der professionelle illegale Welpenhandel ist ein mafiöses Millionengeschäft: Komplette Würfe wechseln je nach Geburtsort zwischen 30 und knapp 100 Euro den Besitzer. Bei geschätzten 30.000 Rassewelpen, die über den Hundehandel pro Jahr vertrieben werden, ergibt sich bei einem Durchschnittspreis von 500 Euro ein Marktvolumen von 15.000.000 Euro.[77]
Welpenstuben, die junge Hunde aller nachgefragten Rassen verkaufen, beziehen ihre Welpen ebenfalls aus diesen Kanälen. Auch hier gilt : minimaler Einsatz für maximalen Gewinn.
Im Grundsatz gilt das auch für die Mehrzahl der im Internet angebotenen Tiere. Täglich werden zigtausende Anzeigen geschaltet, die mit anrührenden Texten und herzerwärmenden Welpenbildern werben, wobei sich darunter kaum seriöse Angebote finden: Die meisten Online-Hunde stammen aus unkontrollierten ausländischen Massenzuchten oder, besser gesagt, Hundehöllen, und je elender die Tiere gehalten werden, desto geringer sind die Aufwandskosten und desto größer die Abverkaufsmarge.
Seit potentielle Käufer über die Machenschaften und das Tierelend von Massenzuchtanlagen informierter sind und somit den Welpenkauf sensibilisierter angehen, hat sich auch die Verkaufsstrategie geändert. Immer öfter trifft man auf Anzeigen, die nicht mehr wie früher einen 7-Wochen-Wurf, sondern einzelne Jungtiere im Alter von drei oder vier Monaten anbieten.

Kauf

Prophete della Nevaia, Besitzer: Christian Aloè, Kennel: Des Gardiens De Maelys; Foto mit freundlicher Genehmigung: Christian Aloè

KIPRANO Kiss-Me-Kiss, Züchter: O. M. Panchinyak, Besitzer: Sylwia Raźnikiewicz, Cane d'Oro Italiano Kennel; Foto mit freundlicher Genehmigung: Sylwia Raźnikiewicz

Kauf

Rebel dei Molossi d'Eburon, 8 Wochen (Terminator x Kobra dei Molossi d'Eburon), Züchter: Katja Chtuka, Kennel: Molossi d'Eburon; Foto mit freundlicher Genehmigung: Katja Chtuka

Abgabegründe sind meist der vorgebliche neue Job, Wohnungswechsel, Scheidung, Allergie etc. Dass sofort nach der Abgabe des Hundes der nächste liebe Welpenjunge ein neues Zuhause sucht, wird meist gar nicht bemerkt.
Fast jede Anzeige wirbt heute mit dem Welpenpass (klingt seriös und geschäftsmäßig, es handelt sich dabei aber weder um einen Impfpass noch um eine Ahnentafel und hat somit keinerlei Aussagewert), der liebevollen Familienaufzucht, der perfekten Sozialisation und dem obligatorischen Starterset. Die Angaben zu Impfungen, Ausweisen und sonstigen Papieren stimmen überwiegend nicht oder die Unterlagen sind professionell gefälscht, denn es gibt auch genügend Tierärzte und Amtsveterinäre, die aktiv im Hundehandel mitmischen. Vor dem Transport in die Abnahmeländer werden die Welpen mit Aufbauspritzen soweit in Form gebracht, dass sie bei Übergabe einen fitten und munteren Eindruck machen. Einer von fünf Welpen verstirbt laut einer Studie des britischen Kennel Clubs noch vor dem sechsten Lebensmonat. Überleben sie, folgt meist eine kostenintensive medizinische Behandlung; die psychischen Deprivationsschäden begleiten die Hunde oft ein Leben lang.
Dass diese „Hobbyzüchter“ sich nicht scheuen, für Interessenten im Wohnzimmer eine niedliche Welpenecke und im Garten einen Spielparcours aufzubauen, während die Welpen in der Realität in einer dunklen, kalten Garage oder in Containern zwischen Kot, verfaultem Fressen und verendeten Geschwistern ohne menschlichen Kontakt großwerden, geht über die Vorstellungskraft meist hinaus.
Das Elend der Muttertiere, die als Gebärmaschinen missbraucht werden, ihr Leben unter grausamen und erbärmlichen Umständen fristen, mit Hormonmedikamenten behandelt und zum Deckakt angebunden werden, damit sie sich nicht wehren können; um dann, nachdem sie ausgedient haben, totgeprügelt in der Tierverwertung zu landen, spielt beim Anblick eines niedlichen Fellknäuels, das mit 2-3 Wochen seiner Mutter weggenommen wurde und in den meisten Fällen schwer krank ist, keine Rolle mehr. Durch die frühe Trennung von der Mutter und den Geschwistern und ohne menschlichen Kontakt in der wichtigsten Entwicklungsphase der Welpen kann die Prägung und Sozialisierung der Tiere nicht vollendet werden. So entwickeln sich die Tiere oft zu verstörten, umweltunsicheren, stress- und aggressionsanfälligen Hunden, die aufgrund der Langzeitschäden im Tierheim landen oder eingeschläfert werden.
Auch unter dem Deckmantel des - in solchen Fällen unseriösen - Tierschutzes werden Hunde, angeblich aus Tötungsstationen gerettet, für hohe Schutzgebühren vermittelt. Korrekt müsste es heißen: billig produziert, mit falschem Label versehen und teuer verkauft!
Die Organisation „Vier Pfoten“ ist eine international tätige Tierschutzorganisation mit Hauptsitz in

Kauf

Abel, Züchter: Luciano Angelino, Besitzer: Eros Calvara; Foto mit freundlicher Genehmigung: Eros Calvara

Wien, die 1988 von Heli Dungler gegründet wurde. Mit Niederlassungen in Deutschland, Belgien, Bulgarien, Großbritannien, den Niederlanden, Österreich, Rumänien, Schweiz, Südafrika, Ungarn und den USA engagiert sie sich mit internationalen Kampagnen gegen den illegalen Welpenhandel.

Daneben werden für eine spezielle Klientel im großen Umfang Listenhunde wild verpaart und Welpen angeboten, deren Mutter ein Cane Corso x American Bulldog x Dogo Argentino-Mix und der Deckrüde ein Owtscharka x Fila Brasiliero x Presa Canario-Mischling ist. Dass diese Hunde im Erwachsenenalter im Tierheim landen oder als „bösartig identifiziert" beim Tierarzt euthanasiert werden, dürfte nicht verwundern.

Das Big-Business wollen sich natürlich auch ominöse Dissidenzvereine nicht entgehen lassen, die gerne hohe Zuchtansprüche propagieren, aber vielfach unter nichtssagenden Zuchtauflagen vermehren und mit Stammbäumen, die den Herkunftsnachweis der Zuchthunde nur mangelhaft oder überhaupt nicht belegen, Geld machen. Das Gütesiegel oder die Qualitätsgarantie eines Clubs oder einer Commission ist in vielen Fällen nicht einmal das bedruckte Papier wert.

Was aber nicht heißt, dass es unter den VDH oder FCI-Züchtern keine schwarzen Schafe gibt, die vorrangig ein Geschäftsmodell und weniger ein Zuchtprinzip verfolgen. Und es heißt auch nicht, dass jeder Dissidenzverein unseriös arbeitet.

Mischlinge, die als Designerrassen vermarktet werden und als eine genetische Komponente den Cane Corso führen, sind „Antikdogge" und „Saupacker".

Antikdoggen sind Kreuzungen aus Cane Corso und Dogo Canario mit dem erklärten Ziel und propagierten Anspruch, den Ur-Molosser, sprich „die gesunde, robuste und vitale Dogge der Antike" zurückzuzüchten. Auch wenn die phänotypischen Gemeinsamkeiten der beiden Rassen sehr ausgeprägt sind, bleibt die Frage, warum aus zwei anerkannten FCI-Rassen eine Neue kreiert werden sollte. Oder warum eine Verpaarung von CC x CC eine Antikdogge ergeben sollte. Eine Rückzüchtung auf eine ausgestorbene „Rasse" ist zudem nicht möglich.

Bleibt also nur die Verpaarung durchschnittlicher Rassevertreter, (ein seriöser Züchter, mit guten Cani Corso wird kaum einen seiner Hunde als Deckrüden für eine Mischlingszucht zur Verfügung stellen), die die, in den Rassen vorliegenden, genetischen Krankheitsdispositionen mitbringen. Wie daraus eine urwüchsige und gesunde antike Dogge entstehen soll, erschließt sich nicht.

Die Annahme, dass man einen vielversprechenden Namen gut vermarkten kann, lässt sich leichter ausrechnen.

Der Saupacker soll ebenfalls als ein „großer, gesunder und vor allem langlebiger Molosser" gezüchtet werden. Die Ausgangsrassen sind Cane Corso, Deutsche Dogge, Rottweiler, Mastiff,

Kauf

Dennis TCane, Züchter und Besitzer: José Talarico, Kennel: TCane (Petropolis, State of Rio de Janeiro/Brazil); Foto mit freundlicher Genehmigung: José Talarico

Kauf

J.Ch.It Calliope mit ihrem Welpen Bride To Be dei Corsi di Serralonga, Züchter: Cinzia Doro, Kennel: I Corsi di Serralonga Enci-Fci; Foto mit freundlicher Genehmigung: Cinzia Doro

Kauf

Ada, Züchter: Carmelo Arbaci & King (Parthenope x Barone), Züchter: Francesco Barone, Besitzer beider Hunde: Vito Patanè; Foto mit freundlicher Genehmigung: Vito Patanè

Bordeauxdogge, Bullmastiff, Mastino Napoletano, Broholmer, Fila Brasileiro, Dogo Canario, Tosa Inu und Boxer. Die herangezogenen Rassen teilen sich nicht nur alle die molossertypischen Krankheitsdispositionen, sondern finden sich auch in verschiedenen Landeslisten, sind also in vielen Bundesländern Kategorie 2 oder je nach Mischung sogar Kategorie 1-Hunde.
Die Paarung aus Cane Corso und Old Time Bulldog wird als Alauntbull vermarktet. Dogo Canario, Alano und Antikdogge finden ebenfalls in der Züchtung des Alauntbull Verwendung.
Die Sinnhaftigkeit einer solchen Querbeet-Mischlingsvermehrung, mit der Gefahr einer problematischen Kombination von Charakterzügen, kann wohl nur im monetären Bereich liegen, sicher nicht in der Gesundheit, Langlebigkeit oder Wesensfestigkeit dieser Kreuzungen. „Solange Hybriden aus kurzfristigen optischen oder leistungsorientierten Überlegungen gezüchtet werden, solange sie mit unhaltbaren und falschen Versprechen aus den Themenbereichen Gesundheit und Wesen zu überhöhten Preisen an den Mann und die Frau gebracht werden, und solange der Grund dieser Kreuzungen darin liegt, sich einen Hund anzuschaffen, den sonst kaum einer hat und damit seine sonst nicht vorhandene Individualität zu betonen, solange ist die Hybridzucht nur eine weitere Facette im Bereich der unkontrollierten und schädlichen Hundevermehrung“.[78]
Auch namhafte italienische Kennels, die über die ENCI züchten, werden ebenfalls mit Anwürfen konfrontiert, dass sich vermehrt ängstliche, angstaggressive und kranke Hunde in ihren Zuchtlinien befinden. Ebenso kursieren Anschuldigungen, dass Welpen billig aufgekauft und unter eigenem Namen als Nachzuchten angeboten werden. Oder über den Einsatz hochdekorierter Deckrüden, die, würde man es überprüfen, den Vaterschaftsnachweis nicht bestehen würden. Oder über den nach wie vor bestehenden Zuchteinsatz von Boxer, Bullmastiff und Bordeauxdogge, um den zur Zeit optisch im Trend liegenden kurzschnäuzigen Typ zu produzieren. Oder dass einer „wertvollen“ Zuchthündin, die aus irgendwelchen Gründen nicht trächtig geworden ist, der Wurf einer anderen Hündin untergeschoben wird, um höhere Welpenpreise zu erzielen. Züchterische Ausbeutung kennt keine Grenzen, so finden sich solche Vorkommnisse natürlich auch in europäischen, bzw. weltweiten Zuchtstätten. Und wie überall bestätigen die Ausnahmen die Regel.
Der Kauf eines Hundes beruht nicht auf rein rationalen Entscheidungen, sondern ist erfahrungsgemäß ein Konglomerat aus Idealvorstellung, Zufall und Vertrauen ins Glück.
Neben der emotionalen Komponente sollte aber so weit gesunder Verstand zum Zuge kommen, als dass man sich nur einen Hund anschafft, der aufgrund seiner Rassezugehörigkeit Charaktermerkmale, Wesenszüge und physische Eigenschaften aufweist, die sich mit den Lebens- und Umweltbedingungen des zukünftigen Halters decken.
Der Aufwand, den wir mit einem Hund betreiben müssen, damit er gesund bleibt und sich

artgerecht entwickelt, steht in engem Zusammenhang zu seiner ursprünglichen Verwendung und der Selektion auf die dafür erforderlichen Wesenszüge.
Die leistungsorientierte Zuchtauslese schuf Arbeits- und Gebrauchshunde, die auch heute noch, mehr als Begleithunde, Bewegung und Aufgaben benötigen, damit Verhaltensprobleme nicht vorprogrammiert sind. Beim Cane Corso sind dies die Charakteristika als Schutz, Wach- und Jagd- bzw. Packerhund.
Welpenpreis, schnelle Verfügbarkeit und örtliche Nähe sind immer noch determinierende Kaufmotivationen. Bezahlt wird im Nachhinein, wenn der Hund frühzeitig verstirbt, lebenslang kostenintensive gesundheitliche Störungen aufweist oder aufgrund falscher oder mangelnder Prägung und Sozialisation sich zu einem problematischen oder verhaltensgestörten Hund entwickelt.
Oder sei es auch nur, dass er die phänotypische Qualität des Rassestandards vermissen lässt.
Die besten Voraussetzungen einen gesunden, typvollen, wesensstarken Cane Corso zu erwerben, fallen nicht in den Bereich der Spontanentscheidung, sondern bedürfen der sorgfältigen Suche nach einem Züchter:
-Der nachweislich über einen FCI anerkannten, nationalen Zuchtverband oder FCI anerkannte Rassegesellschaften züchtet.
-Der ein solides Grundlagenwissen bezüglich der genetischen Zusammenhänge und Regeln besitzt.
-Der keine kranken Tiere, bekannte Anlageträger für bestimmte Erbkrankheiten – und dies schließt auch allergische oder Immunerkrankungen mit ein – oder wesensschwache Hunde zur Zucht verwendet. Und der mit keinem, wenn auch von den Zuchtverbänden zugelassen, HD-C Hund züchtet.
- Der offen über Gesundheitsprobleme, die den Cane Corso betreffen spricht. (Wenn der Züchter behauptet, dass es keine gesundheitlichen Probleme innerhalb der Rasse oder seinen Linien gibt, sollte man sich an einen anderen Züchter wenden.)
-Der auch andere Gesundheitstests außerhalb der Hüfte durchführt? Wie z.B. Ellenbogen-, Herz- oder Augenuntersuchungen.
-Dessen Zuchtphilosophie die Erhaltung der genetischen Varianz beinhaltet und der von daher keine Inzestverpaarungen oder Paarungen mit hohem Inzuchtniveau, sondern auch Outcrossverpaarung durchführt.
-Der nicht nur den in „seinen Augen“ besten Hund oder den angesagten Champion einsetzt, sondern den, der aufgrund von Zuchtwertschätzungen, womöglich aber ohne große Ausstellungserfolge, als züchterisch wertvoll für die Population anzusehen ist. (Kann der Züchter

hinreichend erklären, wofür er züchtet? "Ich will nur schöne, große, blaue Hunde machen" ist keine ausreichende Antwort.)

-Der über Wesens- und Leistungsselektion vermehrt; Gesundheit und Charakter in den Focus seiner züchterischen Ausrichtung stellt, anstatt ausschließlich Pokalen und Schönheitstiteln nachzujagen.

-Der eine durchdachte Zuchtstrategie verfolgt, seine Nachzuchten einer Kontrolle unterzieht und die Herkunft seiner Zuchthunde zweifelsfrei belegen kann. Alle Gesundheitsauswertungen und Ahnentafeln schriftlich vorliegen hat. Auch die des Deckrüden, falls dieser von außerhalb kommt.

-Der für alle seine Zuchthunde eine ZTP (Zuchttauglichkeitsprüfung) vorweisen kann.

-Der mit wenigen Hunden züchtet, die in die Familie integriert sind und einen deutlichen Bezug zu ihrem Züchter zeigen. Und nicht mehr als zwei, drei Würfe pro Jahr hat.

-Dessen Mutterhündin augenfällig gepflegt, gut genährt, instinktsicher, selbstverständlich säugend ist und sich ihres Nachwuchses annimmt. Und dessen Welpen gesund, frei von Parasiten, lebhaft, menschenbezogen, neugierig, weder scheu noch schreckhaft sind.

-Der über eine Zuchtstätte verfügt, die den Welpen alle Möglichkeiten bietet, optische, akustische und taktile Reize kennenzulernen. Und allen Hunden genügend Auslauf und Familienanschluss gewährleistet.

-Der sich bereits bei der telefonischen Kontaktaufnahme Zeit nimmt; über seine Zuchtziele informiert; Besuche während der Welpenzeit bis zur Abgabe ermöglicht. Auf alle Fragen ausführlich eingeht und Eignung und Haltungsbedingungen des Interessenten hinterfrägt. (Hat der Interessent Erfahrung mit dominanten Rassen; Der Corso ist kein Labrador Retriever und nicht für jeden geeignet.) Auch nach dem Kauf Ansprechpartner bleibt und sich für die Entwicklung „seines“ Welpen interessiert; im Idealfall regelmäßige Welpentreffs initiiert. Und in dem Fall, dass der Hund nicht beim Besitzer verbleiben kann, bei der Weitervermittlung hilft oder ihn wieder zurücknimmt.

-Der mit seinen Hunden aktiv ist (auch wenn z.B. die Leistungsarbeit für den durchschnittlichen Käufer uninteressant ist, sollte man bedenken, dass ein guter Züchter mit seinen Hunden mehr macht, als nur mehr Hunde zu machen.

-Der Ihr Vertrauen verdient, weil er nach bestem Wissen und Gewissen und unter Einhaltung der maximal möglichen Sorgfalt züchtet.

Über die profitgeilen, grausamen und kriminellen Machenschaften der Massenvermehrer, „Hobbyzüchter“ und Händler kann man sich im Internet ein Bild machen, und einzig der Hundeliebhaber und künftige Hundebesitzer hat es in der Hand, diesem verachtenswerten,

Kauf

EZRA Custode del Trono (Brenno x Jormungandr Rayla di Cors), Züchter: Dalibor Sojak, Kennel: Custode del Trono Cane Corso; Foto mit freundlicher Genehmigung: Dalibor Sojak

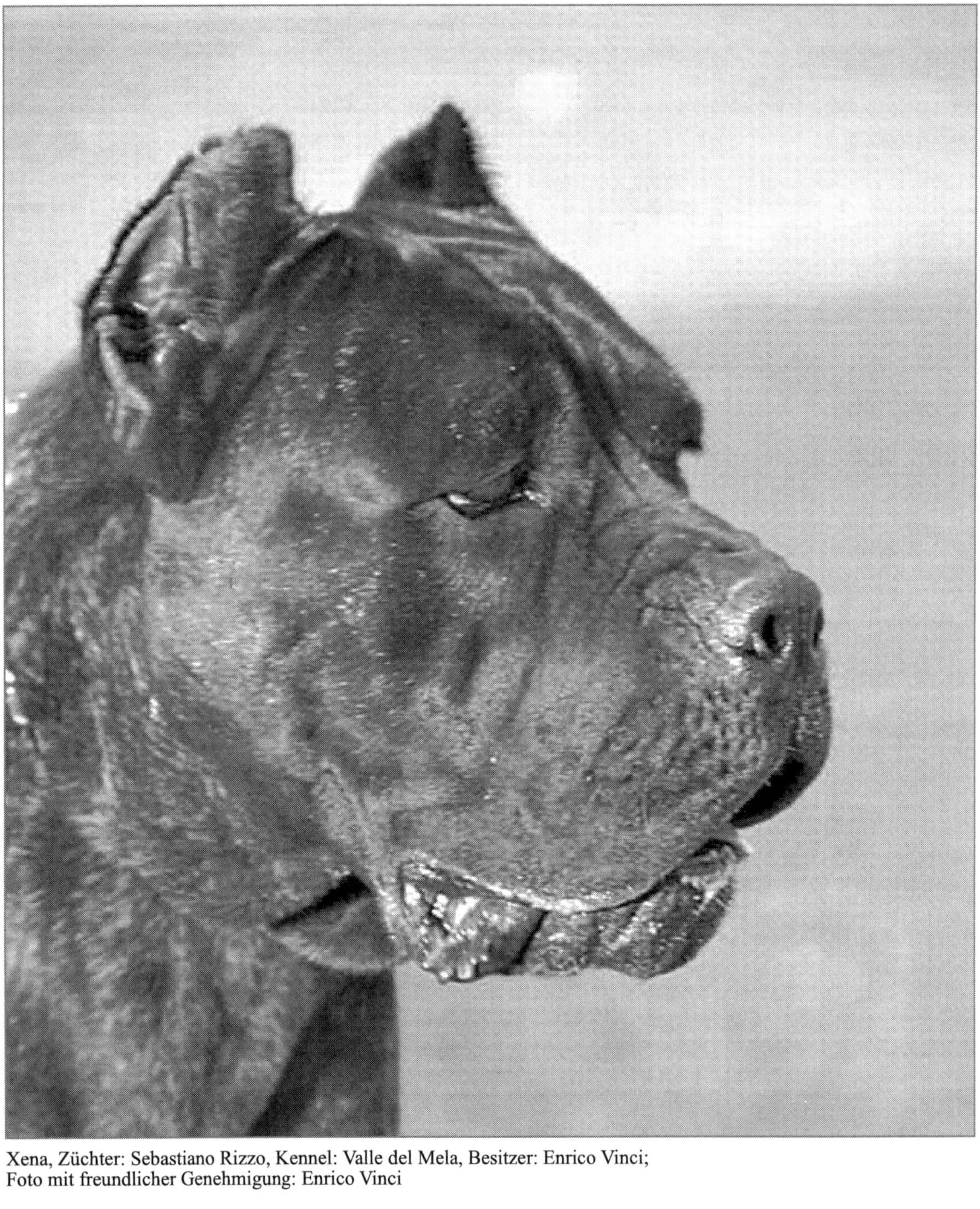

Xena, Züchter: Sebastiano Rizzo, Kennel: Valle del Mela, Besitzer: Enrico Vinci;
Foto mit freundlicher Genehmigung: Enrico Vinci

Donald Della Collina Del Corso, Züchter: Alfonso Ventola; Foto mit freundlicher Genehmigung: Alfonso Ventola

Cronus All Balck TCane and Cybor TCane, Züchter: José Talarico, Kennel: TCane, Brasilien; Foto mit freundlicher Genehmigung: José Talarico

zutiefst traurigen Treiben eine Ende zu bereiten: indem er unter keinen Umständen und auch nicht aus Mitleid einen Hund aus dubiosen Quellen bezieht.
Viele aus Unkenntnis und Unvermögen an- und wieder abgeschafften Cane Corso befinden sich in der Obhut von Rescue-Organisationen, Hundevermittlungs-Gemeinschaften oder Tierheimen. Zuchtvereine, Organisationen und Verbände bieten hier bei Interesse Unterstützung.

Lexy dei molossi di valle muta, Züchter und Besitzer: Sebastiano Ippolito, Kennel: I Molossi Di Valle Muta; Foto mit freundlicher Genehmigung: Sebastiano Ippolito, Bild: ©Milena Ippolito (MiloPh)

Enza und Ebby dalla Cittá Imperiale (Int. CH, Gr.CH TR, CH LUX, CH SL, CH SRB, JCH RSM, JCH LUX, JCH SL Bruno in Cima dell´Impero x Universe Queen de La Mirage de Torrellas) mit Colin; Foto mit freundlicher Genehmigung: Maya Lang

Pinelli, Bartolomeo (1781-1835) Selbstportrait / Terracotta

Haltung

Ein Cane Corso liebt seinen Menschen nicht „gratis“, er muss sich die Liebe seines Hundes verdienen.

Aufgrund seiner Herkunft, Verwendung und typischen Eigenheiten ist der Cane Corso kein Anfängerhund, kein Hund für jede Umgebung und kein Hund für jedermann/frau. Unglücklicherweise fallen Entscheidungen zugunsten einer Rasse vielfach aufgrund der momentanen Popularität, des ansprechenden Exterieurs, angedichteter Wesensmerkmale, die ein einfaches „Handling“ versprechen, fehlender kynologischer Kenntnisse und nicht zuletzt durch Selbstüberschätzung.
Die entscheidende Frage, harmonieren Hund und Halter und entsprechen die Rasseeigenschaften dem gegebenen Umfeld, gerät ob eines niedlichen Welpen oder dem Drängen der Kinder schnell ins Vergessen.
Hundebesitzer früherer Generationen waren meist Menschen, die mit Hunden aufgewachsen waren und eine gleichsam natürliche oder authentische Beziehung zum Tier hatten: geprägt von einem unverdorbenen Pragmatismus und einer stimmigen und selbstverständlichen Liebe zum Tier.
Metzger hielten Rottweiler, Jäger Jagdhunde und die Familie mit Kindern einen Pudel: Arbeits,- Begleit- oder Gesellschaftshunde, die sich harmonisch in den menschlichen Verband eingliederten, weil man nicht ständig einschreiten und reglementieren musste, da sie am richtigen Platz waren.
„Wenn noch vor weniger als zwei Menschengenerationen der Hofhund fleißig bellte, so lobte man ihn und er galt als ein ‚gut anschlagender‘, geschätzter Bewacher. Wenn er dann auch noch Fremden gegenüber eindrucksvoll die Zähne fletschte und brummig knurrte, notfalls auch vor einem Biss nicht zurückschreckte, so hatte er quasi 100 Punkte noch bei unseren Großeltern. Heute aber wäre exakt der gleiche Hund ein Fall für den Wesenstest und Kandidat für die Todesspritze“.[79]
Heutigen Hundehaltern fehlt oft der ursprüngliche, gewachsene Zugang zum Hund: Als trendiges „must-have“ bevölkert er den modernen Lifestyle, zumindest solange bis aufgrund von Nichtwissen und Nichtkönnen Probleme auftauchen. Fehlenden Sachverstand und den Mangel an naturgemäßem Umgang versucht man mit populärer, pseudowissenschaftlicher Literatur und technokratischen Apps und Gadgets wettzumachen. Mit Hilfe von Hundeschulen, Psychotrainern und persönlichen Tiercoaches, mit immer neuen Erziehungstipps und Trainingsmethoden; Ausbildungsgeräten und Alternativmaßnahmen. Dogdancing oder Bachblüten. Unsere Tierheime sind auch deshalb mit Herdenschutz- und Hütehunden, Molossern und Listenhunden überfüllt.
„Warum im Tierheim? An erster Stelle stehen in unseliger Vereintheit Ahnungslosigkeit und Planlosigkeit. Der unüberlegte Kauf stammt häufig aus Zoohandlungen, Zufallswürfen und

It. JCh., Junior Top Dog ENCI 2018, Junior Garda Winner 2018, Herbstsieger Club Show 2018 des CCI e.V., Quercia dei Molossi d'Eburon, Züchter und Besitzer: Katja Chtuka, Kennel: Molossi d'Eburon;
Foto mit freundlicher Genehmigung: Katja Chtuka

Groff, Züchter und Besitzer: Rudić Igor, Kennel: Cane Corso Diamantino;
Foto mit freundlicher Genehmigung: Rudić Igor

Harry P. Geraldino, Züchter: Petra Nováková & Wanda Custodi Nos, Züchter: Nenad Srdanov, Besitzer beider Hunde: Andreas Neumeier, Kennel: Molossi del Brigante; Foto mit freundlicher Genehmigung: Andreas Neumeier

Planlosigkeit. Der unüberlegte Kauf stammt häufig aus Zoohandlungen, Zufallswürfen und Massenzuchten. Quellen also, wo es darum geht, möglichst schnell Hunde umzusetzen bzw. loszuwerden. Beispiel Tierschutzheim (…): Mit konstanter Regelmäßigkeit landen Hunde aus der Tierhandlung (…) bereits nach wenigen Wochen im örtlichen Tierheim. Das Traurigste daran: Die Abgeber waren allesamt völlig ungeeignet für eine Tierhaltung, beim Kauf im Zoogeschäft war das aber kein Problem. Abgeschoben werden Hunde meist wegen unerwünschten Verhaltens wie Zerstörungswut, Anknurren oder Zwicken der Kinder, Beißen anderer Tiere, starker Lebhaftigkeit, Ungezogenheit, Rangordnungsproblemen usw. Dass hinter all dem das Unvermögen eines unfähigen Besitzers steckt, ist diesem meist nicht verständlich zu machen. Jemand, der sein Tier loswerden möchte, sucht die Schuld nie bei sich. (…). Ebenso häufig werden Umzüge, Berufswechsel, Scheidung und Trennung als Abgabegrund genannt. Wer bei so viel Unvernunft

Uran dei Caivanesi, Besitzer: Cane corso cotte cerbu funzionale ortognato;
Foto mit freundlicher Genehmigung: Sisi Marongiu

und Laxheit auf der Strecke bleibt, ist der Hund. Hinweise auf Tiersitter und andere Alternativen interessieren nicht mehr, wenn der Entschluss feststeht, dass im neuen Leben für alte Gefährten kein Platz mehr ist. (…)Nur ganz selten sind es wirkliche Notfälle und Schicksalsschläge, wie schwere Erkrankungen, Unfall oder Tod, die ein Tier obdachlos machen. Sie spielen in der Statistik mit unter 10 Prozent kaum eine Rolle.“[80]

Maß aller Dinge ist die zutreffende Einschätzung der Rassedisposition und adäquate Prüfung der eigenen Lebensumstände, bevor man sich für eine Rasse entscheidet.

Der Glaube, dass es die Hundekita und der Hundepädagoge schon richten werden, darf als Irrglaube bezeichnet werden.

Als ein Beispiel unter vielen kann man den Weimaraner anführen, der bis vor einiger Zeit als wild- und mannscharfer Jagdhund gezüchtet, und dementsprechend eingesetzt und gehalten wurde.

Ch.Cane Myglory Zurbagan *05.08.2015, German Winner Show (WDS 2017): CAC, CACIB, BOB, Züchter: Spirichev Anastasia, Kennel: Cane Myglory (Russia, Nizhny Novgorod), Besitzer: Irina Kovaleva (Russia, Saint-Petersburg); Foto mit freundlicher Genehmigung: Ирина Ковалёва

Sandra Vork mit Valle del Futuro Blanca (Dark Devil Andrax Gold, Besitzer: Sandra Vork x Malena Della valle degli orsi Ali, Besitzer: Rohan Geelhoed), Züchter: Rohan Geelhoed, Besitzer: Sandra Vork; Foto mit freundlicher Genehmigung: Sandra Vork

Valle Del Futuro Angerfist, Züchter und Besitzer: Rohan Geelhoed, Kennel: Valle Del Futuro; Foto mit freundlicher Genehmigung: Rohan Geelhoed

Haltung

Auch wenn die Mannschärfe nicht mehr Zuchtziel ist, sind sein Jagd- beziehungsweise Schutztrieb nicht zu unterschätzen. Allein aufgrund seiner optischen Attraktivität und seines Status' als extravagantes Accessoire wird er vermehrt als Begleithund gewünscht und erworben. Inwieweit sich eine solche Konstellation zu einem befriedigenden Miteinander entwickelt, sollte man eindeutig beantworten können. Bei der Anschaffung eines Cane Corso müssen die Rahmenbedingen stimmen, um das Risiko von Verhaltensauffälligkeiten zu minimieren.
Sein Elan, sein Erbe als Jagdgebrauchshund und seine oftmals ungestüme Kraft prädestinieren ihn nicht für Kleinkinder. Ein Mehrparteien- oder Stadthaus oder eine Wohnung sind kein rassegerechtes Umfeld für einen Cane Corso. Ein Wachhund schlägt bei Geräuschen an. Und heißt auch nicht jeden willkommen. Wird es dann den Nachbarn aufgrund der Lärmbelästigung zu viel oder dem Besuch zu anstrengend, wird mühevoll versucht, dem Hund sein natürliches Verhalten abzuerziehen. Was meist auf beiden Seiten zu Enttäuschung und Problemen führt und viel zu oft im Tierheim endet. Weit sinnvoller wäre es, sich eine Rasse anzuschaffen, die nicht umkonditioniert und unglücklich gemacht werden muss.
Ein Cane Corso braucht Gesellschaft. Täglich über Stunden alleingelassen ist für ihn eine Qual, auf die er mit Verhaltensstörungen reagiert. Bewegung, intellektuelle Anforderung und Kooperation mit dem Menschen sind wesentliche Faktoren im Leben eines Cane Corso. Dies bedingt eine verantwortungsvolle Einstellung, Zeit, Engagement und ein fundiertes Wissen um die Bedürfnisse des Hundes. Wer im VPG/IPO-Sport glänzen möchte oder ein Prestigeobjekt sucht, ist mit einem Malinois oder Rottweiler besser bedient. Dies soll nicht bedeuten, dass man mit einem Cane Corso nicht Hundesport oder eine Schutzdienstausbildung machen könnte, sondern nur, dass Aktion und Reaktion molossertypisch langsamer ablaufen und auch die Konzentrationslage mit einem sehr triebigen belgischen Schäferhund nicht mithalten kann. Das Potential dazu hat er allemal.
Ein Cane Corso kostet Geld: Anschaffung, Futter, Pflege, Gesundheitsvorsorge, Krankheitskosten, Steuern, Versicherung etc.
Ein Cane Corso kostet Zeit: Er will erzogen und beschäftigt werden, er braucht Gesellschaft, Bewegung und eine Aufgabe. Und dies sein Leben lang.
Ein Cane Corso kostet Nerven: Ausbildung und Training verlangen Erfahrung, Geduld und Gelassenheit, Fein- und Fingerspitzengefühl eines ruhigen, sicheren und konsequenten Besitzers, der ohne Härte und Druck geradlinig führt. Wenn man Zeit, Geld und Nerven sparen will, erfreut man sich besser an anderen Dingen. Als logische Fortführung ergibt sich hieraus, dass der klassische Cane Corso-Halter über ein großes Grundstück und ein freistehendes Haus verfügen sollte, das sich zum Bewachen und Beschützen anbietet und dem Hund so die Möglichkeit

Abate Pia Fidelis, Züchter: Corina Cotoi, Besitzer: Sesil Andonova & Bruma Pia Fidelis, Züchter: Corina Cotoi, Besitzer: Milan Farkas; Fotos mit freundlicher Genehmigung: Corina Cotoi

Haltung

Dutch Champion Italian Guardian Divina, Züchter: Anita Giskes, Italian Guardian; Foto mit freundlicher Genehmigung: Anita Giskes, ©Eye Dea Fotografie

Haltung

Eno dell' Antica Borgata, Züchter: Cesare Vetrugno; Foto: ©Karlheinz Gschwind

Sabina Gawlik mit den Hunden QUITE A NKM SCANDAL dell`Antico Cerberus, Züchter: Anna Battaglia & CINDERELLA Z Gildii Nieustraszonych & ZIUTA Z Gildii Nieustraszonych, Züchter und Besitzer: Ewa Wanecka, Z Gildii Nieustraszonych Kennel; Foto mit freundlicher Genehmigung: Ewa Wanecka

Estrella De Norte Iz Dinastii Chempionov, aka Silver (Body Greace Iz Dinastii Chempionov x Gus Della Valle Dei Lord), Züchter: Emilia Gaidukova, Besitzer: Tamás Antal, Kennel: Il Cane Della Felicita; Foto mit freundlicher Genehmigung: Tamás Antal

verschafft, seiner ursprünglichen Aufgabe nachzukommen und psychisch wie körperlich gesund zu bleiben. Eine fundierte Hundeerfahrung vornehmlich von Molosserrassen oder Gebrauchshunderassen besitzt. Mit rassetypischen Vor- und Nachteilen wie dem Territorialverhalten und dem „eigenen Kopf bei sensiblem Gemüt" umzugehen weiß. Die finanziellen Mittel und den Aufwand an Zeit nicht scheut. Der körperlich in der Lage ist, einen kraftvollen Hund zu handeln und sich psychisch und mental über Souveränität, Selbstdisziplin, Geduld, Einfühlungsvermögen, Verantwortungsbewusstsein und gesunden Hundeverstand definiert.

„Wenn Sie einen Hund ‚besitzen' möchten, ist der Cane Corso nichts für Sie.

Wenn Sie sich wünschen, mit einem Hund in der Familie ‚zusammenzuleben', wenn Sie sich wünschen, echte Zuneigung zu geben und zu erhalten. Wenn Sie das Leben genießen, indem Sie Gefühle der Herzensgüte erfahren. Wenn Sie wollen, dass Ihre Kinder unbeschwert, heiter und reich an Eindrücken aufwachsen und Dinge lernen, die nur wenige in ihrem Leben erleben… kann der Cane Corso Ihr Begleiter sein."[81]

Jenni Allan's Sohn Christopher mit einem Welpen aus dem Kennel Copper Sky; Foto mit freundlicher Genehmigung: ©Jenni Allan, Kennel: Copper Sky

Amino Grande Gioia, Züchter: Petra Grasser, Kennel: Grande Gioia, Besitzer: Angela Husmann; Foto mit freundlicher Genehmigung: Angela Husmann

Shary, Züchter und Besitzer: Alessandro Todaro; Foto mit freundlicher Genehmigung: Alessandro Todaro

Valchiria di Castell'Anselmo mit Welpen, Züchter: Francesco Mostacci, Kennel: di Castell'Anselmo; Foto mit freundlicher Genehmigung: Francesco Mostacci

Anatolia di Castell'Anselmo mit Francesco Mostacci; Foto mit freundlicher Genehmigung: Francesco Mostacci

Erziehung und Ausbildung

Eno dell' Antica Borgata; Foto: Karlheinz Gschwind

Die Themenbereiche Erziehung, Ausbildung und Ernährung haben nur peripher einen rassespezifischen Bezug und werden dementsprechend nur gestreift. Für alle gibt es überdies umfangreiche Literatur. Ferner werden die jeweiligen Sujets polarisierend beharkt – eine konsensuelle „Philosophie" ist bei diesem so hitzig, kontrovers und fundamentalistisch diskutierten Thema wie der Erziehung von Hunden nicht möglich.

Grundsätzlich lernen alle Hunde nach den gleichen Prinzipien, und die Erziehung molosserartiger Hunde ist weder komplizierter noch leichter als die anderer Rassen. Lernen ist grundsätzlich nicht schwer, wenn man die Persönlichkeit und Abstammung des eigenen Hundes kennt und sich weniger auf Methoden, dafür mehr auf die soziale Interaktivität zwischen Mensch und Hund besinnt. Statt Dogmas zu kultivieren, wären Pragmatismus, Bauchgefühl und gesunder Menschenverstand gefragt. Hunde sind in erster Linie Hunde und nicht nur reine Rassevertreter. Charakterliche Unterschiede finden sich genauso zwischen einzelnen Individuen einer Rasse. Da keine pauschale Erziehung für alle Rassen und alle Charaktere existiert, kommt dem spezifischen

Cleopatra, Criadero Colle Dei Corsi-Nadaske; Foto mit freundlicher Genehmigung: Davide Romano & Natacha Donadio

Zugang zum einzelnen Hund, das Eingehen auf die individuellen Neigungen, Stärken und Schwächen am meisten Bedeutung zu.

Beim Cane Corso ist zu bedenken, dass es sich um eine sensible und gleichzeitig eigenwillige Rasse handelt und der Umgang von Kenntnis und Konsequenz, Feingefühl und Gelassenheit geprägt sein sollte. Ungerechtigkeit, Härte, soziale Kälte, aufbrausendes und unbesonnenes Handeln sind kontraproduktiv und schaffen einen Hund, der die ihn auszeichnenden Charakteristika wie Loyalität und Bindung gegenüber der Familie oder dem Halter nicht entwickelt und stattdessen in ein Meide-, Flucht- oder Wehrverhalten flüchtet.

Bei der Erziehung geht es im Gegensatz zur Ausbildung vorrangig nicht um das Beibringen von formalen Kommandos wie Sitz, Platz oder Fuß, sondern um die adäquate Eingliederung in den Lebensverbund. Das heißt: Grenzen zu akzeptieren und Regeln einzuhalten.

Da der Cane Corso einen starken Willen besitzt und dazu neigt, jedes Hör- oder Sichtzeichen erst mal kritisch zu hinterfragen, ist seine Erziehung eine geschickte Gratwanderung zwischen

Empathie und Beharrlichkeit, welche der Eigenwilligkeit wie auch der Empfindsamkeit entsprechend begegnen. Auffassungsgabe und Arbeitseifer sind beim Cane Corso gut ausgebildet und ermöglichen ein schnelles Erlernen der grundlegenden Befehle.

Für die Basisausbildung ist die Konditionierung über Bestätigung und Belohnung immer noch der beste und erfolgreichste Weg. Mit der zunehmenden psychischen Reife willensstarker Hunde stoßen Lob und Leckerli bei der Durchsetzung von Regeln und Kommandos allerdings oft an ihre Grenzen. Zurechtweisungen und das Setzen von Grenzen sind als Teil eines normalen Beziehungsgeflechtes ein adäquates Vorgehen und weitaus wohlmeinender als manche Laissez-faire-Theorie. Die Achtung von Hierarchien, die Integration in soziale Strukturen und die Befolgung von Regeln basieren mehr auf dem Entscheidungswillen und der Führungsqualität des Menschen im täglichen Miteinander und sind weniger das Resultat einer losgelösten Erziehungsstunde oder einer einzelnen Unterordnungsübung. Die Spitzenposition des Menschen sollte die einer vertrauenswürdigen kompetenten Autorität sein, die Förderung, Sicherheit, Ordnung und Geborgenheit bietet; die dem Hund imponiert und zu der er sich hingezogen fühlt. Die Einordnung des Hundes unter den respektierten Menschen hat nichts mit Abwertung oder Erniedrigung zu tun, sondern bedeutet einen Zugewinn an sozialer Sicherheit. Eine konsequente, souveräne, liebevolle und motivierende Erziehung mit eindeutigen Direktiven stellen Klarheit, Orientierung und Berechenbarkeit her; mit dem Ziel, dass der Hund gut gelaunt gehorcht, weil er es für richtig und begründet hält. Zwangsmaßnahmen sind dann obsolet. Jeder Hund bevorzugt es, Konflikte zu vermeiden und ein geliebtes und geachtetes Verbundmitglied zu sein. Wenn sich der Hund am Menschen orientiert, ist das eine Frage der Bindung und nicht der Verstärkung durch Leckerchen oder Clicker.

Explizit in einer Zeit, wo Hunde friedlich, unauffällig und am besten für das Umfeld unsichtbar sein sollten, fast nur an der Leine laufen dürfen; der Mensch bestimmt wann und wie lange er rauskommt, was und wie viel er zu fressen bekommt, wann er schnüffeln und markieren darf; es verboten ist, den Nachbarn anzukläffen, geschweige denn einem Kontrahenten eine Abreibung zu erteilen, etc. ist die „Hundeerziehung ohne Zwang“, das Schlagwort par excellence. Ein Paradoxon, das ziemlich seltsam anmutet. Das eingeschränkte Anrecht eines Hundes seinem Wesen und seiner Art entsprechend leben zu können wird mit Social Walk, Tricktraining, High-end pet grooming, Aromatherapie und Reiki ausgeglichen. Booms und Trends, die eines außer Acht lassen: den Hund.

Denkt man zwei Jahrzehnte zurück, gab es nicht die Doktrin der Hundeschulen und Sozialisierungsgruppen. Es gab keine Diskussionen, ob die Probleme eines verzogenen, übergewichtigen Vierbeiners auf einer ungeklärten Ressourcenverteilung zwischen Mensch und Hund basieren. Der Hund war ein Hund, tierischer Begleiter und Freund.

Young Mi de la Mirage de Torrellas, Besitzer: Kéfon Lopez-Villanueva, Kennel: Imperium Mare Nostrum; Foto mit freundlicher Genehmigung: Kéfon Lopez-Villanueva

Diego (Mida di Castell'Anselmo x Nuria), Züchter und Besitzer: Massimo Battaglia; Foto mit freundlicher Genehmigung: Massimo Battaglia

JCh. Milla del Taras Tarentum (Ira del Taras Tarentum x Sparky del Taras Tarentum), Züchter und Besitzer: Antonio Di Franco; Foto mit freundlicher Genehmigung: Antonio Di Franco

Aber nicht Teil des erweiterten Selbst oder Projektionsfläche der eigenen Vorstellungen und Bedürfnisse.

Es wurden an ihn keine übermäßigen Ansprüche gestellt, und das, was er benötigte, tun oder lassen sollte, basierte nicht auf tiefschürfenden, kognitiven Betrachtungen, sondern auf ursprünglich gewachsener Emotionalität. Agiert und reagiert wurde aus diesem entspannten unverfälschten Selbstverständnis heraus: liebevoll, geradlinig, natürlich. Einen Hund, der an und ab nicht folgte, bedachte man mit einem entschuldigenden Schulterzucken und dem gelassenen Hinweis „ist halt ein Hund“. Das Raufen zweier Rüden wurde als natürliches Verhalten wahrgenommen und wäre nicht als aggressiver Beißvorfall zur Anzeige gebracht worden.

Um so entfremdeter der Mensch seiner Umwelt, umso befremdlicher erscheint ihm anscheinend auch der Umgang mit seinen Vierbeinern. Und hier setzt eine umfassende Marketingmaschinerie und Vermarkungsstrategie an. Für alles und jedes gibt es Tipps, Trends und Tricks.

Unzählige Diskussionsforen, Beratungskurse, und Praxisratgeber beschäftigen sich mit bestärkenden, ignorierenden, strafenden und desensibilisierenden Lernmethoden. Es wird analysiert, longiert, nonverbal kommuniziert, mit Markersignalen, der Verstärker-Hierarchie

Cani Corso Rudel des SW CCI Kennels, Züchter: Karolina & Achilles Schindler; Foto mit freundlicher Genehmigung: Karolina & Achilles Schindler

und der intermediären Brücke gearbeitet.

Und über allem steht die Technik. Ob Clicker, Longieren, Blickkonditionierung, Schleppleine, SprayCommander, Abbruchsignal, nonverbales Harmonietraining oder die Systemische Haustieraufstellung.

Mit der „Unfehlbarkeit“ der Technik hat auch die Perfektion und die Idee der grenzenlosen Machbarkeit Einzug gehalten. Und die pervertierte Vorstellung, dass es sinnvoll und richtig ist, einem Jagdhund das Jagen, einem Wachhund das Bellen und einem Herdenschutzhund das Verteidigen abzuerziehen, oder einen Hund zu haben, der zu 100% Gehorsam leistet. Der Hund, der sich einem Kommando verweigert, wird vom Hundeführer heutzutage als persönliches Versagen erlebt, mit der Folge einer Odyssee über den Kynopädagogen hin zum flüsternden Guru.

Die Wahl der passenden Rasse, Beziehungsfähigkeit anstelle von Verfahrensweisen und Vertrauen in die persönliche Urteilsfähigkeit, in das eigene Können und Handeln, wären für Tier und Mensch

Manon Demeris mit Guardiano Degli Angeli Barone, Züchter: Manon Demeris, Kennel: Guardiano Degli Angeli, Besitzer: Dominique Zoetemelk; Foto mit freundlicher Genehmigung: Manon Demeris

UNIQUE TANGO Z Gildii Nieustraszonych, Züchter: Ewa Wanecka, Z Gildii Nieustraszonych Kennel, Besitzer: Ewa Wanecka als co-owner mit Katarzyna Kłujsza; Foto mit freundlicher Genehmigung: Ewa Wanecka

die unverfälschtere Alternative.
Gesellschaftliche Veränderungen und die mediale Allgegenwärtigkeit der „Bestie Kampfhund" verlangen heute sicherlich einen angepassteren Hund als noch vor zwanzig Jahren. Nichtsdestoweniger sollte jedes Tier auch seinen individuellen Charakter ausbilden können, Freiräume besitzen, die es ihm erlauben, artgerechtes Verhalten zu zeigen. Und die Möglichkeit der selbstständigen Entfaltung ohne permanente Gängelei durch den Menschen.
Auf den Punkt bringt es auch Kurt Kotrschal, Zoologe an der Uni Wien und Leiter der Konrad-Lorenz-Forschungsstelle in Grünau:
„Es geht um Selbstdarstellung auf Kosten des Hundes. Diese quälerische Sanft-und-lieb-Eskalation wird von manchen Tierärztinnen und HundeflüsterInnen aus Eigeninteresse oder aus bloßer Gschaftlhuberei nach Kräften gefördert.
Dabei ist es ganz einfach, einem Hund ein guter Partner zu sein. Dazu gehören wechselseitige Aufmerksamkeit vom Welpenalter an, gute Erziehung durch liebevolle Konsequenz, genügend Zeit, Bewegung und eine gesunde Ernährung."[82]

Ausbildung

Es liegt im Wesen des Cane Corso zu arbeiten. Er ist agil, temperamentvoll, will ausgelastet und beschäftigt werden. Seine Neugier und sein ausgezeichneter Geruchssinn machen aus ihm einen hervorragenden Fährtenhund. Für Agility eignet er sich wegen seiner Größe und seines Gewichts eher weniger. Ausgehend von seinem Naturell hat er auch das Potential für den Schutzhundesport. Hier darf er kämpfen, Beute erobern, sich abreagieren und austoben und vieles tun, was seiner Persönlichkeit entspricht und was er sonst fast kaum in dieser Art und Weise machen kann.
In den drei Disziplinen Fährtenarbeit, Unterordnung und Schutzdienst wird die Vielseitigkeit und Intelligenz des Hundes gleichermaßen gefordert und gefördert; zudem lernt der Hund auch in einer extrem hohen Trieblage noch zu gehorchen. Allerdings hat er nicht die Physis, Reaktionsschnelligkeit, Konzentrationslage und „Triebigkeit" eines Malinois oder Dobermann. Ehrgeizige Perfektionisten und auf schnelle Erfolge bedachte Sportler sind bei einer anderen Rasse besser aufgehoben.
Ausbilder und Schutzdiensthelfer sollten in der Arbeit mit molossoiden Rassen erfahren sein, sie kennen und schätzen.
Ein Cane Corso hat eine fast menschliche Denkweise; Fehler vergisst er nicht, und zeigt ein Hundeführer nicht die nötige Sensibilität, Selbstdisziplin, Geduld, Hingabe und Ausdauer, kann es zu Konflikten kommen.

Guindo de Valoroso; Foto mit freundlicher Genehmigung: Nick Athanasiou / Valoroso Kennel

Katana (Amon dell'Alumera x Olympia di Alessandro Gusciglio), Züchter und Besitzer: Daniela Grisoni, Ausbilder: Apicella Alfredo / ENCI; Foto mit freundlicher Genehmigung: Daniela Grisoni

River, Züchter: Alberto Gadeschi, Kennel: La Chimera, Besitzer: Domenico Colombo; Foto mit freundlicher Genehmigung: Domenico Colombo; Bild: ©Diafragma Photographer Massimo Maschio

Grundvoraussetzung für die VPG-Prüfung (Vielseitigkeits-Prüfung für Gebrauchshunde) ist der Nachweis einer bestandenen Begleithund-Prüfung (BH) sowie Ausgeglichenheit, Nervenstärke und Selbstbewusstsein, gepaart mit einwandfreiem Gehorsam vonseiten des Hundes. Die Schutzhundprüfung (SchH) wurde im VDH durch die Vielseitigkeitsprüfung für Gebrauchshunde (VPG) ersetzt. Von der FCI anerkannt ist die IPO, die internationale Prüfungsordnung für Gebrauchshundeprüfungen. Die VPG-Prüfungsordnung des VDH entspricht bis auf minimale Details der IPO.

Eine Variante des Schutzhundesports ist das Mondioring oder auch Ringsport. Der Mondioringsport kann als Mix aus verschiedenen Schutzhundesportarten, wie Deutscher Schutzhund, KNPV, IPO, Französisch-Ring, Schweizer Schutzhund, Campagne und Belgisch-Ring angesehen werden, mit dem Ziel, die genetischen Eigenschaften des Hundes auf faire und sportliche Art unter Beweis zu stellen.

Obwohl es keine Prüfungen der FCI in diesem Sport gibt und im Mondioring keine Anwartschaften auf den Titel Internationaler Arbeitschampion (CACIT) vergeben werden, gibt es eine von der FCI genehmigte Internationale Prüfungsordnung für Mondioring (IPO-MR).

Im Unterschied zum VPG arbeitet der Figurant im Kostüm, welches ihn komplett schützt und nicht nur mit dem „Beissarm". Im Ringsport ist somit der ganze Vollschutzanzug des Schutzdienst-Helfers als „Festhaltefläche" zugelassen und nicht nur die „präsentierte" Arm- oder Beutemanschette. Mondioring besteht aus drei Disziplinen: Unterordnung, Sprünge, Schutzdienst.

Im Unterschied zu anderen Schutzhundesportarten wird die Reihenfolge der Übungen in den einzelnen Sparten Unterordnung, Sprünge und Schutzdienst sowie der Ablauf oder die Gegenstände, Ort, Umgebung, Geräusche, Ablenkung immer wieder neu arrangiert. Das erfordert Flexibilität und stellt an das Können des Ausbilders, Trainers und Hundeführers enorme Anforderungen. Weil im Mondioring dem Hund in seiner Handlung mehr Freiheit als in allen anderen Schutzhundesportarten zugestanden wird, kommt auch keine Zwangsausbildung infrage. Der Hund erhält auch keine Stockschläge wie beim IPO, sondern der Schutzdiensthelfer soll sich mit Schnelligkeit, Bedrohung und Ausweichen verteidigen oder den Hund beeindrucken. Ziel von Mondioring ist es, insbesondere die genetischen Eigenschaften des Hundes auf sportliche Art unter Beweis zu stellen.

Schutzhundesport mit dem Cane Corso ist in Deutschland weniger gängig als in anderen Ländern. Auch deshalb, weil die Zuchtausrichtung in einigen europäischen Ländern, wie auch in Amerika, sich nicht nur auf den Phänotyp fokussiert, sondern sich genauso stark auf den Genotyp konzentriert. Gleichermaßen auf Temperament und Typ zu selektieren scheint hier weitaus

Felina, Züchter und Besitzer: Luigi Tonti; Foto mit freundlicher Genehmigung: Luigi Tonti

Unicus di Re Manfredi, CAL2, Züchter: Paolo Renzullo, Besitzer: Emelie Claeskens; Foto mit freundlicher Genehmigung: Emelie Claeskens

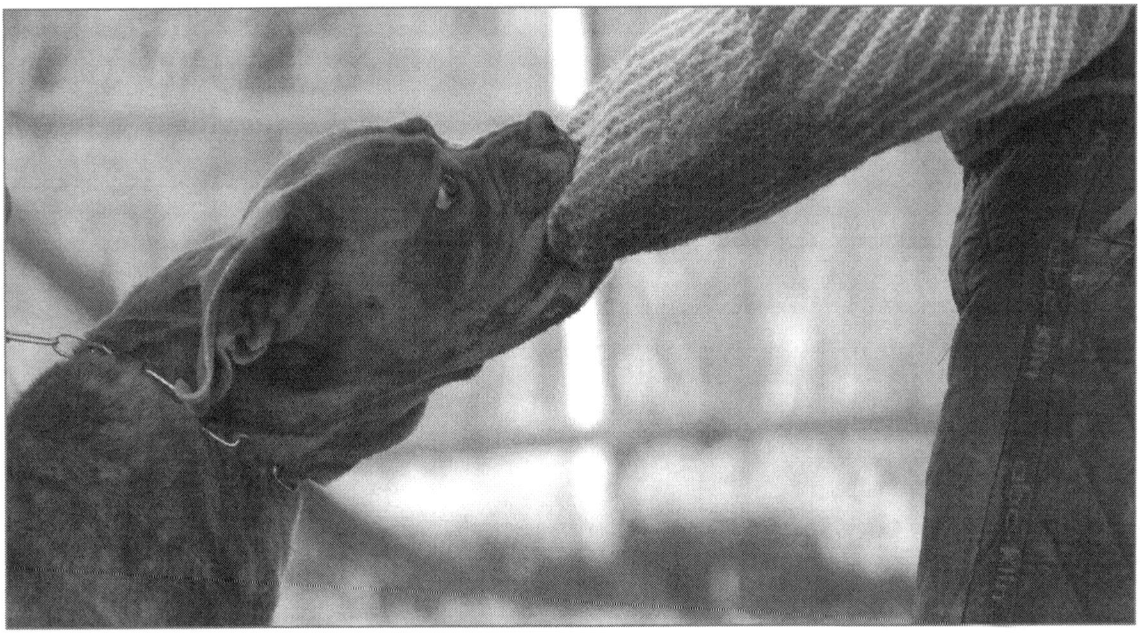

Prove attitudinali Cane Corso, Cal2 (Inverigo 2017): Viviana Paradiso holte mit Ch. Efiero Della Dorsale das erste Cal 2 Zertifikat nach Deutschland. Züchter: U. & J. Sandfort, Besitzer: Viviana Paradiso, SACRA DINASTIA Kennel; Foto mit freundlicher Genehmigung: Viviana Paradiso

Wanda Custodi Nos, aka Follia, Besitzer: Andreas Neumeier, Kennel: Molossi del Brigante; Foto mit freundlicher Genehmigung: Andreas Neumeier

wichtiger und selbstverständlicher als in Deutschland, wo man der Morphologie deutlich mehr Aufmerksamkeit schenkt, statt den kennzeichnenden, starken Charakter und die Arbeitsfähigkeit des Cane Corso wertzuschätzen.
CAL 2 oder IPO 3 Hunde findet man denn auch eher in anderen Ländern.
Diese Differenzierung in der Zuchtausrichtung ist auch beim "Presa Canario“ gut zu sehen, der in Deutschland entweder als „Show-Dogo Canario“ oder „Leistungs-Alano“ gezüchtet wird. Eine Rasse definiert sich aber elementar immer über beides: Wesen und Optik.
Und Ziel müsste es sein, beides in Balance zu halten.
Die Natur des Cane Corso ist seine faszinierendste Eigenheit, fehlt sie, muss der Rasseanspruch im Grundsatz infrage gestellt werden.
Nichtsdestoweniger gehen die Meinungen, ob mit einem Cane Corso im VPG gearbeitet werden soll oder kann, auseinander.
Pro und Contra sollten im Sinne des Hundes und seiner individuellen, charakterlichen Verfassung entschieden werden.
Weitere Sportarten, in denen der Cane Corso geführt werden kann, sind unter anderem Obedience, Rally Obedience, Tracking, Ring, Protection, Weight Pulling, Herding etc.
Immer populärer wird das Mantrailing, welches sehr gut für den Cane Corso geeignet ist. Beim Mantrailen setzt der Hund seinen Geruchssinn ein, um der Spur einer Zielperson zu folgen. Es wird ein Geruchsträger mit dem Individualgeruch der zu suchenden Person verwendet, um den Hund auf die Spur anzusetzen. Dies kann ein getragenes Kleidungsstück oder ein Gebrauchsgegenstand sein. Aufgabe ist es, die spezielle Geruchsnote eines bestimmten Menschen unter allen anderen Gerüchen herauszufiltern. Diese Spur wird dann durch Wohngebiete, Straßen, Plätze, Felder etc. verfolgt - am Ziel wartet die versteckte Person mit einer Belohnung für den Hund. Der Mensch folgt dem Hund dabei an der langen Leine. Der „Schnüffelspaß“ macht Freude, lastet aus und fördert die Beziehung zwischen Mensch und Hund durch gemeinsame Erfolgserlebnisse.
Für Laufbegeisterte kommt auch Canicross als Sportart infrage. Canicross ist ein Geländelauf, bei dem der Sportler mit dem Hund durch eine flexible Leine verbunden ist. Der Hund führt, der Mensch folgt. Gut ausgebildete Hunde lassen sich beim Laufen nicht ablenken, sondern fokussieren sich auf die Strecke und den Lauf. Die Kommandos an den Hund sind kurz und klar: Rechts, links, zieh, weiter ... Bei Wettkämpfen erfolgt der Start entweder als Massenstart wie bei der EM oder als Einzelstart im Minutentakt. Es gibt beim Canicross keine Leistungsklassen, die Einteilung erfolgt nach Alter und Geschlecht. Während in den europäischen Nachbarländern, allen voran Belgien und den Niederlanden, viele Veranstaltung stattfinden, ist Canicross in Deutschland noch nicht weit verbreitet.

Achil Demone dal Sud, Besitzer: Serkan Bükeroğlu, Kennel: Corsorium TR; Foto mit freundlicher Genehmigung: Serkan Bükeroğlu

Ernährung

Grundsätzlich: Hunde sind omnivore Karnivoren, also Fleischfresser, die auch einen pflanzlichen Anteil mit ihrer Nahrung aufnehmen; Und inzwischen die gleiche ernährungsphysiologische Anpassungsfähigkeit bewiesen haben wie der Mensch. Dies bedeutet auch, dass der Hund mittlerweile in der Lage ist, stärkehaltige Nahrung zu verdauen.
Es liegt zwar im Trend, seinen Hund mit getreidefreien Futter zu versorgen. In Maßen ist Getreide jedoch für eine ausgewogene Ernährung hilfreich und schadet keineswegs. Getreide ist eine Kohlenhydratquelle, ein Energielieferant und enthält wertvolle Eiweiße, Mineralien und Vitamine. Liegt kein Diabetes, oder eine Allergie oder Unverträglichkeit vor, haben Reis, Haferflocken, Weizenkleie etc. durchaus ihre Berechtigung.

Barfbusiness und Fertigfutterindustrie agieren beide in einem boomenden Markt, wo es darum geht, Anteile zu sichern oder auszubauen.
Das gesamte Marktvolumen für Heimtierbedarf weltweit wurde für 2015 auf rund 92,9 Milliarden Euro taxiert. Laut einem Bericht von Global Industry Analysts aus dem Jahr 2012 wird der globale Markt für Tiernahrung bis zum Jahr 2017 auf über 95,7 Milliarden Dollar anwachsen. In Deutschland wurden 2016 rund 4,8 Milliarden Euro mit Futter und Zubehör umgesetzt.
Die Trends und Hypes bei der artgerechten Hundeernährung sind ebenso zahlreich wie die Befürworter und Gegner, die sich um Nutzen und Sinnhaftigkeit der einzelnen Methoden streiten.
Ob Barf, Prey Model Raw, holistisches, organisches, vegetarisches oder veganes Trockenfutter, Selbstgekochtes, Premium oder Discounter, mit oder ohne Getreide, kaltgepresst oder getrocknet: das jeweilige „Wie und Was" wird zur ideologischen Glaubensfrage und mit missionarischem Eifer vertreten.
Trockennahrung als Alleinfuttermittel verspricht ein Rundumsorglospaket und bedient mittlerweile jede Zielgruppe, ob kastrierter Senior einer sensiblen Riesenrasse oder Outdoor Labrador, mit Nierenproblemen und Übergewicht.
Die artgerechte Rohfütterung verweist auf den Wolf und den Gesundheitsaspekt.
Barf Ergänzungsmittel punkten mit Vital-Energy-Drinks, gepoppter Hirse, Calciumpulver aus der französischen Austernschale, Quinoa und Feelgood-Kräutern. Letztendlich liegt die Schlussfolgerung nahe, dass der Focus der Produktstrategen weniger auf das Tier als auf die Psyche des Käufers gerichtet ist.
Zwischen Doktrin und Gleichgültigkeit ist die Prägung des Welpen auf unterschiedliche Futtermittel nicht nur ein pragmatischer, sondern auch ein zu empfehlender Mittelweg. Es wird nicht nur eine breitere Darmflora aufgebaut, der Hund ist auch später weniger wählerisch und kann

abwechslungsreich ernährt werden. Ob mit einem hochwertigen industriell gefertigten Futter. Fertig oder selbst zubereitetem Barf. Oder einem ausgewählten Nassfutter. Richtschnur sollte stets Qualität und Verträglichkeit sein.

Nach heutigen Erkenntnissen ist eine verhaltene Fütterungsintensität optimal, den Welpen Großhungern ist aber mit Sicherheit kontraproduktiv. Die Regel, man sollte die Rippen ahnen, aber nicht sehen, ist eine anschauliche Richtschnur und gilt für junge wie erwachsene Tiere. Grundsätzlich sollte das Futter auf mehrere Rationen pro Tag aufgeteilt werden. Frisches Wasser muss immer zur Verfügung stehen. Und nicht zuletzt: Gemeinsam eingenommene Mahlzeiten bestätigen die soziale Harmonie.

Ernährung

Italian Guardian Luther, Züchter: Anita Giskes, Kennel: Italian Guardian; Foto mit freundlicher Genehmigung: Anita Giskes, ©Eye Dea Fotografie

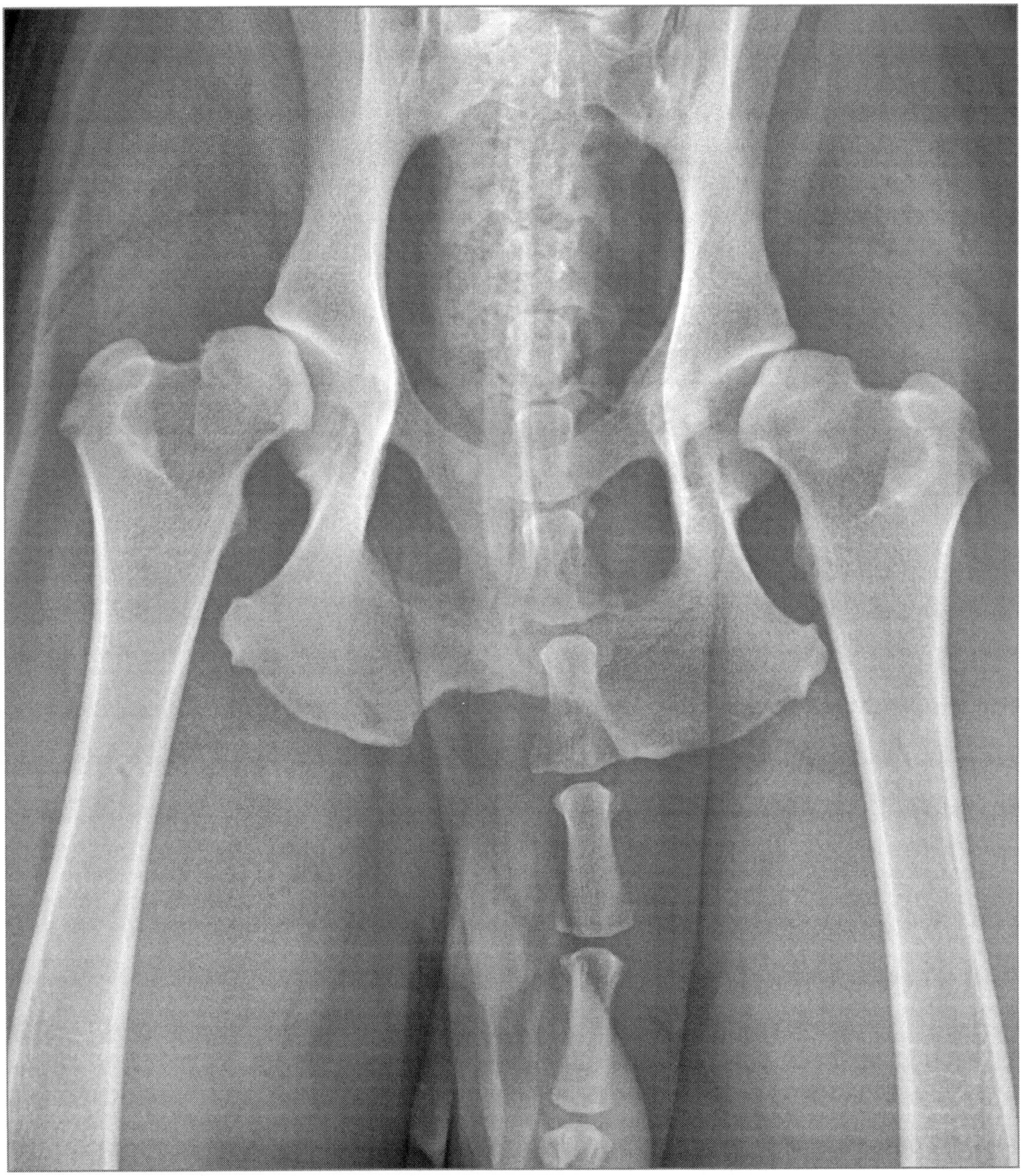

Hüftgelenksdysplasie

Krankheiten

„Leider wurde bei der Auslese durch Schönheitszucht und Rassestandard nicht auf die mitgezüchteten Krankheiten geachtet.“[86]

Neben allgemeinen Krankheiten, die jede Hunderasse betreffen, gibt es die Veranlagung einzelner Rassen, bestimmte, rassespezifische Erkrankungen auszubilden. Genetische Dispositionserkrankungen bedeuten also nicht, dass der Welpe mit der Krankheit auf die Welt kommt, sondern nur dass eine erhöhte Bereitschaft zu erkranken vorliegt. Momentan sind rund 400 Erbkrankheiten beim Hund bekannt; mit steigender Tendenz.
Die Prädispositionen des Cane Corso betreffen nachfolgende Krankheitsbilder.

Skeletterkrankungen

Die Hauptwachstumsphase von Junghunden fällt in die ersten 3-6 Lebensmonate, und hier liegt auch das größte Risiko für die Entstehung von orthopädischen Entwicklungsstörungen.

Hüftgelenksdysplasie (HD)

Die Hüftgelenksdysplasie ist eine postnatale Fehlentwicklung des Hüftgelenks, bei der Gelenkpfanne (Acetabulum) und Oberschenkelkopf nicht korrekt zueinanderpassen. Neben Fehlbildungen von Gelenkkopf und -pfanne wird das Vorliegen eines lockeren Gelenkes (Subluxation, Luxation) als relevantes Kriterium angesehen. Die genetische Veranlagung der HD spielt mit einer Heritabilität zwischen 20 % und 40 % eine wesentliche Rolle; wobei das Merkmal für HD nicht nur von der Qualität der elterlichen Hüften abhängt, sondern auch von der Hüftqualität der nahen Verwandten. Umwelteinflüsse (Fütterung, Belastung) können bis zu einem gewissen Grad bei veranlagten Tieren die Ausprägung der HD beeinflussen. Unbehandelt führt die HD zu einer Arthrose des Hüftgelenkes (Coxarthrose). Ein wichtiger Parameter bei der Beurteilung der HD ist der sogenannte Norberg-Winkel. Hierbei wird der Sitz des Oberschenkelkopfes in der Hüftgelenkspfanne in Winkelgraden gemessen. Bei gesunden Hüftgelenken beträgt er 105 Grad oder mehr. Je kleiner der Winkel auf dem Röntgenbild ist, desto schwerer ist die HD. Je nach Anwesenheit und Ausprägung definierter röntgenologischer Befunde, wie die Kongruenz von Femurkopf-Acetabulum und Subluxation, erfolgt die Einstufung nach Kriterien der FCI in:
A = kein Hinweis auf HD (kongruent, Gelenkspalt eng und gleichmäßig, Norbergwinkel ca. 105 Grad). B = Grenzfall (in geringem Maß inkongruent, Zentrum des Femurkopfes medial des dorsalen Acetabulumrandes, Norberg-Winkel ca. 105 Grad). C = leichte HD (inkongruent, Norberg-Winkel ca. 100 Grad). D = mittlere HD (deutlich inkongruent, Subluxation,

Norberg-Winkel größer als 90 Grad) und E = schwere HD (Auffällige dysplastische Veränderungen, Luxation oder Subluxation, Norberg-Winkel unter 90 Grad). Neben der FCI-Auswertung gibt es auch noch die Klassifizierung nach Flückinger, die mit einem Punktesystem arbeitet und bei dem die HD E zudem in E1 (schwere HD) und E 2 (sehr schwere HD) unterteilt. Klassischerweise wird zur Diagnoseerhebung das traditionelle Röntgenverfahren eingesetzt. Daneben etabliert sich aber auch immer mehr das PennHip-Verfahren, um frühzeitig eine abnormale Lockerheit des Hüftgelenks zu erfassen.
Amerikanische Wissenschaftler (Tierärztliche Fakultät der Universität von Pennsylvania) begannen 1980 nach verbesserten bildgebenden Verfahren zu suchen und kamen zu dem Schluss, dass die Lockerheit der Kugel im Hüftgelenk der entscheidende Indikator für die Hüftgelenksdysplasie ist. Beim „Stressröntgen nach der patentierten PennHIP Methode“ können anhand der Distraktions-Röntgenaufnahme instabile dysplastische Gelenke sicher erkannt und falsch negative HD-Befunde vermieden werden. Eine HD-Statistik in den USA (Stand 2009) zeigt beim Cane Corso folgendes Bild: Von 543 untersuchten Hunden waren 6,6 % HD frei, und 40,1 % hatten dysplastische Hüften.

Windhunde und Schlittenhunde, die von je an auf Laufleistung selektiert wurden, zeigen so gut wie keine HD. Um langfristig den Anteil hüftgesunder Tiere anzuheben, müssten mithilfe der Zuchtwertschätzung strategische Paarungen bzw. Paarungsbeschränkungen durchgeführt werden.
Und die Züchter müssten bereit sind, auch die Röntgenbilder ihrer dysplastischen Hunde offiziell beurteilen statt sie einfach „unter den Tisch fallen“ zu lassen, um den Zustand der Rasse im Ganzen erfassen zu können. Auch der von den Rasseclubs gebilligte Zuchteinsatz dysplastischer Elterntiere mit einem HD-Grad C, das Einkreuzen von schlecht kontrollierten ausländischen Blutlinien, wo auch für hochgradig dysplastische Hunde keine Zuchtbeschränkung besteht, und das weitgehende Fehlen einer Nachzuchtkontrolle, die als Grundlage für eine Zuchtwertschätzung dienen könnte, müsste neu geregelt werden.

Ellbogendysplasie (ED)
Die Ellbogendysplasie ist ein chronisch verlaufender Krankheitskomplex, zu dem im engeren Sinne der isolierte Processus anconaeus (IPA / Ablösung des Ellenbogenfortsatzes der Elle), der fragmentierte Processus coronoideus medialis der Elle (FCP / Ablösung des innen liegenden Kronfortsatzes der Elle), die Osteochondrosis dissecans der inneren Gelenkwalze des Oberarms (OCD / Knorpelablösung am innen liegenden Rollhöcker des Oberarmknochens), die Stufenbildung zwischen Speiche (Radius) und Elle (Ulna) sowie Fehlbildungen der Gelenkflächen

(Inkongruenzen) zählen. Eine Ellbogendysplasie entsteht, wenn die gelenkbildenden Knochenteile von Oberarmknochen (Humerus), Elle (Ulna) und Speiche (Radius) nicht exakt genug zueinander passen. Die ungenaue Passform oder Inkongruenz führt zu chronischen Umbauvorgängen am Ellbogengelenk und den gelenkbildenden Knochenteilen (Osteoarthrose), die zu einer Sklerosierung der Knochen und zur Ausbildung von Knochenauswüchsen (Osteophyten) führen.
Allen ED-Manifestationen ist gemein, dass sie während des Wachstums entstehen (4. bis 8. Monat) und neben prädisponierenden extensiven Fütterungs- und Bewegungseinflüssen polygenetisch vererbt werden. Schnell- und großwüchsige Hunde sind besonders betroffen; Rüden mehr als Hündinnen. Die Wahrscheinlichkeit einer Erkrankung verkleinert sich, je mehr Ahnen dysplasiefrei sind.
Die ED wird je nach Ausmaß der Erkrankung in drei klinische Stadien eingeteilt, wobei hier lediglich der Schweregrad der Arthrose über das Ausmaß der Knochenzubildungen (Osteophyten) beurteilt wird. Das Auftreten spezifischer Läsionen (FCP, IPA, OCD) wird lediglich vermerkt, nicht jedoch für die Klassifizierung verwendet:
Grad 0: Normal (keine Osteophyten oder Sklerose)
Grad I: Milde Arthrose (Osteophyten kleiner als 2 mm oder Sklerose der Gelenkfläche der Elle)
Grad II: Moderate Arthrose (Osteophyten zwischen 2 und 5 mm groß)
Grad III: Schwere Arthrose (Osteophyten größer als 5 mm)
Die Diagnose wird mittels einer Röntgenaufnahme, bzw. einer Arthroskopie gestellt.
Die Therapie erfolgt über eine chirurgische Intervention, dennoch ist die ED nicht heilbar und schreitet lebenslang fort.

Osteochondrosis dissecans (OCD)
Die Osteochondrose ist eine Erkrankung des heranwachsenden Hundes (bzw. des wachsenden Skeletts), und wird als Störung der enchondralen Ossifikation definiert, die zu degenerativen Veränderungen des Knorpels und des subchondralen Knochens führt.
Das Schultergelenk ist mit am häufigsten betroffen. Das Stadium der Osteochondrosis dissecans ist erreicht, wenn es zur Ablösung von Knorpelfragmenten kommt. Ein Fragment das noch Kontakt zur Knorpelschicht hat, wird als „Knorpelflap“ bezeichnet; durch Loslösung von der Knorpelschicht entsteht ein freier Gelenkkörper. Solche abgelösten Knorpelschuppen können dann als „Gelenkmaus“ frei im Gelenk flottieren und je nach Lage zu unterschiedlich starker Lahmheit führen.
Die Osteochondrose wird als multifaktorielle Krankheit angesehen, wobei der genetischen

Veranlagung der größte Einfluss zukommt. Ernährung, hormonelle Einflüsse, übermäßige Belastung sowie die Schnellwüchsigkeit werden daneben als mögliche weitere Entstehungsfaktoren ebenfalls diskutiert.
In der neueren Literatur werden FCP und OCD auch unter dem Begriff "Medial Compartment Disease“ (MCD) zusammengefasst.
Da auch die Verpaarung HD-freier Elterntiere keine Garantie bietet, dass die Nachkommen ebenfalls HD-frei sind, wird versucht, mittels Zuchtwertschätzung der Weitervererbung der Fehlbildung entgegenzuwirken. Grundsätzlich kommt die Zuchtwertschätzung bei Krankheiten zum Einsatz, denen eine komplexer, polygener Erbgang und eine kontinuierliche Phänotyp-Ausprägung zugrunde liegt, wie etwa bei der Hüftgelenksdysplasie, der Ellbogendysplasie und verschiedenen Augenerkrankungen. Ausgehend vom Phänotyp möchte man den Genotyp abschätzen und von Umweltfaktoren abgrenzen. Zur Bestimmung des Zuchtwerts, der mittels eines komplexen rechnerischen Verfahrens, dem "Best Linear Unbiased Prediction“ (BLUP / beste lineare unparteiische Vorhersage) ermittelt wird, betrachtet man den Phänotyp des Individuums, seiner Elterntiere, seiner Voll- und Halbgeschwister und seiner Nachkommen. Aus diesen Phänotypen wird mittels BLUP eine Zahl berechnet, welche als Zuchtwert bezeichnet wird. Der Phänotyp sollte dabei bevorzugt eine möglichst hohe Heritabilität aufweisen. (Die Heritabilität [Symbol: h^2] ist ein Maß für die Erblichkeit von Eigenschaften, bei deren phänotypischer Ausbildung sowohl die Gene, als auch Umwelteinflüsse eine Rolle spielen.)
Ein Zuchtwert von 100 beschreibt eine durchschnittliche Vererbung des bewerteten Merkmals, höhere Werte stehen für eine verstärkte Vererbung, niedrigere Zuchtwerte für eine Merkmalsabschwächung. Der Zuchtwert eines einzelnen Hundes ist jedoch keine feste Größe, sondern verändert sich über die fortlaufende Bewertung der Nachkommen. Je mehr Daten zur Verfügung stehen, desto exakter kann der Zuchtwert ermittelt werden, und umso mehr weiß man über die zu erwartenden Eigenschaften bzw. über die genetische Veranlagung der Nachkommen Bescheid.
Züchter und Zuchtvereine sollten den Zuchtwert als Hilfestellung bei der Verpaarung und als Orientierung, welches genetische Level erreicht ist, begreifen und nützen, statt ihren Fokus ausschließlich auf Ausstellungsergebnisse, Titel und Championate, deren Folgen in überzeichneten Standards enden, zu richten.

Kreuzbandriss
Die Kreuzbandruptur ist die häufigste orthopädische Verletzung beim Hund und beschreibt den

kompletten oder teilweisen Bänderriss eines der beiden Kreuzbänder im Kniegelenk. Mehrheitlich ist das vordere Kreuzband betroffen (kraniale Kreuzbandruptur). Traumatisch bedingte Kreuzbandrupturen werden von progressiven unterschieden, denen degenerative Veränderungen, statt äußerer Einwirkungen, zugrunde liegen. Beim degenerativ bedingten Kreuzbandriss entwickeln sich die Symptome wie zeitweiliges Hinken, Bewegungsunlust, Steifigkeit nach körperlicher Anstrengung, erschwertes Aufstehen und Treppensteigen, schleichend, während es bei der traumatischen Ruptur zu einer akuten Lahmheit kommt. Große, schwere und übergewichtige Hunde weisen ein erhöhtes Risiko auf, aber es wird auch eine genetische Komponente für die Prädisposition bestimmter Rassen vermutet. Diagnostiziert wird der Kreuzbandriss durch eine spezielle klinische Untersuchung. Die Behandlung erfolgt in den meisten Fällen operativ. Die zurzeit gängigsten Methoden sind die TPLO (Tibial Plateau LevelingOsteotomy) und die TTA (TibialTuberositasAdvancement). Daneben gibt es noch die extrakapsuläre Fixation mit Fiber-Wire mit/ohne Knochenanker). Sowie die Arthroskopie-assistierte TPLO/TTA/Tight-Rope.
Alternative OP- Methoden wie die Kapsel- und Fascienraffung mit Fadenzügel und Meniskuschirurgie werden heutzutage seltener angewandt.

Patellaluxation / Kniescheibenluxation
Bei der Kniescheibe (Patella) handelt es sich um einen scheibenförmigen, flachen Knochen, der zum Kniegelenk gezählt wird. Als Patellaluxation bezeichnet man eine Verlagerung der Kniescheibe. Bei einer Luxation gerät die Kniescheibe aus der Führungsrinne im unteren Teil des Oberschenkels und liegt ausserhalb (innen oder aussen) ihrer wichtigen Gelenksfunktion (der Streckmechanismus des Gelenkes wird gestört) und beeinträchtigt so den natürlichen Bewegungsablauf. Eine Vererbung wurde bereits vor vielen Jahren nachgewiesen. Die kongenitale Form kommt meist bei jungen, noch wachsenden Hunden ein- oder beidseitig vor. Davon abzugrenzen ist die traumatische Patellaluxation, die meist durch einen Unfall verursacht wird und einseitig auftritt.
Die Patellaluxation tritt zwar vorwiegend bei kleinen Hunderassen auf, neuere Forschungen haben jedoch gezeigt, dass auch große Hunde sehr anfällig dafür sind. Große Rassen, bei denen die Gefahr einer Patella-Luxation besteht sind: Labrador, Golden Retriever, Deutscher Schäferhund, Neufundländer, Deutsche Dogge und Cane Corso. Bei einer Evaluation von 63 Cane Corso durch die Orthopedic Foundation for Animals waren 1,6 % der Hunde betroffen.
Typisch für die Kniescheibenverrenkung ist, dass der Hund aus der Bewegung heraus plötzlich das betroffene Bein im Knie angehoben wird bis sich die Kniescheibe wieder in ihre korrekte Position

zurückverlagert und das Tier normal weiter läuft.
Die Patellaluxation kann in verschiedenen Schweregraden auftreten, von einer vorübergehenden Ausrenkung, die sich nach kurzer Zeit von selbst wieder löst, bis hin zu einer permanent luxierten Kniescheibe. Man unterscheidet dabei vier Grade. Hunde mit Luxations-Graden von 2 bis 4 lahmen normalerweise stark und müssen in der Regel operativ behandelt werden. Die Heilungsphase nach der OP dauert durchschnittlich sechs bis acht Wochen.

Augenerkrankungen

Lidfehlstellungen

Wenn der Lidrand nicht am Auge anliegt, sondern entweder nach außen (Ektropium) oder nach innen (Entropium) gedreht ist, spricht man von Lidfehlstellungen.

Ektropium

Beim erblichen Ektropium hängt das untere Augenlid und die normalerweise verdeckte Bindehaut ist freigelegt. Durch die ständige Exposition kommt es zu Rötungen und eventuell zu einer chronischen Entzündung der Bindehaut (Konjunktivitis). Da sich die Lidstellung während des Wachstums noch verändern kann, wird wenn, dann erst beim erwachsenen Hund chirurgisch eingegriffen.

Entropium

Der Lidrand sorgt für den mechanischen Schutz des Auges vor äußeren Einflüssen und für die gleichmäßige Verteilung des Tränenfilms auf dem Auge. Zusätzlich befinden sich im Lidrand kleine Talgdrüsen, die den Lidschlag geschmeidig machen und ein Austrocknen der Tränenflüssigkeit verhindern.
Bei einem Entropium rollt sich der freie Lidrand teilweise oder über die gesamte Länge nach innen, wobei meist das Unterlid betroffen ist. Das polygen vererbbare Entropium muss nicht von Geburt an vorhanden sein, sondern kann sich auch im Laufe der ersten Lebensmonate entwickeln. Daneben gibt es auch noch das erworbene Entropium.
Ein Entropium führt zu tränenden Augen, Schmerzen mit Zukneifen und Blinzeln, Bindehaut- und Hornhautentzündungen bis hin zum Hornhautgeschwür, und muss deshalb behandelt werden; wobei nahezu alle Formen des Entropiums einer operativen Korrektur bedürfen.

Krankheiten

Nickhautdrüsenvorfall

Die Nickhautdrüse ist eine zusätzliche Tränendrüse, die ca. 30-40% der gesamten Tränenflüssigkeit produziert. Beim Vorfall der Nickhautdrüse tritt die Tränendrüse hinter dem dritten Augenlid hervor und ist, als rötliche runde Vorwölbung, im inneren Lidwinkel zu sehen. Aufgrund des Erscheinungsbildes spricht man auch von einem "Cherry Eye". Welpen und Junghunde sind hiervon am meisten betroffen.

Für den Nickhautdrüsenvorfall können verschiedene Ursachen verantwortlich sein, es besteht allerdings eine Rassedisposition, und von daher ist eine erbliche Komponente wahrscheinlich. Auch wenn sich die Drüse in manchen Fällen spontan wieder zurücklagert, bzw. vom Besitzer oder Tierarzt repositioniert werden kann, muss in vielen Fällen operiert werden, um Entzündungen vorzubeugen. Hierbei wird die vorgefallene Drüse an der Rückseite der Nickhaut versenkt und befestigt.

Herzerkrankungen

Herzmuskelerkrankungen (Kardiomyopathien)

Die dilatative Kardiomyopathie ist eine Erkrankung des Herzmuskels, die mit einer Dilatation (Aufweitung) und verminderten Kontraktilität (Muskelfunktion) der linken oder beider Herzkammern einhergeht. Sie tritt vermehrt bei Hunden großer Rassen auf und hat sowohl einen genetischen Hintergrund wie auch unbekannte und nichterbliche Ursachen. Konditionsverlust, Leistungsschwäche, Schwäche in der Hinterhand, Husten, Synkope und Gewichtsverlust können auf die Erkrankung hinweisen. Diagnostisch wird ein Verdacht mittels Herzultraschall und Doppleruntersuchung abgeklärt. Die Behandlung erfolgt in der Regel medikamentös. Ziel ist die Erhaltung der Kontraktilität des Herzmuskels, die Reduzierung von Stauungen und die Vermeidung des plötzlichen Herztodes.

Die arrhythmogene Kardiomyopathie ist eine Erkrankung, bei der die Veränderungen im EKG zu sehen sind, welche auf eine Schädigung der Herzmuskulatur hindeuten.

Daneben gibt es noch weitere, relativ selten auftretende Kardiomyopathien.

Aortenstenose

Die Aortenstenose ist eine angeborene oder erworbene Verengung der Aortenklappen, die das Ausströmen des Blutes aus der linken Hauptkammer des Herzens behindert.

Neben der valvulären Aortenstenose und der äußerst seltenen supravalvulären Aortenstenose ist die subvalvuläre Aortenstenose (SAS) beim Hund eine der häufigsten angeborenen Herzerkrankungen. Die Symptomatik entspricht jener der Kardiomyopathie. Die Diagnose wird mittels echokardiographischer- und Doppler-Ultraschalluntersuchung gestellt. Da es sich bei der Subaortenstenose um eine angeborene Herzerkrankung handelt, sollte eine routinemäßige Herzultraschalluntersuchung Bestandteil der Zuchtzulassung sein.

Trikuspidalklappendysplasie

Die Trikuspidalklappendysplasie ist eine angeborene Herzerkrankung, bei welcher der Klappenapparat der Trikuspidalklappe fehlerhaft entwickelt ist. Diese Herzklappe dient als Ventil zwischen der rechten Hauptkammer und dem rechten Vorhof und verhindert dort während der Austreibungsphase (Systole) des Herzens den Rückstrom von Blut in den rechten Vorhof. Ist diese Klappe fehlgebildet und somit undicht, kann das Blut in den rechten Vorhof zurückfließen. Bei einer leichten Ausprägung der Krankheit muss nicht medikamentös behandelt werden.
Alle Herzerkrankungen sind gehäuft bei Boxern zu finden. Dass diese Erkrankungen heute auch oft den den Cane Corso betreffen, lässt sich womöglich auf die Einkreuzung dieser Rasse zurückführen.

Neurologische Erkrankungen

Epilepsie

Unter dem Begriff Epilepsie werden verschiedene Anfallserkrankungen zusammengefasst. Die Epilepsie stellt also kein einheitliches Krankheitsbild dar, sondern beschreibt verschiedene Syndrome, die sich bezüglich Ätiologie, Symptomatik, Verlauf und Prognose unterscheiden können. Gemeinsames Merkmal aller Epilepsien ist die klinische Ausbildung von wiederholt und spontan auftretenden Anfällen.
Die Epilepsie kann in zwei große Gruppen unterteilt werden: In die sogenannte primäre oder idiopathische Epilepsie, die genetische Ursachen hat. Und in die sekundäre bzw. symptomatische Epilepsie, die aufgrund von Unfällen, Vergiftungen oder vorhandenen anderen Krankheiten erworben wird. Epilepsie tritt bei den betroffenen Rassen wie dem Cane Corso in einer mehr oder weniger hohen Frequenz auf, wobei man von einer recht hohen Dunkelziffer ausgehen kann, da die wenigsten Züchter dieses Problem öffentlich machen wollen. Die Behandlung erfolgt medikamentös.

Krankheiten

Hauterkrankungen

Demodex

Die Demodikose ist eine parasitäre Hauterkrankung, der eine übermäßige Vermehrung von Demodexmilben zugrunde liegt.

In geringer Anzahl gehören Demodexmilben („Haarbalgmilbe") zur normalen Hautfauna, besiedeln Haarfollikel sowie Talg- und apokrine Schweißdrüsen und verursachen keine Probleme.

Vermehren sich diese Milben jedoch exzessiv, können sie sehr schwere Hauterkrankungen hervorrufen. Es kommt zu scharf begrenzten, haarlosen Hautbezirken, welche eine Rötung und Schuppenbildung aufweisen. In vielen Fällen kommt es zu bakteriellen Sekundärinfektionen mit Pustel- und Krustenbildung sowie unterschiedlich starkem Juckreiz. Man unterscheidet eine lokalisierte, spontane Demodikose, eine lokalisierte, iatrogene Demodikose und die generalisierte, erbliche Demodikose.

Die lokalisierte Form zeigt sich meist im ersten Lebensjahr in Form von wenigen, haarlosen Bezirken in Gesicht oder an den Gliedmaßen. In 90% der Fälle heilt diese Form auch ohne Behandlung ab. Bei nur ca. 10% der Tiere entwickelt sich hieraus eine generalisierte Form, wobei große Bereiche des Körpers betroffen sind. Die iatroge Demodikose ist meist auf eine örtliche Immunsuppression zurückzuführen, beispielsweise durch die Anwendung von Kortison Salben oder die Injektion eines Depot-Gestagen oder Depot-Kortison Präparates.

Bei der erblichen Demodikose liegt eine individuelle, genetische Prädisposition, ein von den Eltern-tieren vererbter spezifischer Immundefekt vor. Sie tritt meist im Alter von etwa 1,5 oder 2 Jahren auf. Die Behandlung erfolgt lokal oder systemisch und kann sich über einen langen Zeitraum hinziehen.

Magen-Darm Erkrankungen

Chronische Durchfallerkrankung

In der amerikanischen Literatur wird gehäuft von chronischen gastro-intestinalen Problemen beim Cane Corso berichtet. Meist handelt es sich um Nahrungsmittelallergien auf Milchprodukte, Eier, Weizen, Lamm und Huhn.

Magendrehung (Magen-Dilatation-Volvulus-Syndrom / MDV)

Die Magendrehung ist eine gefürchtete Erkrankung, die in der Hauptsache große Hunde mit tiefem

Brustkorb betrifft. Sie ist keine spezifische Erkrankung des Cane Corso, trifft aber überproportional häufig Molosserrassen. Beim Torsio ventriculi dehnt sich der Magen aus und dreht sich teilweise oder vollständig um seine eigene Achse. Je nach Drehung werden Mageneingang (Kardia) und Ausgang (Pylorus) zugeschnürt, was die Magenentleerung teilweise oder vollständig unterbindet. Gärungsgase können damit nicht mehr entweichen und führen zu einer Aufgasung. Der gewaltige Magenumfang drückt auf Zwerchfell, Pfortader, Nervenstränge und Lunge. Speiseröhre, Milz und Dünndarm können ebenfalls in Mitleidenschaft gezogen werden. Ohne eine schnelle chirurgische Versorgung werden viele Blutgefäße abgequetscht und Organe irreparabel geschädigt. Die abgedrehte Magenwand wird nicht mehr durchblutet, es bilden sich Zellgifte, die Schocksymptome und Herzrhythmusstörungen erzeugen. Dies führt letztendlich zum Kreislaufversagen und zum Tod. Da akute Lebensgefahr besteht, kann nur eine sofortige OP das Leben des Hundes retten, falls nicht letale Herzrhythmusstörungen oder nicht wiedergutzumachende Organschäden dagegen stehen. Rüden sind doppelt so häufig betroffen wie Hündinnen. Die Ursachenforschung konnte bislang noch nicht mit gesicherten Erkenntnissen aufwarten. Mutmaßungen, dass die Magendrehung mit einer ausgiebigen Fütterung und einem unmittelbar anschließenden Herumtollen des Hundes in Zusammenhang gebracht werden, stehen im Widerspruch dazu, dass eher ruhige Hunde betroffen sind und ein wenig oder nur halb gefüllter Magen ein Gefahrenpotential darstellt. Hastige Futteraufnahme ist ebenso wenig bestätigt wie der Verdacht, dass die Fütterung von Trockenfutter das Risiko erhöht. Hieß es früher, die Futterschüssel sollte erhöht stehen, wird heute angenommen, dass dadurch die Magendrehung begünstigt wird. Andere Annahmen gehen von einer unglücklichen Verkettung widriger Umstände aus oder rücken die Psyche in den Vordergrund. Ängstliche und aggressive Hunde scheinen mit höherem Risiko behaftet zu sein als ausgeglichene Hunde. Als möglicher Erklärungsansatz käme auch eine generelle Muskulatur- und Bänderschwäche (weiches Bindegewebe) in Betracht. Eine Gewebeschwäche der Magen-Aufhängesysteme bei gleichzeitiger Magenschlaffheit könnte allerdings wiederum auf eine Veranlagung hindeuten.

Eine Studie aus den USA wies darauf hin, dass die meisten der bekannten Vorbeugemaßnahmen keinen Einfluss auf das Risiko der Magendrehung zu haben scheinen.

Festgestellt wurde allerdings, dass das höchste Risiko bei jenen Hunden liegt, die zwischen 22 und 45 kg wiegen, und die älter als 5 Jahre sind; bei einem Gewicht über 45 kg, jene, die älter als drei Jahre sind. Hunde, die Verwandte ersten Grades haben, die bereits an Magendrehung erkrankt sind, zeigen ein um 63 Prozent erhöhtes Risiko; Inzucht scheint es noch weiter zu erhöhen.

Trockenfutter, das Zitronensäure (Ascorbin) und einen erhöhten Fettgehalt aufweist und zudem vor dem Füttern angefeuchtet wird, wurde ebenfalls als risikobehaftet bewertet.

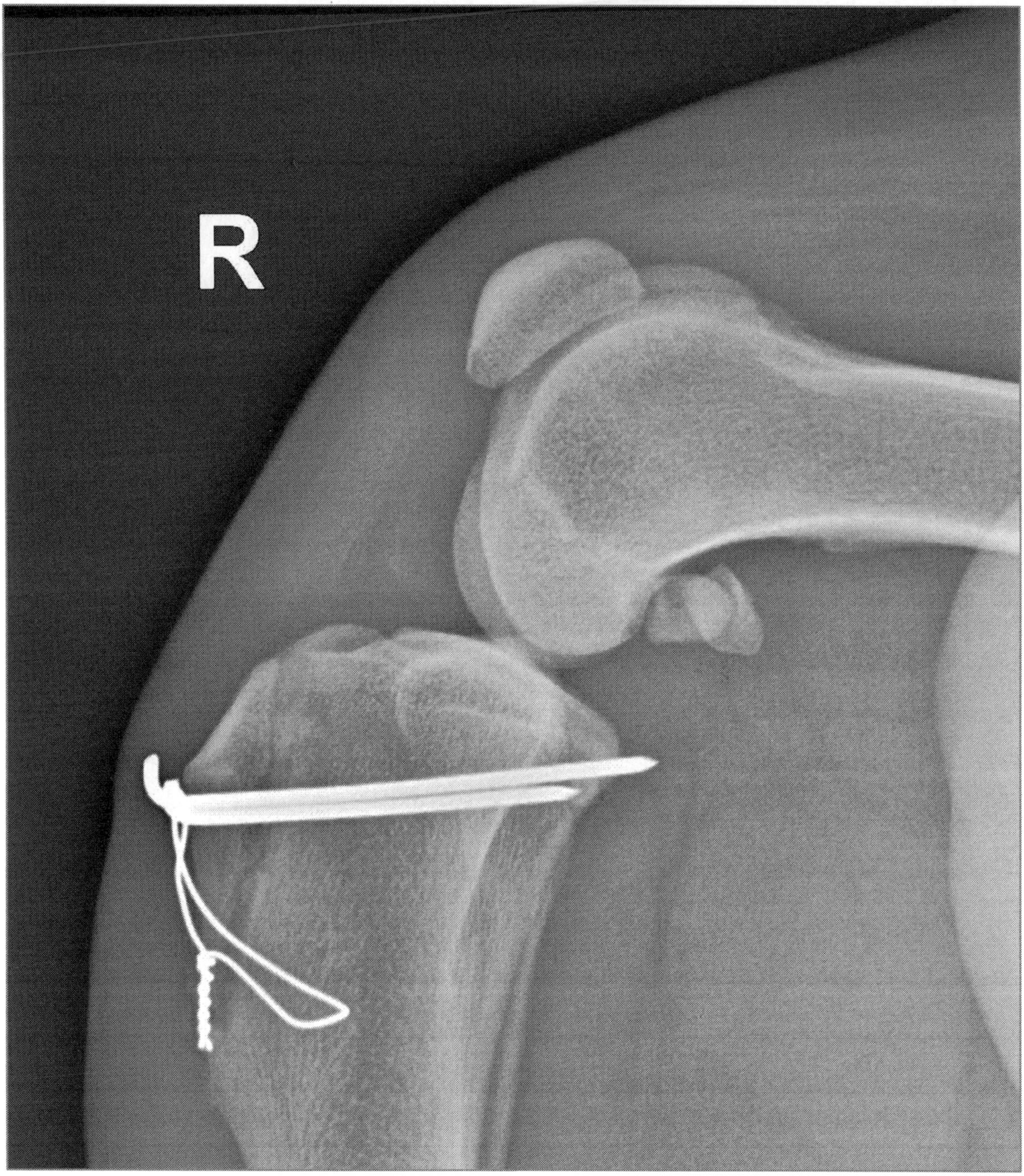

Operierte Patellaluxation

Bibliografie

Juno dei Molossi d'Eburon; Züchter und Besitzer: Katja Chtuka, Kennel: Molossi d'Eburon; Foto mit freundlicher Genehmigung: Katja Chtuka

Bibliografie

Da viele Webseitenbetreiber, Forumsbeiträge etc. aus den vergangenen Jahren nicht mehr im Internet vertreten sind, sind die darauf bezugnehmenden und in der Bibliografie angegebenen Quellenhinweise ebenfalls nicht mehr darstellbar; der Korrektheit halber wurden sie dennoch belassen.

1 = https://kynos-verlag.e-bookshelf.de/products/reading-epub/productid/93019/title/Kampfhunde...%2Bwie%2Bsie%2Bwirklich%2Bsind%2521.html; 1.12.2012

2 = Vgl. http://molosserdogs.com/content842.html; 4.07.2011

3 = http://www.godivacanecorso.com/Ertaskiran_assimilation-of-theCaneCorso.htm

4 = http://www.ilcontadodelmolise.com/it/cane-corso-tradizionale.html?start=4; 15.02.2012

5 = Vgl.: http://de.wikipedia.org/wiki/K%C3%B6nigreich_beider_Sizilien

6 = Valeria Rossi, Il Cane Corso, Editoriale Olimpia S.p.A., 2002

7 = Walt Weisse u.a., Molosser, Kynos Verlag Mürlenbach, 2.Auflage 1990; S.158

8 = Roswitha Hirsch-Reiter, Alles über Molosser und die Kampfhundelüge, 2000 HBV Miramonte; S.192

9 = http://www.tipresentoilcane.com/2011/07/28/ti-presento-il-cane-corso/?cbg_tz=-60; 15.02.2012

10 = http://www.ilcontadodelmolise.com/it/cane-corso-tradizionale/impieghi-di-una-volta.html; 2012

11 = http://canecorsoapulien.blogspot.it/search/label/Cane%20corso%20et%20traditions; 30.07.2012

12 = Paolo Breber: The catch-and-hold dog in Italy (Il cane da corso), 2014

13 = ebd.

14 = Quelle: http://www.canecorsonancy.nl/artikel/breber.htm; 04.04.2012

15 = Quelle: http://www.magazinecanecorso.com/es/oi/bocci.html; 06.07.2012

16 = Quelle: http://www.magazinecanecorso.com/es/oi/cerberus.html; 06.07.2012

17 = Quelle: http://www.canecorsonancy.nl/artikel/default.htm; 24.06.2012 / http://www.magazinecanecorso.com/es/oi/vito.html; 06.07.2012

18 = Quelle: Vito Indiveri, Il Dyrium by Marcos Reta / https://www.facebook.com/vito.indiveri?fref=ts; 19.2.2017

19 = Quelle: http://www.magazinecanecorso.com/es/oi/leone.html; 06.07.2012

20 = Flavio Bruno, Il Cane Corso studiato nella razza, nella storia, nella famiglia e nella società, Arti Grafiche La Regione s.n.c.,2002; S. 155

21 = ebd. S. 156 ff

Bibliografie

22 = http://webcache.googleusercontent.com/search?q=cache:dqFe-FzTk9wJ:www.neapolitanworld.com/community/ftopic-858-0-days0-orderasc-.html+michael+sottile+mix+pitbull&cd=3&hl=de&ct=clnk&gl=de; 26.6.2012

23 = http://community.molossoitaliano.org/viewtopic.php?f=12&t=3460; 26.6.2012

24 = Atti del 1. Convegno Nazionale, Civitella Alfedena-16./17. Guigno 1990. Il Cane Corso. Caratteristiche e contributi per la definizione dello standard. Edizioni L'ORSA Civitella Alfedena 1990

25 = Atti del 1. Convegno Nazionale, Civitella Alfedena-16./17. Guigno 1990. Il Cane Corso. Caratteristiche e contributi per la definizione dello standard. Edizioni L'ORSA-Civitella Alfedena 1990

26 = Valeria Rossi, Il Cane Corso, Editoriale Olimpia S.p.A., 2002; S.

27 = ebd. *Anmerkung: In der Auflage 2007, nuova edizione DVE ITALIA S.p.A.-Milano, Guiseppe Chiecchi, Giorgio Gualtieri "Il Cane Corso", ist diese Aussage nicht mehr enthalten.*

28 = Vgl. http://www.canecorsoitalia.com/ortognatismo/

29 = Vgl. Artikel/Interview von Massimiliano Stefàno im Cane Corso Magazin.http://www.canecorsomagazine.it/?p=1740; 14.11.2011

30 = Marco Leonardi / Lemar 2010, Kortos Cane Corso; S.3

31 = https://www.facebook.com/maurizio.marziali.7/posts/1500580349966887?comment_id=1572675446090710&reply_comment_id=1572794829412105&comment_tracking=%7B%22tn%22%3A%22R3%22%7D.

32 = Vgl.:http://webcache.googleusercontent.com/search?q=cache:pEW-lrPc44UJ:www.pitbullforum.com /viewtopic.php%3Ff%3D2%26t%3D68011%26start%3D135 +mike+sottile+breeder+mastiff+pitbull&cd=10&hl=de&ct=clnk&gl=de; 04.07.2012

33 = Vgl.:http://webcache.googleusercontent.com/search?q=cache:oNbsbm0dOFAJ:www.neapolitanworld.com/community/ftopic-910-next.html+mike+sottile+breeder+mastiff+pitbull&cd=5&hl=de&ct=clnk&gl=de; 04.07.2012

34 = vgl.: http://www.ilcontadodelmolise.com/it/cane-corso-tradizionale/morfologia-tradizionale.html; 22.11..2011

35 = http://www.rivistadiagraria.org/riviste/vedi.php?news_id=413&cat_id=216; 16.02.2012

36 = siehe: http://schnauzerfoto.de/2010/04/qualzuchten-bei-rassehunden-video-dokumentation/; 03.08.2012

37 = vgl.: http://www.fci.be/Nomenclature/Standards/343g02-de.pdf; 7.11.2018

Bibliografie

38 = Fernando Casolino, Stefano Gandolfi, Il Cane Corso, Gruppo Ugo Mursia Editore S.p.A., 1996

39 = ebd.

40 = Valeria Rossi, Il Cane Corso, Editoriale Olimpia S.p.A., 2002

41 = ebd.

42 = ebd.

43 = http://www.alanos.de/index.php?id=alano-espanol-eine-eigens; 25.08.2011

44 = http://www.canedamasseria.it/Filosofia.html; 04.05.2011

45 = http://sommerfeld-stur.at/intro/populationen; 01.08.2012

46 = http://www.gaw-info-system.bk-holledau.de/Inhaltsubersicht/B.1.pdf

47 = vgl.: http://www.gaw-info-system.bk-holledau.de/Inhaltsubersicht/B.1.pdf

48 = http://www.wdr.de/tv/tieresucheneinzuhause/sendungsbeitraege/2011/0320/01_hundebisse.jsp; 6.10.2011

49 = http://home.wtnet.de/~mluk/html/triebdefinitionen.html; 18.9.2011

50 = http://www.italicacanecorso.com/working3.html; 18.09.2011

51 = ebd.

52 = http://www.canecorsonancy.com/italy.htm

53 = Andrea Steinfeldt: „Kampfhunde“ Geschichte, Einsatz, Haltungsprobleme von „Bull-Rassen“/ http://elib.tiho-hannover.de/dissertations/steinfeldta_2002.pdf

54 = http://www.fairdog.info/Infomaterial/Gesetze/Alles-zum-Hundegesetz-in-Daenemark/?prototype_reauth=1469710224; 28.07.2016

55 = ebd.

56 = Quelle: http://www.interieur.gouv.fr/A-votre-service/Mes-demarches/Loisirs/Temps-libre/Animaux/Chiens-susceptibles-d-etre-dangereux/Chiens-dangereux-description-interdictions-et-obligations

57 = https://de.wikipedia.org/wiki/Rassismus

58 = http://www.ilcontadodelmolise.com/it/il-centro/dott-flavio-bruno.html; 07.09.2011

59 = http://www.hunde-epilepsie.ch/Finnland.htm; 5.9.2011

60 = http://www.underdogs-kennel.de/biohund.php; 5.9.2011
Siehe auch: Hellmuth Wachtel: Das Buch vom Hund; Cadmos Verlag 2002, / Hellmuth Wachtel: Hundezucht 2000; Kynos Verlag 2007

61 = Roswita Hirsch-Reiter: Alles über Molosser und die Kampfhundelüge; HBV Miramonte, 2000

62 = http://www.ilcontadodelmolise.com/it/il-centro/il-contado-del-molise.html; 7.9.2011

Bibliografie

63 = http://www.canecorsocastrignano.com/chisiamo.htm; 07.08.2012

64 = Roswita Hirsch-Reiter: Alles über Molosser und die Kampfhundelüge; HBV Miramonte, 2000

65 = http://sommerfeld-stur.at/intro/suenden

66 = Quelle: Forschungsprojekt des Instituts für Tierzucht und Vererbungsforschung /Stiftung Tierärztliche Hochschule Hannover)

67 = http://canecorsoapulien.blogspot.com/2009/08/quest-ce-que-le-cane-corso-rustique_1367.html

68 = Nicola Imbimbo: Il mastino napoletano, Editoriale Olimpia; 4 edizione, 2011

69 = http://canedapresa.forumfree.it/?t=49013930) 24.7.17

70 = Guido Vandoni "Il mastino napoletano", De Vecchi, 2009

71 = http://canecorsorustico.altervista.org/chisiamo.html

72 = Prof. Guiseppe Rudi

73 = https://www.facebook.com/100005947683396/posts/689030894638494/

74 = http://www.cinofilia-crepaldi.it/File%2019.pdf; 25.9.2017

75 = http://www.kynologos.ch/downloads/Sichere%20Bindung_1_SHM_2_07.pdf

76 = Quelle: Internet Tiermarkt; 2011, 2012, 2017; (Sprachlich und grammatikalisch im Original übernommen.)

77 = http://www.vdh.de/tl_files/media/pdf/012_016-1.pdf; 18.12.2011

78 = http://www.bestehunde.de/hybridhunde.html

79 = Christoph Jung: Schwarzbuch Hund. Die Menschen und ihr bester Freund, BoD, 2010

80 = http://www.wuff.at/artikel.php?artikel_id=66; 24.9.2011

81 = http://www.allevamentodeivolsci.it/perche-un-cane-corso/; 07.09.2012

82 = http://diepresse.com/home/meinung/wisskommentar/418521/Mit-Federn-Haut-und-Haar_Quaelbehuetet_arme-Hunde

Bibliografie

Dutch Champion Italian Guardian Divina, Züchter und Besitzer: Anita Giskes, Kennel: Italian Guardian; Foto mit freundlicher Genehmigung: Anita Giskes, ©Eye Dea Fotografie

Maurice et Vincent, Züchter und Besitzer: Susy O'malley, Québec / Canada;
Foto mit freundlicher Genehmigung: Susy O'malley

Literaturverzeichnis

Thomas Baumann: ...damit wir uns verstehen. Baumann-Mühle-Verlag, 2004

Paolo Breber, Giacomo Bordone, Amina Cocuzzi (Redaktions-Komite): Atti del 1° Convegno Nazionale, Civitella Alfedena-16/17 Giugno 1990. Il Cane Corso. Caratteristiche e contributi per la definizione dello standard. Edizioni L'ORSA s.r.l. – Civitella Alfedena, 1990

Paolo Breber: The catch-and-hold dog in Italy (Il cane da corso), 2014

Flavio Bruno: Il Cane Corso studiato nella razza, nella storia, nella famiglia e nella società. Editrice AGR, 2002

Micaela Cantini: Il Cane Corso. Nuova edizione – Milano, 2008

Fernando Casolino, Stefano Gandolfi: Il Cane Corso. Origini e prospettive del molosso italico. Mursia, 4. Ausgabe, 1996

Giuseppe Chiecchi, Giorgio Gualtieri: Il Cane Corso. Nuova edizione DVE ITALIA S.p.A, Milano, 2007

Alessandro Ferri: Cane Corso The Best, Kindle Edition, Libò Edizioni, 2017

Dr. Dieter Fleig: Kampfhunde... wie sie wirklich sind! Kindle Edition, Kynos Verlag, 2011

Julia Fritz: Hunde barfen: Alles über Rohfütterung, Verlag Eugen Ulmer, 2015

Alex Gough, Alison Thomas: Rassedispositionen bei Hund und Katze. Urban und Fischer, 5. Auflage 2013

Hans-Ulrich Grimm: Katzen würden Mäuse kaufen. Wilhelm Heyne Verlag, 2009

Michael Grewe, Inez Meyer: Hunde brauchen klare Grenzen. Kosmos, 2010

Dr. Dorit Urd Feddersen-Petersen: Ausdrucksverhalten beim Hund. Kosmos, 2008

Roswita Hirsch-Reiter: Alles über Molosser und die Kampfhundelüge. HBV Miramonte, 2000

Nicola Imbimbo: Il mastino napoletano, Editoriale Olimpia; 4 edizione, 2011

Christoph Jung: Schwarzbuch Hund. Die Menschen und ihr bester Freund, BoD, 2010

Literaturverzeichnis

Rudolf Kainer: Der Farmhund aus Südafrika. Ein kritisches Rasseportrait über den Boerboel. Eigenverlag des Autors, 2010

Lemar: Kortos Cane Corso. LEMAR, 2010

Dr. Roger Mugford: Hundeerziehung 2000. Kynos Verlag, 1992

Douglas Oliff: Das grosse Molosser Buch, Gebundene Ausgabe, 1999

Lyn Pratt: Bullmastiffs heute. Kynos Verlag, 1996

Valeria Rossi: Il Cane Corso. Editoriale Olimpia S.p.A., 2002

Piero Scanziani, Umberto Cuomo: Il Mastino napoletano. Dialoghi sul molosso, Elvetica Edizioni, 2004

Swanie Simon: Barf, Verlag Drei Hunde Nacht, 6. Auflage, 2014

Richard Strebel: Die deutschen Hunde und ihre Abstammung. Jubiläumsausgabe 1986 (Reprint der Erstausgabe 1904/05), Kynos Verlag Helga Fleig, Mürlenbach/Eifel

Guido Vandoni: Il mastino napoletano, De Vecchi, 2009

Walt Weise u.a.: Molosser. Kynos Verlag, 1990

Marlene Zwettler, Walter Zwettler: Das große Buch der Bulldoggen, Bullterrier und Molosser. Verlag Ulmer Manuskripte, 2007

Literaturverzeichnis

goten dei molossi del castello, Züchter: Sciortino Leandro, Kennel: molossi del castello; Foto mit freundlicher Genehmigung: Sciortino Leandro

Dalina, *2011 in Ungarn; eine ehemalige Nothündin aus einer Beschlagnahmung, die bei Monique Policnik und Volker Hewig ihr Zuhause und ein neues Leben gefunden hat. Foto: ©Frank Pieper / www.frank-pieper.de.
Die Veröffentlichung erfolgt mit freundlicher Genehmigung von Frank Pieper und Monique Policnik

Adressen

Verband für das Deutsche Hundewesen: http://www.vdh.de/
Zuchtordnung VDH: http://www.vdh.de/tl_files/media/pdf/dl/Zucht-Ordnung%20mit%20DFB.pdf

Società Amatori Cane Corso Italiano: http://www.amatoricanecorsoitaliano.it/
Ente Nazionale della Cinofilia Italiana: http://www.enci.it/
Fédération Cynologique Internationale: http://www.fci.be/de/

Cane Corso Pedigree-Datenbank: http://www.canecorsopedigree.com/

Cane Corso Vermittlung auf Facebook:
Cane Corso in Not - Deutschland, Schweiz und Österreich
Cane Corso s suchen ein Zuhause
Cane Corso Austria Nothilfe
Il Cane Corso Rescue Italia

Molosser-Vermittlungshilfe: http://molosser-vermittlungshilfe.de/

Cane Corso Pedigree-Datenbank: http://www.canecorsopedigree.com/

Cicto. Internationale Koalition gegen die organisierte Hundequälerei in Italien: http://www.cicto.org/
Dortmunder Appell: http://dortmunder-appell.de/
Vier Pfoten: http://www.vier-pfoten.de/themen/heimtiere/stoppt-die-welpendealer/

Cane Corso Magazin: http://www.canecorso-magazine.com/

Danksagung

Herzlichen Dank allen Züchtern und Privatpersonen, die mir freundlicherweise Bilder ihrer Hunde zur Verfügung stellten und damit maßgeblich zum optischen Gelingen beigetragen haben.

Danksagung

Die Autorin lebt in Italien und in Deutschland

Made in United States
Orlando, FL
04 November 2026

90204515R00214